普通高等教育“十四五”规划教材

材料化学专业实验

彭　云　韩宝军　杨初斌　方　玲　李亿保　主编

中国石化出版社
·北京·

内容提要

《材料化学专业实验》以材料化学专业核心能力培养为导向，融合材料化学学科特色，系统构建了“基础技能－材料表征－综合创新”三级递进式实验教学体系。全书共四章，综合汇编了材料化学核心课程的典型实验，包括材料科学基础实验、材料性能测试实验、材料结构与成分分析实验、材料综合性设计性实验四大部分，共计55个实验。其中，材料科学基础实验、材料性能测试实验、材料结构与成分分析实验主要培养学生掌握扎实的基础知识、专业实验技能、数据记录与分析能力；材料综合性设计性实验主要培养学生将理论知识转化为实际应用的综合能力，涵盖基础技能、科学思维、创新能力、团队合作、安全环保意识、学科发展前沿等方面。

本书可作为高等院校材料化学、应用化学、化工及相关专业的材料化学实验教材，也可供从事相关工作的人员参考使用。

图书在版编目（CIP）数据

材料化学专业实验 / 彭云等主编 .-- 北京：中国石化出版社，2025. 7. --（普通高等教育“十四五”规划教材）. -- ISBN 978-7-5114-8058-3

Ⅰ. TB3-33

中国国家版本馆 CIP 数据核字第 2025F7M257 号

中国石化出版社出版发行

地址：北京市东城区安定门外大街 58 号

邮编：100011　电话：(010) 57512500

发行部电话：(010) 57512575

http：//www.sinopec-press.com

E-mail：press@sinopec.com

北京艾普海德印刷有限公司印刷

全国各地新华书店经销

*

787 毫米 ×1092 毫米 16 开本 15 印张 327 千字

2025 年 7 月第 1 版　2025 年 7 月第 1 次印刷

定价：52.00 元

前　言

实验教学是材料化学专业教学的重要组成部分，它不仅是学生获取专业知识和经验的重要途径，而且对培养学生科学研究能力、创新思维和实践动手能力起着重要的作用。为此，依据高水平应用型普通本科高校建设基本要求，融合学校专业特色及建设特点，编写了本实验指导教材，旨在为高等学校材料化学专业的实验教学提供一本系统、全面且实用的参考教程。

本教材汇编了材料化学专业的材料科学基础、材料力学性能、材料物理性能、金属材料及热处理、材料表面处理以及材料制备与合成等系列课程涉及的典型和共性实验。实验内容主要涉及学生的专业知识体系构建和实践能力培养与提高的常规的基础实验和专业综合实验，为学生将来从事化学、材料等方面的工作奠定坚实的基础。

本教材的主要特点是：①根据材料学科发展的最新动态和各门课程教学要求，坚持加强常规基础实验；②注重实验教学创新体系的探索，在实验内容的编写上，增添当前研究热点材料制备方面的技能提高型实验，例如锂电池电极材料的制备、组装及电化学性能测试；③吸取国内外同类教材的精华，以材料的结构－性能为主的实验内容与广度适中。本教材具有良好的科学性、系统性和普适性，可作为高等院校材料化学、应用化学、化工及相关专业的材料化学实验教材，也可供从事相关工作的人员参考使用。

本教材共分为材料科学基础实验、材料性能测试实验、材料结构与成分分析实验、材料综合性设计性实验四大部分，共计 55 个实验。每个实验由实验目的、实验原理、实验设备及材料、实验内容与步骤、实验报告要求及思考题等组成。材料科学基础实验部分由韩宝军、方玲编写，材料性能测试实验部分由杨初斌、何人桂编写，材料结构与成分分析实验部分由彭云、张小联、李亿保编写，材料综合性设计性实验部分由彭光怀、华德润编写，本教材实验图片由韩宝军、彭云、杨初斌、白云、李啊林制作，最后由彭云、韩宝军、杨初斌统稿并审稿。

本教材为赣南师范大学化学与材料类系列校本教材之一。该系列校本教材包括四大化学基础实验、材料化学专业实验、高分子化学与物理实验、工业分析与检验、化学微格教学等多部教材，由陈义旺担任教材编委会主编，罗序中、李亿保、张世勇任副主编。该系列校本教材是落实江西省应用型高校转型的关键举措，旨在推动教学范式转型、促进产教深度融合、助力教师能力跃升、凸显学科育人特色、精准服务区域产业和强化学生技术应用与创新能力，为打造“高水平应用型师范大学”提供核心支撑，为培养“理工融合、产教融合”的复合型人才奠定基石。未来将持续深化动态编写及修订机制，扩大产教融合成果辐射，助力学校高质量发展。

本教材由赣南师范大学材料化学专业建设基金、教学成果奖培育项目、校企合作课程以及校级思政课程等项目经费资助出版。

由于编者水平有限，书中错误和不妥之处在所难免，恳请读者批评指正。

目　　录

第一章　材料科学基础实验

实验1　光学金相显微镜的成像原理、构造及使用

一、实验目的

(1)了解光学金相显微镜的成像原理、基本构造、主要部件的作用。

(2)学习和掌握光学金相显微镜的使用方法。

二、实验原理

众所周知，放大镜是最简单的一种光学仪器，它实际上是一块会聚透镜(凸透镜)。放大镜由单个透镜组成，而金相显微镜由两级特定透镜组成，靠近被观察物体的透镜称为物镜，靠近眼睛的透镜称为目镜，借助物镜与目镜的两次放大，就能将物体放大到很高的倍数(约2000倍)。图1－1－1为金相显微镜的光学原理图。

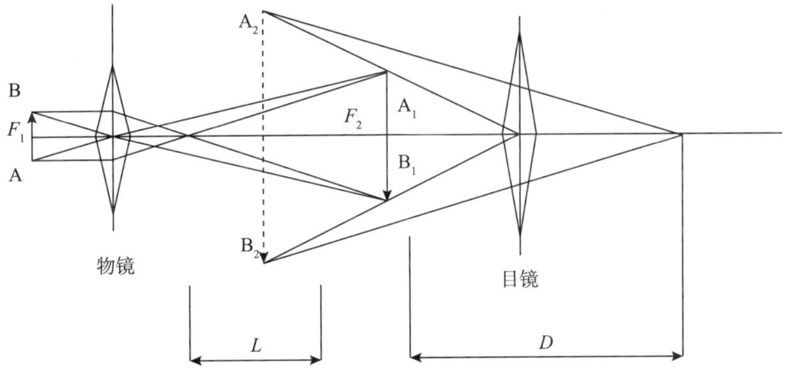

图1－1－1　金相显微镜的光学原理图

由图1－1－1可知，被观察的物体AB放在物镜之前距其焦距略远一些的位置，由物体反射的光线穿过物镜，经折射后得到一个放大的倒立实像A_1B_1，若A_1B_1处于目镜焦距之内，则目镜再将实像A_1B_1放大成虚像A_2B_2，这就是我们在显微镜下研究实物时所观察到的经过二次放大后的物像。在设计显微镜时，使最终的倒立虚像A_2B_2在距眼睛250mm处成像，这时观察者看得最清晰。

透镜成像规律是依据近轴光线得出的结论。近轴光线是指与光轴接近平行(即夹角很小)的光线。由于物理条件的限制，实际光学系统的成像与近轴光线成像不同，两者存在

偏离，这种相对于近轴成像的偏离称为像差，像差的产生降低了光学仪器的精确性。按产生原因不同，像差可分为两类：一类是单色光成像时的像差，称为单色像差，如球差、慧差、像散、像场弯曲和畸变均属单色像差；另一类是多色光成像时，由于介质折射率随光的波长不同而引起的像差，称为色差。色差又可以分为位置色差和放大率色差。

透镜成像的主要偏差是球面像差和色差(波长差)。球面像差是指由于球面透镜的中心部分与边缘部分的厚度不同，造成不同的折射现象，致使来自试样表面同一点上的光线经折射后不能会聚于一点，因此使影像模糊不清。球面像差的程度与光通过透镜的面积有关，光圈放得越大，光线通过透镜的面积越大，球面像差就越严重；反之，缩小光圈，限制边缘光线入射，使用通过透镜中心部分的光线，可减少球面像差，但如果光圈太小，也会影响成像的清晰度。色差是由白光中各种不同波长的光线在穿过透镜时折射率不同而造成的，其中紫色光线的波长最短，折射率最大，在距透镜最近处成像，红色光线的波长最长，折射率最小，在距透镜最远处成像，其余的黄、绿、蓝等光线则在它们之间成像，这些光线所成的像不能会聚于一点，而呈现带有色彩边缘的光环。色差的存在也会降低透镜成像的清晰度，应予以校正，通常采用单色光源(或加滤光片)，也可使用复合透镜来校正色差。

显微镜的质量主要取决于透镜的质量、放大倍数和鉴别能力。

1. 物镜

1)物镜的组成及种类

物镜是由若干个透镜组合而成的一个透镜组。组合使用的目的是克服单个透镜的成像缺陷，提高物镜的光学质量。显微镜的放大作用主要取决于物镜，物镜质量的好坏直接影响显微镜影像质量，它是决定显微镜的分辨率和成像清晰程度的主要部件，所以对物镜的校正是很重要的。

根据对透镜球面像差和色差的校正程度不同，可将物镜分为消色差物镜、复消色差物镜、平面消色差物镜、平面复消色差物镜、半复消色差物镜等多种类型。这些由若干个透镜组合而成的透镜组，可以在一定程度上消除或减少透镜成像的缺陷，提高成像质量。

2)物镜参数

(1)放大倍数　物镜的放大倍数是指物镜在线长度上放大实物倍数的指标，它有两种表示方法：一种是直接在物镜上刻度出放大倍数，如 8×、10×、45×等；另一种是在物镜上刻度出该物镜的焦距 f，焦距越短，放大倍数越高。

(2)镜筒长度　镜筒长度是指物镜底面到目镜顶面的距离。由于物镜的像差是依据一定位置的影像来校正的，因此物镜一定要在规定的机械镜筒长度上使用，一般显微镜的机械镜筒长度为 160mm、170mm、190mm。金相显微镜在摄影时，由于放大倍数不同，影像投射距离变化很大，因此优良的物镜的像差是按任意镜筒长度来校正的，即在无限长范围内，物镜像差均已校正。

(3)数值孔径　数值孔径表征物镜的聚光能力，是物镜的重要性质之一，通常用

"N. A"表示。物镜的数值孔径大小决定了物镜的分辨能力(鉴别率)及有效放大倍数。根据理论推导得出数值孔径为：

$$N.A = n\sin\theta \tag{1-1-1}$$

式中 n——物镜与观察物之间的介质折射率，空气为1，松柏油为1.515；

θ——物镜的孔径半角，如图1-1-2所示。

(4)物镜的标记 在物镜外壳上刻有不同的标记，包括浸液记号、物镜类别、放大率、数值孔径、机械筒长度、盖玻片厚度。例如：油表示浸液为松柏油；100×/1.25表示物镜放大率为100倍，数值孔径为1.25；160/0表示机械镜筒长度为160mm，"0"表示无盖玻片；有些物镜刻有160/-，表示机械镜筒长度为160mm，"-"表示可有、可无盖玻片。在物镜上刻有的色圈代表物镜的放大率。高倍物镜通常都为油浸系，油镜头用"油"或外壳涂一黑圈来表示。

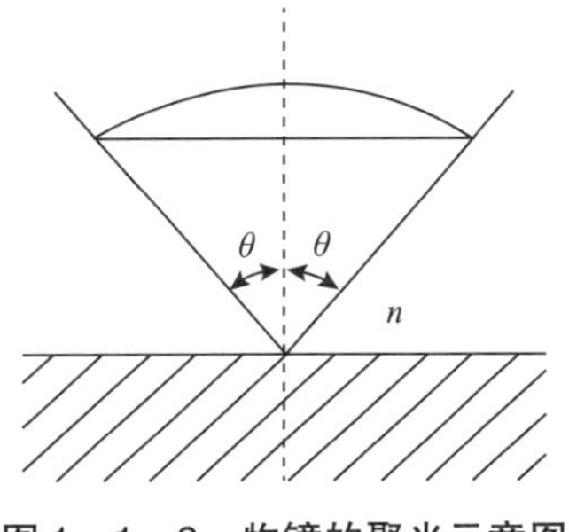

图1-1-2 物镜的聚光示意图

(5)物镜的鉴别能力 显微镜的鉴别能力主要取决于物镜。物镜的鉴别能力可分为平面鉴别能力和垂直鉴别能力。平面鉴别能力即物镜的分辨率，是指物镜所具有的将显微组织中两物点清晰区分的能力，以最小可分辨距离 d 来表示。根据光学衍射理论可知，显微组织中的一点经物镜放大成像后并不能获得一个真正的像点，而是由具有相应尺寸的以白色圆斑为中心的多个同心衍射环组成。中心光斑的强度最大，而衍射环的光强度随着环直径的增大而逐渐减弱。假设试样上有两个点，如果两点之间的距离小于 d(即物镜的分辨率)，则两点放大成像后的衍射环中心部分也相互重叠而不能清晰分辨。只有当两点间距大于或等于 d 时，才能清晰地分辨出来。两物点间最小距离 d 越小，物镜的分辨力越高。

垂直鉴别能力即物镜垂直分辨率，又称景深，是指物镜所具有的在景深方面能清晰成像的能力，即垂直方面能清晰成像的最大景深深度，深度越大，表示垂直鉴别率越大。景深 h 的计算公式为：

$$h = (0.15 \sim 0.30)n/(N.AM) \tag{1-1-2}$$

式中 n——折射率；

$N.A$——数值孔径；

M——放大倍数。

可见，物镜的垂直鉴别率与数值孔径、放大倍数成反比，要提高景深，最好选用数值孔径小的物镜或减小孔径光阑以缩小物镜的工作孔径，但这样就会降低物镜的分辨能力，所以要调和这一矛盾只能视具体情况而定。

2. 目镜

目镜也是显微镜的主要组成部分，它的主要作用是将由物镜放大所得的实像再次放大，从而在明视距离处形成一个清晰的虚像，因此它的质量将最终影响物像的质量。

某些目镜(如补偿目镜)除了有放大作用外，还能将物镜成像过程中产生的残余像差予以校正。目镜的构造比物镜简单得多，因为通过目镜的光束接近平行状态，所以球面像差及纵向(轴向)色差不严重，设计时只需考虑横向色差(放大色差)。目镜由两部分组成，位于上端的透镜称为目镜，起放大作用；位于下端的透镜称为聚透镜或场透镜，使影像亮度均匀。在上、下透镜的中间或下透镜下端，设有一光阑，测微计、十字玻璃、指针等附件均安装于此。目镜的孔径角很小，故其本身的分辨率很低，但对物镜的初步影像进行放大已经足够。常用的目镜放大倍数有 8×、10×、12.5×、16×、20×等。按其构造形式的不同，一般可分为福根目镜、雷斯登目镜、补偿目镜、测微目镜、摄影目镜、广视角目镜等。目镜上刻有如下标记：目镜类别、放大率。例如，10×平场目镜刻有 p10×，其中 p 表示平场目镜，10×为放大率。惠更斯目镜一般不刻标记。

3. 金相显微镜的放大倍数及其选择

显微镜包括两组透镜——物镜和目镜。显微镜的放大倍数主要通过物镜来保证，物镜的放大倍数可达 100~200 倍，目镜的放大倍数可达 25 倍。

物镜的放大倍数可由下式计算：

$$M_{物} = L/f_1 \tag{1-1-3}$$

式中 L——显微镜的光学筒长度(即物镜后聚焦点与目镜前焦点的距离)；

f_1——物镜焦距。

目镜的放大倍数可由下式计算：

$$M_{目} = D/f_2 \tag{1-1-4}$$

式中 D——人眼明视距离(250mm)；

f_2——目镜焦距。

显微镜的总放大倍数应为物镜与目镜放大倍数的乘积，即

$$M_{总} = M_{物} M_{目} = 250L/(f_1 f_2) \tag{1-1-5}$$

在使用中如选用另一台显微镜的物镜，其机械镜筒长度必须与原物镜相同，这时倍数才有效。否则，显微镜的放大倍数应予以修正，应为：

$$M = M_{物} M_{目} C \tag{1-1-6}$$

式中 C——修正系数，可用物镜测微尺和目镜测微尺度量出来。

放大倍数用符号“×”表示，例如物镜的放大倍数为 25×，目镜的放大倍数为 10×，则显微镜的放大倍数为 25×10=250×。放大倍数均标注在物镜与目镜的镜筒上。

在使用显微镜观察物体时，应根据其组织的粗细情况，选择适当的放大倍数。应以细节部分观察得清晰为准，若盲目追求过高的放大倍数，会带来许多缺陷。因为放大倍数与透镜的焦距有关，放大倍数越大，焦距越小，同时所看到物体的区域也越小。

需要注意的是有效放大倍数问题。物镜的数值孔径决定了显微镜的有效放大倍数。有效放大倍数就是人眼能够分辨的“人眼分辨率”d'与物镜的分辨率 d 的比值，即不使人眼看到假像的最小放大倍数，即

$$M = d'/d = 2d'N.A/\lambda \tag{1-1-7}$$

式中　λ——入射光源的波长。

人眼鉴别率 d' 一般在 0.15 ~ 0.30mm 之间，若分别将 d' = 0.15mm 和 d' = 0.30mm 代入式(1-1-7)，得

$$M_{min} = 2 \times 0.15N.A/5500 \times 10^{-7} = 500N.A \quad (1-1-8)$$

$$M_{max} = 2 \times 0.30N.A/5500 \times 10^{-7} = 1000N.A \quad (1-1-9)$$

$M_{min} \sim M_{max}$ 之间的放大倍数就是显微镜的有效放大倍数。

4. 金相显微镜的分辨能力(鉴别率)

显微镜的分辨能力是显微镜最重要的特性，它是指显微镜对于试样上最细微部分所能获得清晰影像的能力，通常用可以辨别物体上两点间的最小距离 d 来表示。被分辨的距离越短，表示显微镜的分辨能力越高。

显微镜的分辨能力可由下式计算：

$$d = \lambda/2N.A \quad (1-1-10)$$

式中　λ——入射光源的波长；

$N.A$——物镜的数值孔径，表示物镜的聚光能力。

可见，波长越短，数值孔径越大，分辨能力就越高，在显微镜中就能看到更细微的部分。

一般物镜与物体之间的介质是空气，光线在空气中的折射率 $n = 1$，若一物镜的角孔径为 60°，则其数值孔径为：

$$N.A = n\sin\theta = \sin 30° = 0.5 \quad (1-1-11)$$

若在物镜与试样之间滴入一种松柏油($n = 1.52$)，则其数值孔径为：

$$N.A = 1.52\sin 30° = 0.76 \quad (1-1-12)$$

物镜在设计和使用中指定以空气为介质的称为干系物镜(或干物镜)，以油为介质的称为油浸系物镜(或油物镜)。不同介质中物镜聚光能力的比较如图 1-1-3 所示。

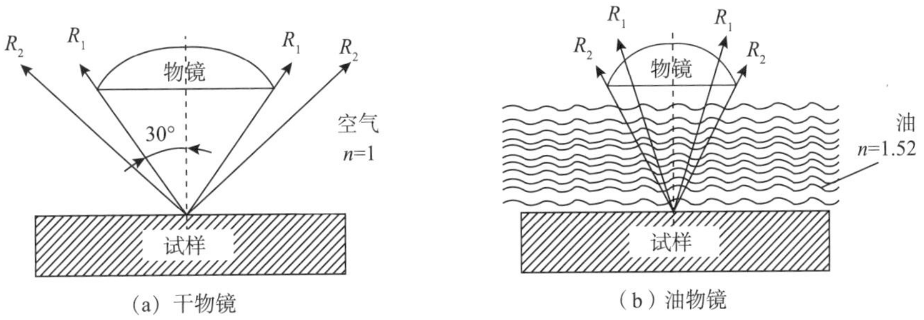

图 1-1-3　不同介质中物镜的聚光能力

由图 1-1-3 可知，油物镜具有较高的数值孔径，因为透过油进入物镜的光线比透过空气进入的多，使物镜的聚光能力增强，从而提高了物镜的分辨能力。

5. 金相显微镜的构造

光学金相显微镜的种类、型号有很多，按功能不同可分为教学型、生产型和科研型，

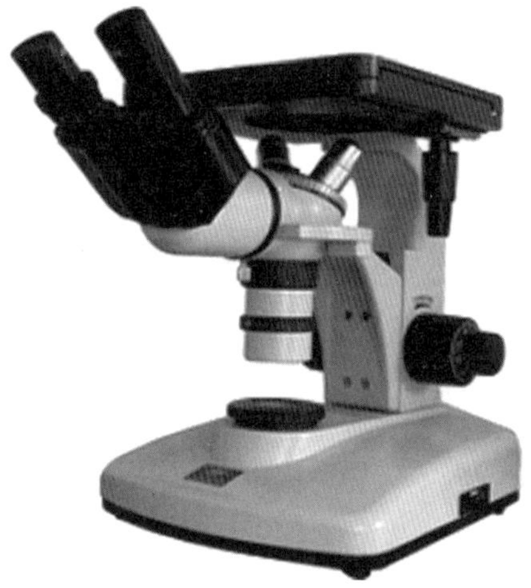

图 1 –1 –4　4XB – Ⅱ型金相显微镜照片

按结构形式不同可分为台式、立式和卧式。此外还有偏光、相衬、干涉、高温、低温等各种特殊用途的金相显微镜。它们都由光学系统、照明系统、机械系统、附件装置(包括摄影或其他装置，如显微硬度计等装置)组成。图 1 –1 –4 为 4XB – Ⅱ型金相显微镜照片。

1)光学系统

物镜和目镜是光学系统中最重要的光学器件，在前述内容中已专门进行了介绍。以下结合整体构造和本实验的需要，对教学实验中常用的 4XB – Ⅱ型金相显微镜的光学显微系统作简要介绍，该显微镜主要是用来观察不透明材料的金相组织，如图 1 –1 –5 所示。

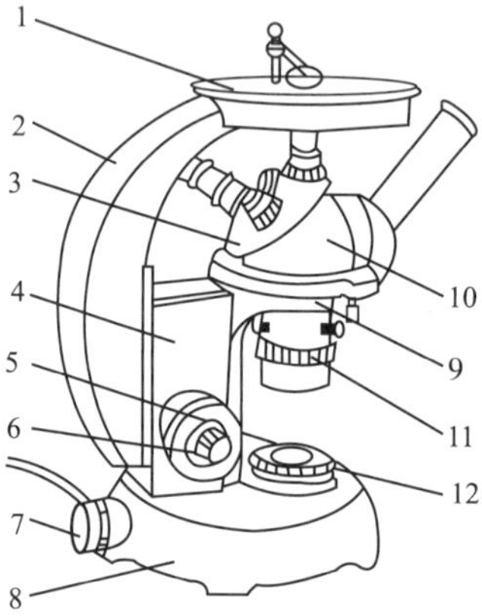

图 1 –1 –5　4XB – Ⅱ型金相显微镜示意图

1—载物台；2—镜臂；3—物镜转换器；4—传动箱；5—粗动焦调手轮；6—微动焦调手轮；7—光源；8—基座；9—镜柱；10—球形镜座；11—视场光阑；12—孔径光阑

2)照明系统

照明系统一般包括光源、照明器、光阑、滤色片等。金相显微镜中的照明方法，是观察、照相、测定结果质量的重要影响因素。正确的照明方法应在不降低亮度和分辨率的前提下，确保照明光斑均匀、无暗区。

照明系统中各组件的要求、结构(类型)及作用分述如下：

(1)光源　对光源的要求是强度要高，亮度要均匀、稳定，发热程度不宜过高，在光源周围要有吸热、散热装置，光源位置(上、下、前、后、左、右)和光的强度可调节。

目前金相显微镜中应用最多的光源是白炽灯和氙灯，此外还有碳弧灯、卤素灯、水银灯、LED 灯等。白炽灯的灯丝由钨丝组成，故又称为钨丝灯，其电压较低(6 ~ 12V)，功率多为 15 ~ 30W。使用低压钨丝灯时，必须配备变压器，以便将 220V 电压降到 6 ~ 12V

工作电压，低压钨丝灯适用于各种台式、立体显微镜的观察和摄影。超高压氙灯是强电流的弧光放电灯，它比碳弧灯稳定和均匀，具有从紫外线到红外线的连续光谱、可见光区近似白光、亮度大、发光效率高、发光面积小等优点。

显微镜的光源有临界照明、科勒照明、散光照明和平行光照明四种不同的照明方法。

(2)光阑　在金相显微镜的光路系统中，一般装有两个光阑，靠近光源的称为孔径光阑，另一个称为视场光阑。

孔径光阑调节入射光束的粗细。缩小孔径光阑可减小球差和轴外像差，使影像清晰，但会使物镜的分辨能力降低。

视场光阑在孔径光阑后面，其所在位置为经光学系统后成像于金相磨面上。因此，调节视场光阑可改变视域的大小，而不影响物镜的分辨率。缩小视场光阑可减少镜筒内的反射光和眩光，提高影像衬度。

(3)滤色片　滤色片的作用是允许白色光波中一定波长的光通过，吸收其他波长的光。滤色片是金相摄影时的一种重要的辅助工具，用以得到优良的金相照片。使用滤色片的主要目的是：绿色滤色片能改善像质，使观察舒适；中性滤色片能减弱光强，可得到适合的亮度。

3)机械系统

4XB－Ⅱ型金相显微镜的机械结构紧凑，粗、微调机构集中在仪器下方，重心较低，安放稳定。载物台位于弧形镜臂上面，试样为倒置安放，能容纳体积较大的被观察物体。目镜管呈45°角倾斜，工作者观察舒适。照明附设在圆形底盘内，便于移放。其各部分构造分述如下：

(1)底座　底座起支撑整个镜体的作用，为了防止振动，底座上装有四只防振橡皮脚。

(2)粗动调焦装置　粗动手轮安装在镜体齿轮箱的两侧，其位置适合观察者手臂支撑于工作桌上操作。手轮传动内部的齿轮使支承载物台的弯臂做上、下升降运动。在粗动手轮的一侧附设有制动环，用以紧固调焦正确后的载物台位置，使其不易受到偶然振动而变动，是显微照相时的必要装置。如需紧固载物台不动，可将制动环沿顺时针方向旋紧；如需调节粗动手轮，须将制动环沿逆时针方向旋松，否则易损坏机件。

(3)微动调焦装置　微动手轮与粗动手轮同轴，用于使显微镜本体沿着滑轨缓慢移动。左侧的手轮上刻有分度，每分格表示微动升降0.002mm，机体齿轮箱刻有2条白线，连接支架上有一条白线，用以表示微动升降的极限范围。当微动手轮旋到极限位置时，微动手轮就自动被限制住，此时应倒转旋动使用，否则将会损坏机件。

(4)载物台　放置试样用的机械载物台是显微镜的重要部件，有圆形和方形两种。常见的载物台为圆形，位于镜架上方，利于放置各种几何形状试样进行观察，移动结构采用黏性油膜与托架联结，托架与台面之间有方形导架，引导载物台在水平面上一定范围内做十字定向移动，当移到极限位置时有限制作用，避免载物台滑出托架之外。载物台必须牢固，不易发生振动；其工作台位置必须与显微镜光轴垂直；载物台移动时试样的像应基本清晰。载物台一般备有能在水平面内做前后、左右和360°旋转的螺丝和刻度。载物台上还备有弹簧压片和场光圈。明场用的玻璃场光圈有 ϕ13mm、ϕ21mm 和 ϕ27mm 三种；暗场用的金属场光圈有 ϕ10mm、ϕ15mm 和 ϕ20mm 三种。

(5)目镜管　目镜管呈倾斜 45°以单管形式接在装有棱镜的半球形镜座上，可随时拆卸或将目镜旋转 90°，以便连接照相设备做金相照相之用。

6. 金相显微镜的使用

1)使用方法

(1)将光源插头接上电源变压器，然后将变压器接上 220V 电源即可使用。照明系统在出厂前已经过校正。

(2)每次更换灯泡时，必须将灯座反复调校。灯泡插上灯座后，在孔径光阑上面放上滤色玻璃，再将灯座转动及前后调节，以使光源均匀明亮地照射于滤色玻璃上，完成灯泡正确调节。然后，将灯座的偏心环转动一个角度，以便将灯座紧固于底盘内。

(3)观察前原则上要装上各个物镜。在装上或卸下物镜时，须把载物台升起，以免碰触透镜。如选用某种放大倍率，可参照总倍率表来选择目镜和物镜。

(4)试样放上载物台时，应使被观察表面倒置在载物台上，如果是小试样，可用弹簧压片把它压紧。

(5)使用低倍物镜观察调焦时，注意避免镜头与试样撞击，可从侧面注视物镜，将载物台尽量下移，直至镜头几乎与试样接触(但切不可接触)，再从目镜中观察。此时应先用粗调节手轮调节至初见物像，再改用细调节手轮调节至物像十分清楚为止，切不可用力过猛，以免损坏镜头，影响物像观察。当使用高倍物镜或使用油浸系物镜观察时，必须先注意极限标线，务必使支架上的标线保持在齿轮箱外面两标线的中间，使微动调焦装置留有适当的升降余量。当转动粗动手轮时，要小心地将载物台缓慢下降，当目镜视野中刚出现物镜轮廓后，立即改用微动手轮正确调焦，至物像最清晰为止。

(6)使用油浸系物镜前，将载物台升起，用一支光滑、洁净的小棒蘸上一滴松柏油，滴在物镜的前透镜上。注意：要避免小棒碰压透镜且不宜滴过多的油，否则会损伤或弄脏透镜。

(7)为配合各种不同数值孔径的物镜，设置了大小可调的孔径光阑和视场光阑，其目的是获得良好的物像和显微摄影衬度。当使用某一数值孔径的物镜时，先对试样正确调焦，然后调节视场光阑，这时从目镜视场中看到的视野逐渐遮蔽，然后再缓缓调节使光阑孔张开，至遮蔽部分恰好在视场中出现为止，其作用是把试样视野范围之外的光源遮去，以消除表面反射的漫散射光。为配合使用不同的物镜和适应不同类型试样的亮度要求，设置了大小可调的孔径光阑。转动孔径光阑套圈，使物像达到清晰明亮，轮廓分明。在光阑上刻有分度，表示孔径尺度。

2)使用注意事项

(1)操作时必须特别谨慎，不能有任何剧烈的动作，不允许自行拆卸光学系统。

（2）严禁用手指直接接触显微镜镜头的玻璃部分和试样磨面。若镜头上落有灰尘，会影响显微镜的清晰度与分辨率。此时，应先用洗耳球吹去灰尘和砂粒，再用镜头纸或毛刷轻轻擦拭，以免直接擦拭时划花镜头玻璃，影响使用效果。

（3）切勿将显微镜的灯泡（6～8V）插头直接插在220V的电源插座上，而应当插在变压器上，否则会立即烧坏灯泡，观察结束后应及时关闭电源。

（4）在旋转粗调或微调手轮时动作要慢，碰到某种障碍时应立即停止操作，报告指导教师查找原因，不得用力强行转动，否则会损坏机件。

三、实验设备及材料

实验设备：4XB－Ⅱ型金相显微镜。

实验材料：预先制备好的金相样品。

四、实验内容与步骤

（1）结合显微镜实体，认真聆听指导教师讲解光学显微镜的成像原理、结构及各组件的位置和作用，熟悉物镜和目镜标记。

（2）通过整个观察金相样品的实际操作过程，学会正确的操作方法，包括物镜和目镜的选择/匹配、调焦、孔径/视场光阑的调节、放大倍数的计算等。

（3）通过参观、课外查阅资料等方式，了解其他类型金相显微镜的特点和用途。

五、实验报告要求及思考题

（1）金相显微镜的构造包括哪三大部分？影响其成像质量的是哪三个像差？数值孔径取决于哪两个因素？

（2）显微镜物镜上的标注如图1－1－6所示，指出各数值的含义。其中哪个数值决定分辨率？

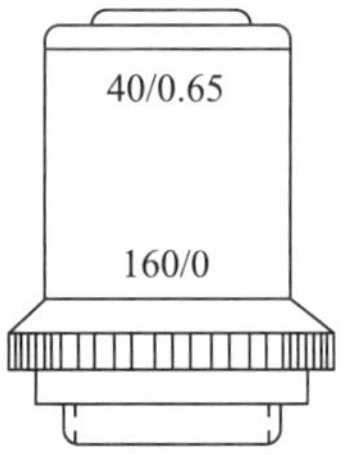

图1－1－6　显微镜物镜上的标注

（3）分析提高显微镜分辨率的可能途径。

实验 2　金相显微样品的制备

一、实验目的

(1)掌握金相试样的制备原理和制备过程。

(2)熟悉目前常用的金相显微组织显示方法。

(3)了解目前制备金相试样的先进技术。

二、实验原理

金相试样的制备程序通常包括取样、镶样、磨光、抛光、浸蚀等几道工序。为了避免出现“伪组织”而导致错误的判断，需要掌握正确的制样方法。

1. 取样

显微试样的选取应根据研究检测目的，取其最具代表性的部位。此外，还应考虑被测材料或零件的特点、工艺过程及热处理过程。例如：对于铸件，由于存在偏析现象，应从表面层到中心等典型区域分别取样，以便分析缺陷及非金属夹杂物由表及里的分布情况；对于轧制和锻造材料，应同时截取横向及纵向检验面，以便分析材料在平行加工方向和垂直加工方向截面上显微组织的差别；对于热处理后的显微组织，一般采用横向截面。

对于不同性质的材料，试样切取的方法各有所异，但应遵循一个共同的原则，即应保证被观察的截面不产生组织变化。对于软材料，可以用锯、车、刨等方法；对于硬而脆的材料，可用锤击的方法；对于极硬的材料，可用砂轮切片机、电火花机和线切割机；在大工件上取样可用氧气切割等。试样的尺寸以便于握持、易于磨制为准。对于形状特殊或尺寸细小的试样，应进行镶嵌或机械夹持。

2. 镶样

镶样的方法有很多，如低熔点合金镶嵌、电木粉或塑料镶嵌、机械夹持等，如图 1－2－1 所示。目前一般是采用塑料镶嵌，包括热固性塑料(如胶木粉)、热塑性塑料(如聚氯乙烯)、冷凝性塑料(如环氧树脂加固化剂)等。

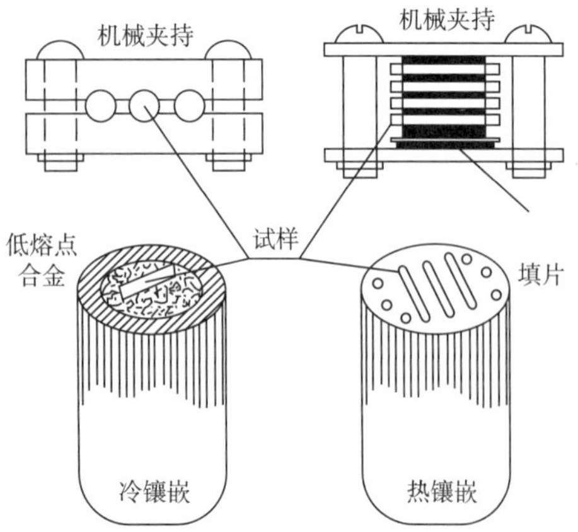

图 1－2－1　金相样品的镶样方法

采用塑料作镶嵌材料时，一般在金相试样镶嵌机上进行镶样。金相试样镶嵌机主要包括加压设备、加热设备及压模三部分(见图 1－2－2)，使用时将试样放在下模上，选择较平整的一面向下，在套筒空隙间加入塑料，然后将上模放入压模(套模)内，通电加热至额定温度后再加压，待数分钟后除去压力，冷却后取出试样。

图 1－2－2　XQ－1 型镶样机

3. 磨光

磨光是为了得到平整的磨面，为抛光做准备，一般分为粗磨和细磨两步。图 1－2－3 所示为切取试样后形成的粗糙表面，经粗磨、细磨、抛光后磨痕逐渐消除，得到平整光滑磨面的示意图。

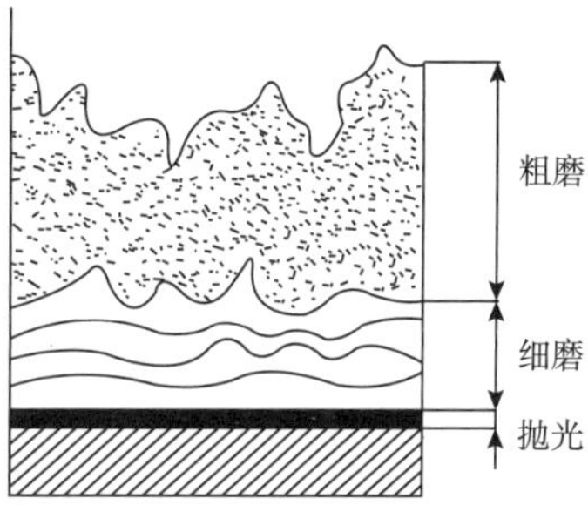

图 1－2－3　试样表面磨痕变化示意图

(1) 粗磨　粗磨的目的是整平试样，并磨成合适的外形。粗磨一般在砂轮机上进行。对于很软的材料，可用锉刀锉平。使用砂轮机粗磨时，必须注意接触压力不可过大，若压力过大，可能会造成人身和设备事故，同时极易使磨面温度升高而引起组织变化，并且使磨痕加深、金属扰乱层增厚，给细磨抛光带来困难。粗磨时需冷却试样，防止试样受热而引起组织变化。粗磨后需将试样和双手清洗干净，以防将粗砂粒带到细磨用的砂纸上，造成难以消除的深磨痕。

(2) 细磨　细磨的目的是消除粗磨时留下的较深的磨痕，为下一个工序——抛光做准备。常规的细磨方法有手工磨光和机械磨光两种。手工磨光是用手握持试样，在金相砂纸上单方向推移磨制，拉回时提起试样，使它脱离砂纸，细磨时可以用水作为润滑剂。我国的金相砂纸按粗细分为 01 号、02 号、03 号、04 号、05 号等几种。细磨时，依次从粗到细研磨，即从 01 号磨至 05 号；每次换下一道砂纸之前，必须先用水洗去样品和手上的砂粒，以免把粗砂粒带到下一级的细砂纸上去，同时要将试样的磨制方向调转 90°，即本道磨制方向与上一道磨痕方向垂直，以便观察上一道磨痕是否全部消除。

(3) 磨光膏细磨　使用浸过煤油的细帆布作为抛光布，将磨光膏涂在抛光布上进行磨光，这种细磨方法称为磨光膏细磨。

4. 抛光

抛光的目的是除去细磨后留下的细微磨痕，使试样表面成为光滑无痕的镜面。常用的抛光方法有机械抛光、电解抛光、化学抛光。

(1)机械抛光　机械抛光的原理是利用抛光微粉的磨削、滚压作用，把金相试样表面抛成光滑的表面。机械抛光在抛光机上进行。常用的抛光机上装有一个或多个电动盘(直径为200～250mm)，盘上铺以抛光布，由电动机带动的水平抛光盘的转速一般为300～500r/min。目前国产金相抛光机有单盘P－1型、双盘P－2型两种，均由电动机(0.18kW)带动抛光盘旋转。抛光盘用铜或铝制成，直径为200～250mm。机械抛光可分为粗抛与精抛两个步骤。粗抛的目的是尽快除去磨光时的变形层，常用的磨料为10～20μm的Al_2O_3、Cr_2O_3、MgO微粉，加水配成悬浮液后使用；精抛的目的则是除去粗抛产生的变形层。

(2)电解抛光　将试样放入装有电解溶液的槽中，试样作为阳极，用不锈钢或铅板作为阴极，接通电源后，利用电化学整平作用获得平整表面的过程称为电解抛光，如图1－2－4所示。电解抛光可避免机械抛光时表面层金属的变形或流动，从而能真实地显示金相组织。该法适用于有色金属及硬度低、塑性大的金属，但不适用于偏析严重的金属、铸件及化学成分不均匀的试样。

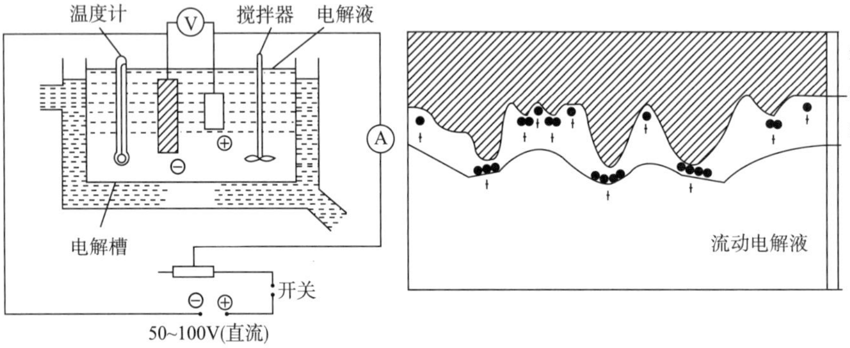

(a)反应装置示意图　　(b)界面反应示意图

图1－2－4　电解抛光示意图

(3)化学抛光　化学抛光是指简单地将试样浸入一合适的抛光液中，依靠化学溶剂对不均匀表面产生选择性溶解来获得光亮的抛光面。这种方法操作简单、成本低廉，缺点是夹杂物易被浸蚀掉，且抛光面平整度较差，只能用于低倍常规检验。

5. 浸蚀

除某些非金属夹杂物、铸铁中的石墨相、粉末冶金材料中的孔隙等特殊组织外，经抛光后的试样磨面，必须用浸蚀剂进行“浸蚀”，以获得或加强图像衬度后才能在显微镜下进行观察。获得衬度的方法有很多，根据获得衬度过程是否改变试样表面，可分为不改变表面方法(如光学法)和改变表面方法(如电化学浸蚀法、物理浸蚀法)两大类。

最常用的浸蚀方法是化学浸蚀法。纯金属或单相金属的浸蚀是一个化学溶解过程，如图1－2－5(a)所示。晶界处由于原子排列混乱，能量较高，因此易受浸蚀而呈现凹沟，各个晶粒由于原子排列位向不同，受浸蚀程度也不同。因此，在垂直光线照射下，各部位反射进入物镜的光线不同，从而显示出晶界及明暗不同的晶粒。两相或两相以上合金的浸蚀则是一个电化学腐蚀过程，如图 1－2－5(b)所示。由于各相的组织成分不同，其电极电位也不同，当表面覆盖一层具有电解质作用的浸蚀剂时，两相之间就形成许多“微电池”，具有负电位的阳极相被迅速溶解而凹下，具有正电位的阴极相则保持原来的光滑平面，试样表面的这种微观凹凸不平对光线的反射程度不同，在显微镜下就能观察到各种不同的组织及相组成。

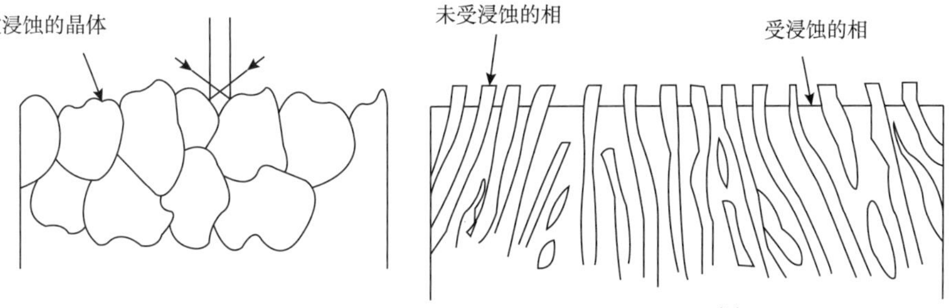

图 1－2－5　金相组织显示原理示意图

某些贵金属及其合金(如纯铂、纯银、金及其合金、钛合金等)，以及化学稳定高的钢铁材料(如不锈钢、耐热钢、高合金钢等)，难以用化学浸蚀法显示出组织，可采用电解浸蚀法。对不同材料，需选用不同的浸蚀剂，常见的浸蚀剂见附录 A。

三、实验设备及材料

仪器设备：4XB－Ⅱ型金相显微镜、立式砂轮机、PG－2B 机械抛光机、手工湿磨用的平板玻璃工具、电吹风机等。

实验材料：金相试样、不同型号的水砂纸、抛光液、酒精、配好的浸蚀剂、镊子、脱脂棉等。

四、实验步骤与方法

(1)每人领取有色金属或钢铁试样一个。

(2)用砂轮机打磨试样，直到获得平整的表面。

(3)用手工湿磨法从粗到细磨光。

(4)用机械抛光机抛光，获得镜面。

(5)用浸蚀剂浸蚀试样磨面，用金相显微镜观察组织，绘出组织示意图。

(6)实验完毕后，清理仪器设备。

五、实验报告要求及思考题

(1)概述金相试样制备的要点。

(2)金相试样的取样原则是什么？金相试样制备包括哪几个步骤？抛光的方式有哪些？

(3)今有一齿轮，经表面热处理后，需要用金相方法检验其表面组织，应如何取样？取样过程中需注意哪些问题？

实验3　金属的塑性变形与再结晶组织分析

一、实验目的

(1)了解塑性变形对金属显微组织的影响。

(2)熟悉经不同变形后的金属在加热时组织的变化规律。

(3)掌握变形程度、退火温度对金属再结晶退火后晶粒大小的影响。

二、实验原理

金属变形可分为弹性变形、塑性变形和断裂三个基本过程。当应力增加到超过弹性极限时，金属就要产生塑性变形，外力去掉后，这部分变形仍然保留着，这种变形过程称为塑性变形。塑性变形能提高金属和合金的强度与硬度，但塑性、韧性会下降，即产生加工硬化现象。

1. 冷变形对金属显微组织的影响

金属发生塑性变形时，随着变形程度的增加，晶粒逐渐沿受力方向伸长，并且晶粒内部产生许多亚晶粒。

2. 变形程度对再结晶退火后晶粒大小的影响

变形程度是影响再结晶退火后晶粒大小的最重要因素。在其他条件相同的情况下，变形量越大，则晶粒越细。变形程度与晶粒度的关系如图1－3－1所示。由图1－3－1可见，变形程度很小时(图中 *oa* 段)，金属材料的晶粒无明显变化；当变形程度增加到一定数值(图中 *b* 点)后，得到最大晶粒，此变形程度称为临界变形程度 δ_k。临界变形程度随金属不同而异，一般都在2%～10%之间，铁为5%～6%，钢为5%～10%，铜及黄铜约为5%，铝为1%～3%。

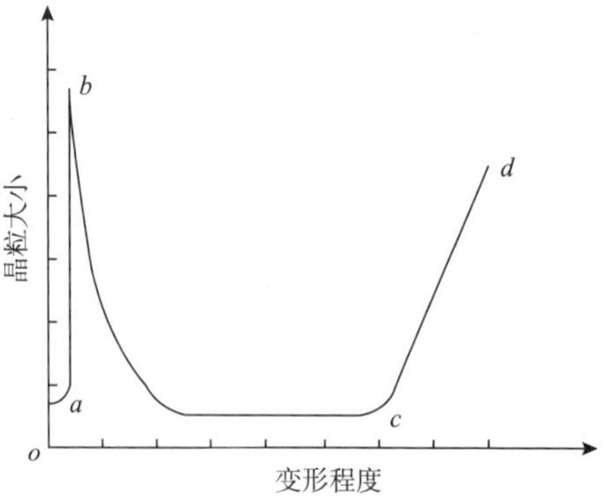

图1－3－1　变形程度对再结晶退火后晶粒大小的影响

当变形量在临界变形量附近时，晶粒之所以变粗是由于变形量小时，变形不均匀并分布在个别区域，只有极少数区域有条件产生核心，因此这些个别核心就可以异常地长大，最后长为粗晶粒。变形量增加时，形成核心的微小区域增加，这时每个核心都需要长大，在相互制约的情况下，最终得到细晶粒。但当变形量太大时，在曲线上又出现第二个高峰，即晶粒反而又变粗，一般认为这是由于变形结构造成的。

3. 退火温度和保温时间对再结晶退火后晶粒大小的影响

退火加热温度越高，保温时间越长，晶粒越粗大。加热温度越高，其影响越明显，随着加热温度的升高，晶粒几乎呈直线长大。

4. 原始晶粒大小的影响

原始晶粒越细，则晶界越多，形成核心的有利位置也越多。因此，再结晶退火后得到的晶粒也越细，反之则越粗。

下面举例说明各因素对金属显微组织的影响。

【例 1】 5A05 铝合金(M 态)于不同冷变形度变形后的组织如图 1－3－2 所示。由图 1－3－2 可见，当变形量不大[30%，见图 1－3－2(a)]时，合金基本上保持加工前形状，已有少量 β 相(Mg_2Al_3)质点从 α(Al)相中析出。随变形量增加到 50%，晶粒开始沿着加工方向转变，析出部分 β 相[见图 1－3－2(b)]。当变形量达 85% 时[见图 1－3－2(c)]，晶粒严重变形，绝大部分沿着加工方向被拉伸成纤维状，有更多的 β 相从 α 相析出。当变形量很大[95%，见图 1－3－2(d)]时，所有晶粒转向加工方向，形成了纤维状组织。

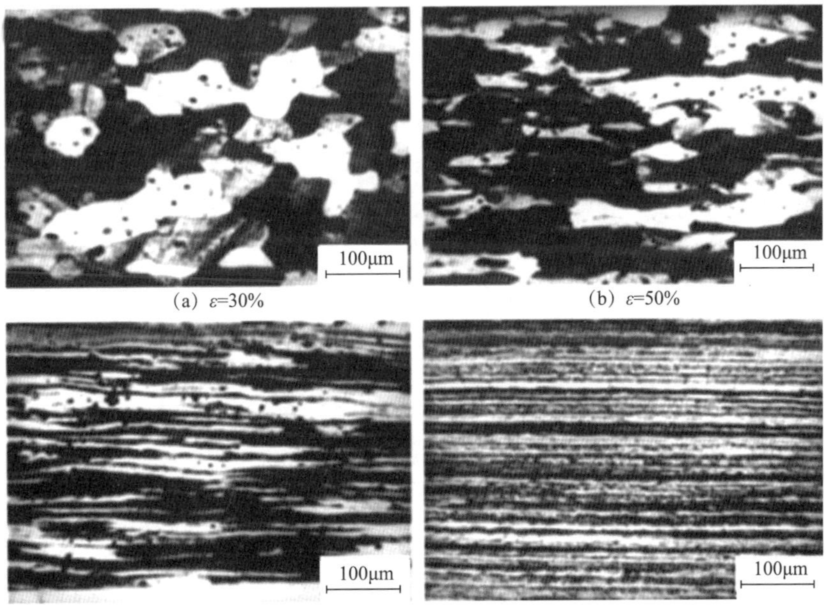

(a) ε=30%　(b) ε=50%　(c) ε=85%　(d) ε=95%

图 1－3－2 变形程度(ε)对 5A05 铝合金显微组织的影响

【例 2】 纯铝经不同冷变形度变形，然后进行退火的宏观组织(混合酸腐蚀)如图 1－3－3 所示。试样处理条件为：退火温度为 580℃，退火时间为 1h。由图 1－3－3 可以看出：材料经不同程度的变形后，进行再结晶退火，再结晶退火后晶粒尺寸不相同，当变形程度小于临界变形程度时，变形程度越大，再结晶退火后晶粒越大；当变形程度大于临界变形程度时，变形程度越大，再结晶退火后晶粒越小。

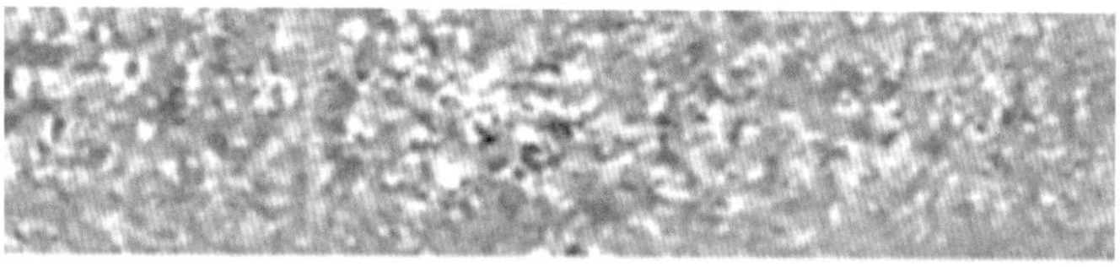

(a) ε=1%

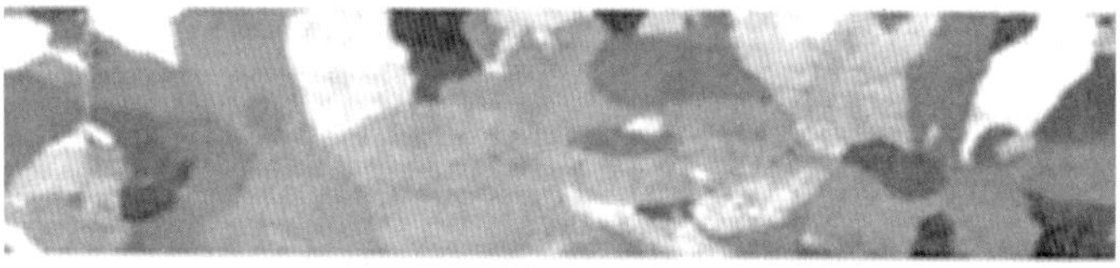

(b) ε=3%

(c) ε=4.5%

(d) ε=6%

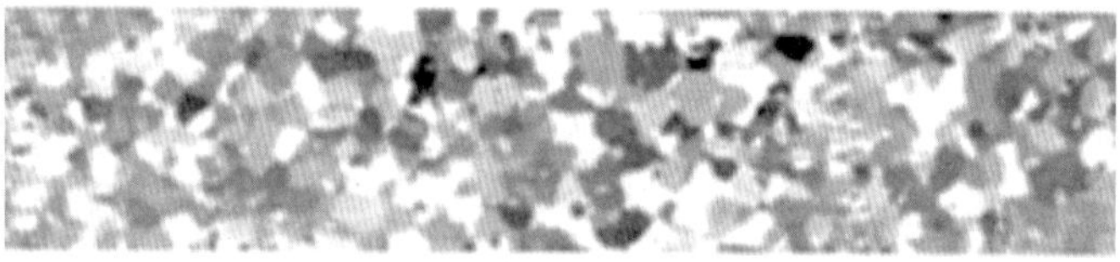

(e) ε=9%

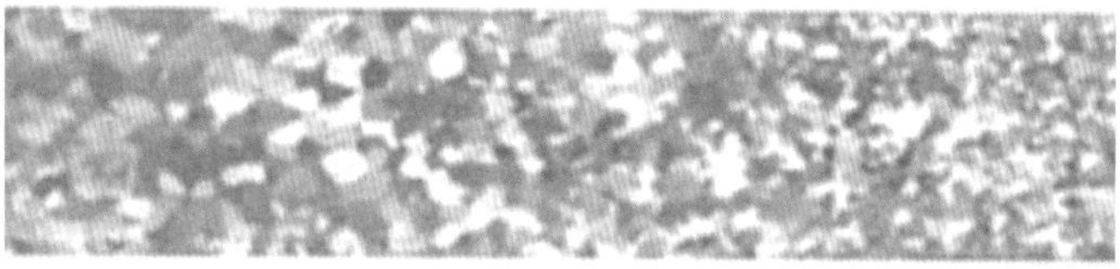

(f) ε=12%

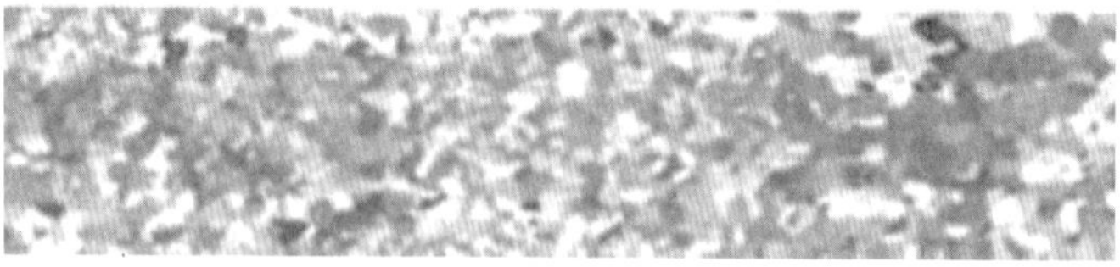

(g) ε=15%

图 1－3－3　变形程度(ε)对纯铝再结晶退火(580℃/h)后晶粒大小的影响(100×)

三、实验设备及材料

实验设备：小型拉伸试验机、铁锤、洛氏硬度计、金相显微镜、箱式电阻加热炉(含测温、控温装置）。

实验材料：测量试样尺寸用的游标尺、不同粗细的金相砂纸一套、抛光磨料、无水酒精、同变形度变形后再经同一退火温度退火的纯铝样品一套、浸蚀剂（HF：HNO_3：HCl：H_2O = 15：15：45：25）。

四、实验步骤与方法

（1）纯铝拉伸变形及退火。每班分成 6～8 组，每组 4～5 人，每人一片工业纯铝片材试样。在每组学生中，每人的铝片拉伸变形量不同，分别为 1%、3%、4.5%、6%、9%、12%、15%，拉伸后，于 550℃退火炉中退火 1h。

（2）选取 4 片工业纯铝片，均进行 6% 拉伸变形，然后分别于 250℃、350℃、450℃、580℃下退火 1h。观察退火后各样品的晶粒并测量其大小，分别绘出晶粒度与不同变形程度、不同退火温度的关系曲线。

五、实验报告要求及思考题

（1）比较铝在不同变形量条件下的组织变化规律。

（2）总结不同再结晶退火温度对铝显微组织的影响，并给予解释。

实验4　晶粒度的测定

一、实验目的

(1)掌握晶粒尺寸的基本测量方法。

(2)了解钢和单相合金晶粒度测定方法及评定标准。

二、实验原理

金属及合金的晶粒大小与金属材料的力学性能、工艺性能及物理性能有密切的关系。细晶粒金属材料的力学性能、工艺性能均比较好，它的冲击韧性和强度都较高，在热处理和淬火时不易变形和开裂。粗晶粒金属材料的力学性能和工艺性能都比较差，但在某些特殊需要的情况下也被加以使用，如永磁合金铸件和燃气轮机叶片希望得到按一定方向生长的粗大柱状晶，以改善其磁性能和耐热性能，粗晶粒金属材料则满足其要求。金属材料的晶粒大小与浇注工艺、冷热加工变形程度和退火温度等有关。

晶粒尺寸的测定可采用直测计算法。掌握了这种方法也可对其他组织单元长度进行测定，如对铸铁中石墨颗粒的直径、脱碳层深度的测定等。

某些具有晶粒度评定标准的材料，可通过与标准图片对比进行评定，这种方法称为比较法。

1. 直测计算法

利用物镜测微尺求出目镜测微尺(或毛玻璃投影屏上的刻度尺)上每一刻度的实际值。选定物镜，并选用带有目镜测微尺的目镜。将物镜测微尺置于样品台上，调焦、调节样品台，使物镜测微尺的刻度与目镜测微尺(或投影屏上的刻度尺)良好吻合(见图1－4－1)。

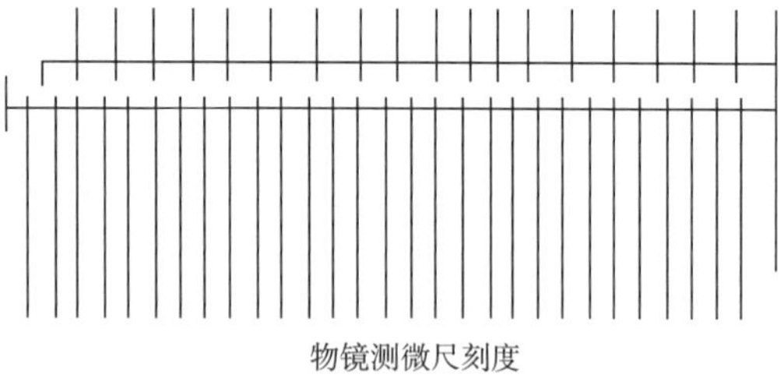

图1－4－1　目镜和物镜测微尺的校正

已知物镜测微尺的满刻度为1mm，共分为100小格，则每小格为0.01mm。在这一物镜的放大倍数下，物镜测微尺的 Y 格与目镜测微尺的 X 格(或投影屏上的刻度)相重合，则目镜测微尺(或投影屏上的刻度尺)上的每一刻度格值(mm)为：

$$格值=(Y\times 0.01)/X \qquad (1-4-1)$$

【例1】　物镜测微尺的10格和目镜测微尺上的20格重合，则目镜测微尺的每一刻度

格值 = (10 × 0.01)/20 = 0.005(mm)。

【例 2】 物镜测微尺的 30 格和投影屏刻度尺上的 30 格重合，则投影屏刻尺上的每一刻度格值 = (30 × 0.01)/30 = 0.01(mm)。

利用已知目镜测微尺的格值(或投影屏格值)进行晶粒尺寸或其他组织单元长度的测定。在得知格值后，可取掉物镜测微尺，换上被测样品，利用带有测微尺的目镜(或将显微图像投影到毛玻璃屏上)进行测量。如图 1-4-2 所示，为了使测量结果更具代表性，在数出测微尺刻度尺线段上所交截的晶粒数后，可旋转目镜，测定几个不同方向上的交截晶粒数，根据式(1-4-2)求出晶粒的平均直径：

$$d = (x \times \text{格值})/n \qquad (1-4-2)$$

式中 d——晶粒平均直径，mm；

x——目镜测微尺上所占格数；

n——刻尺线段交截的晶粒数。

图 1-4-2 目镜测微尺的测量显示图

【例 3】 已知使用某一物镜时，目镜测微尺的格值为 0.01mm，在目镜测微尺上 60 格内占有的晶粒数为 10 个，则 $d = (60 \times 0.01)/10 = 0.06$(mm)。

2. 钢的晶粒度测定

常规讨论中所提到的晶粒度具有三个不同的概念，它们分别为钢的起始晶粒度、实际晶粒度和奥氏体本质晶粒度。起始晶粒度是指刚完成奥氏体化过程时具有的奥氏体的晶粒度；实际晶粒度是指从出厂钢材上截取试样所测得的某一种热加工条件下所获得的晶粒大小；奥氏体本质晶粒度是指将钢加热到一定温度并保温足够时间后，钢所具有的奥氏体晶粒大小(目前有逐步取消这一概念的趋势，此处为契合教材内容提及)。

目前晶粒度的测定，尤其是奥氏体晶粒度的测定，已成为金相研究中的一个重要课题。晶粒度的测定一般可按国标的规定在金相显微镜放大 100 倍条件下与标准图片进行比较。如果晶粒度级别用 G 表示，而在放大 100 倍条件下一平方英寸($1\text{in}^2 = 645\text{mm}^2$)面积内的晶粒个数是 n，则它们之间的关系为 $n = 2^{G-1}$。

如果是在不同的放大倍数下观察，也可以与标准图比较，可根据式(1-4-3)进行折算：

$$G' = G \pm n \times 10^2 \qquad (1-4-3)$$

式中 G——在 n 倍放大倍数下，看到的相当于 100 倍下评级图的晶粒度级别；

n——测定晶粒度时所用的放大倍数；

+——放大倍数大于 100 倍时使用；

-——放大倍数小于 100 倍时使用。

在实际生产中很少遇到属于单一号数的晶粒度，所以在记录或完成检验报告时可以跨两个或三个晶粒度级别表示钢的晶粒度，如 5 ~6 或 7 ~5 等，前一个数字是占主要比例的晶粒度。

当只写一个号数时，则表示这个级别的晶粒占 90% 以上，可以采用表 1 –4 –1 所示的晶粒度对照折合。

表 1 –4 –1　不同倍数晶粒度对照

其他放大倍数	放大 100 倍的晶粒度											
	No. –1	No. 0	No. 1	No. 2	No. 3	No. 4	No. 5	No. 6	No. 7	No. 8	No. 9	No. 10
50 ×	1	2	3	4	5	6	7	8				
200 ×					1	2	3	4	5	6	7	8
300 ×						1	2	3	4	5	6	7
400 ×							1	2	3	4	5	6

三、实验设备及材料

实验设备：配备毛玻璃投影屏的金相显微镜、物镜测微尺、目镜测微尺。

实验材料：供测量晶粒度用的单相铜合金或钢、纯铁样品，供比较法评定用的单相铜合金和钢的奥氏体晶粒度评定标准图片。

四、实验步骤与方法

(1)学习利用物镜测微尺标定目镜测微尺和毛玻璃投影屏刻度格值，通过它们之间的关系确定显微镜物镜和显微镜的线放大倍数。

(2)用直接计算法测量晶粒大小。

(3)用比较法评定晶粒度级别。

五、实验报告要求及思考题

(1)用 25 × 物镜(或 10 × 、40 ×)和 10 × 目镜(含有测微尺)测试系统，标定目镜测微尺的格值。

(2)用实验室提供的单相铜合金(或工业纯铁)样品评定其晶粒平均直径。

(3)简述实验操作的要点。

实验 5 金属凝固过程观察

一、实验目的

(1)了解固溶体合金和共晶体合金的结晶过程。

(2)掌握固溶体合金和共晶体合金凝固结晶的组织特点。

二、实验原理

1. 树枝状结晶及树枝状晶

根据结晶理论，固溶体合金结晶时，开始结晶的固溶体的成分可以用平衡分配系数 k_0 表示，假设在一定范围内液相线和固相线均为直线，则平衡分配系数为：

$$k_0 = C_\alpha / C_L \qquad (1-5-1)$$

式中 C_α——给定条件下结晶出的固体的成分；

C_L——相同条件下与固体平衡的液相的成分。

开始结晶出来的固溶体近似球状，由于散热条件不同和结晶沿不同方向长大速度不同等原因，继续长大的晶体就会变成树枝状晶体。

由于固体和液体的成分不同，因此先结晶的固溶体成分和后结晶的固溶体成分也不同。也就是说，在一个树枝状晶体的大晶粒内部溶质的浓度不同，产生偏析。若在凝固过程中将试样水淬，使其快速凝固，则因极冷凝固的那部分组织(淬火组织)变为非常细的树枝状组织，可区别于慢速冷却的粗大树枝状晶体。因此，在结晶的不同阶段进行急冷，观察组织，可以了解生长阶段的树枝状晶体的成分偏析情况。

2. 共晶、结晶及共晶体

很多合金结晶生成的共晶体是由相图上的共晶成分的合金液体通过恒温反应生成的。二元共晶合金的恒温反应如下：

$$L_c \longrightarrow \alpha_a + \beta_b$$

式中 L_c——成分为 c 的液相；

α_a——成分为 a 的固相；

β_b——成分为 b 的固相。

因此，一般把共晶反应描述为：一个固定成分的液相在恒温下转变成成分和结构不同的另外两种固相的反应。共晶反应的特点是溶质和溶剂原子不进行长距离的扩散，合金的宏观成分不发生显著的变化，而新形成的两种固相互相促进形核，协同生长变大。因此，共晶体组织往往带有自身独特的组织形态，很容易与其他组织区分。共晶体中两相的弥散程度也依赖于冷却速度或结晶速度。根据这一原理，在结晶过程中进行水淬冷却，可以分析不同阶段的共晶体长大的形态和特征。

三、实验步骤与方法

(1)实验材料：用 99.99% 的铝和电解铜配制成 Al - 4.5% Cu(亚共晶合金)和 Al - 33% Cu(共晶合金)，每个成分的试样准备 8 组。准备若干石墨坩埚预备熔化试样和水淬。

(2)每个坩埚装入 30 ~ 50g 试样，放入加热炉加热熔化。试样坩埚内配置热电偶，准确测量温度。

(3)亚共晶试样加热到 720℃，共晶试样加热到 610℃，待熔化完毕后停止加热，缓慢冷却。同时每 30s 读取热电偶数据，绘制时间 - 温度曲线。在冷却曲线上亚共晶合金出现拐点(表明结晶已经开始)和共晶合金出现水平点之后，分别经过 1min、5min、10min，将试样水淬(取出热电偶，并记下当时的温度)。

(4)切断试样，制备成金相样品，用显微镜观察。

(5)亚共晶试样用下述配比的浸蚀剂浸蚀：浓 HF、浓 HCl、浓 HNO_3、水的体积比为 1 : 1.5 : 2.5 : 95。共晶试样则采用苛性钠水溶液进行化学抛光，化学抛光的流程为：经过砂纸磨好的试样按正常顺序在抛光盘上滴加抛光液进行粗抛，清洗后换干净的抛光绒布，用化学抛光液抛光 2min，之后直接观察。苛性钠水溶液的配比为：NaOH 与水的体积比为 5 : 95。

四、实验报告要求及思考题

(1)绘制各试样的冷却曲线。

(2)分别说明亚共晶合金和共晶合金的结晶组织与水淬组织的特点。

实验 6　热分析法建立二元合金相图

一、实验目的

(1)熟悉用热分析法测定金属与合金的临界点。

(2)根据测定的临界点画出二元合金相图。

二、实验原理

相图是一种表示合金状态随温度和成分变化而变化的图形，又称状态图或平衡图。根据相图可以确定合金的浇注温度，判断进行热处理的可能性和确定形成各种组织的条件等。到目前为止，几乎所有的相图都是通过实验测定出来的。金属及合金的状态发生变化将引起其性质发生变化。例如，液体金属结晶或固态相变时将会产生热效应，合金相变时其电阻、体积、磁性等物理性质也会发生变化。金属及合金发生相变时(包括液体结晶和固态相变)引起其某种性质变化所对应的温度称为临界温度，又称临界点。因此，可以通过测定金属及合金的性质来求出其临界点。把这些临界点标注在以温度为纵坐标、以成分为横坐标的图上，然后把各个相同意义的临界点连接成线，就构成了完整的相图。可见，相图的建立过程就是金属与合金临界点的测定过程。测定金属与合金临界点的方法有很多，如热分析法、热膨胀分析法、电阻分析法、显微分析法、磁性测定法、X 射线分析法等，其中最常用和最基本的方法是热分析法。

热分析法是通过测量、记录金属或合金在缓慢加热或冷却过程中温度随时间的变化来确定其临界点的。测定时将金属自高温缓慢地冷却，在冷却过程中每隔相等时间测量、记录一次温度，由此得到温度与时间的关系曲线，称为冷却曲线。

金属或合金在缓慢冷却过程中，当没有发生相变时，温度随时间增加而均匀地降低；一旦发生了某种相变，则由于有热效应产生，冷却曲线上就会出现转折，该转折点所对应的温度就是所求的临界点。因此，测出冷却曲线可以很容易地确定相变临界点。图 1-6-1 是根据测定的一组冷却曲线建立相图的实例。

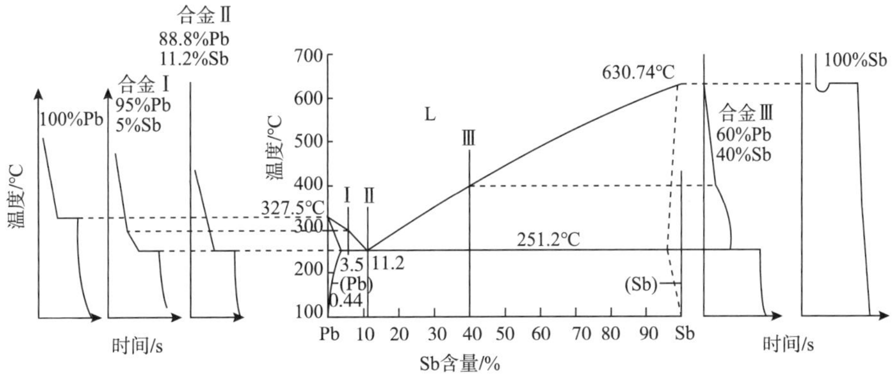

图 1-6-1　Pb-Sb 二元相图的测定

热分析法具有简便易行的特点，对于测定由液态转变为固态时的临界点效果较为明显。但对于固态相变，因相变潜热小，很难用热分析法测定，需用其他方法。

热分析用实验设备和装置如图1-6-2所示，测温装置主要是由热电偶和电位差计组成。热电偶是由两种不同金属丝组成，这两种金属丝一端被焊接在一起形成热接点，而未焊接的一端是冷接点(自由端)，用导线连接在电位差计上。若将热接点加热，则电路中就会产生热电势，它的数值可由电位差计测定。热接点的温度越高，热电势就越大，电位差计指针所指的数值也就越大。

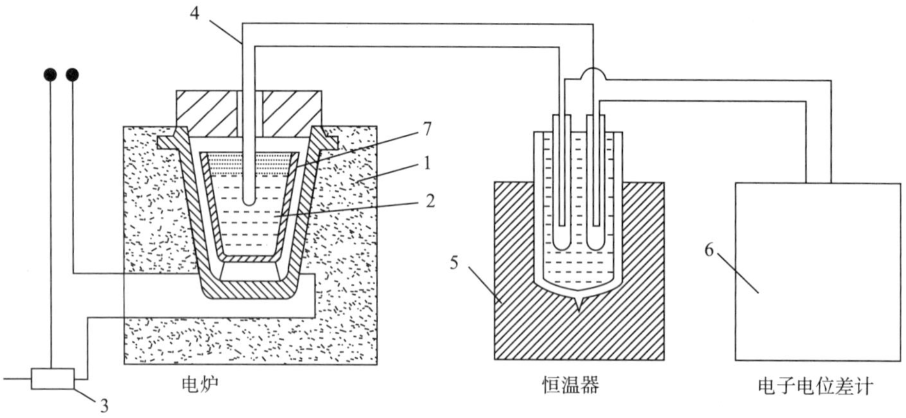

图1-6-2 热分析实验装置简图

1—坩埚电炉(3~5kW)；2—陶瓷坩埚(30~50mL)；3—交阻器；4—热电偶；5—恒温器；6—电位差计(中长图自动平衡记录仪)；7—覆盖剂(木炭粉或石墨粉)

在两端相连的热电偶中所产生的热电势，可由下式确定：

$$E_{(T_1,T_0)} = E_{(T_1)} - E_{(T_0)} \quad (1-6-1)$$

式中 $E_{(T_1)}$——热接点的热电势，其数值由热接点的温度 T_1 确定；

$E_{(T_0)}$——冷接点的热电势，其数值由冷接点的温度 T_0 确定。

当 T_0 为常数，例如为0℃时，$E_{(T_1,T_0)} = E_{(T_1)}$，这时热电势可直接由热接点的温度(即加热温度)来决定；当冷接点温度不是0℃(即 T_0')，而增加为 T_0 时，由公式(1-6-1)可知，因冷接点温度的改变，热电偶所产生的热电势也发生改变，因此必须对冷接点的温度进行修正。修正可按式(1-6-2)进行，即

$$E_{(T_1,T_0)} = E_{(T_1,T_0)} + E_{(T_0',T_0)} \quad (1-6-2)$$

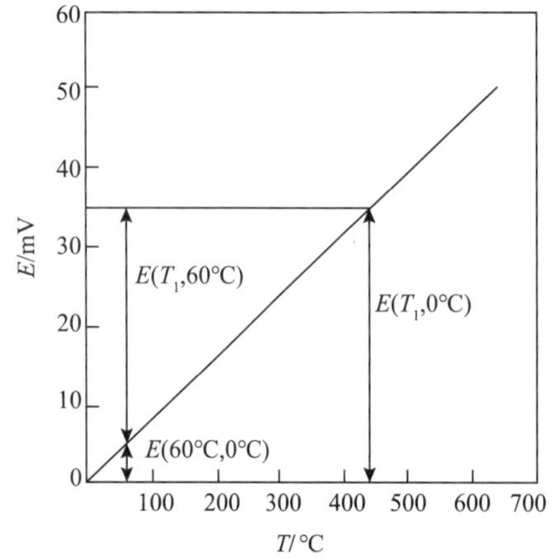

图1-6-3 用图解法对冷接点温度进行修正

公式(1-6-2)的实际应用如图1-6-3所示。例如，设 $T_0' = 60℃$，$T_0 = 0℃$，已测知 T_1 温度时热电偶中所产生的热电势 $E_{(T_1,60℃)} = 31mV$，求 $E(T_1, 0℃)$。此时，若应用图1-6-3所示的热电偶特性曲线，必须先求出

冷接点温度 $T_0=0℃$ 时的热电势数值：$E_{(T_1,0℃)}=E_{(T_1,60℃)}+E_{(60℃,0℃)}$。由图 1－6－3 可查出，$E_{(60℃,0℃)}=4.03\text{mV}$，所以 $E_{(T_1,0℃)}=31+4.03=35.03(\text{mV})$。根据图 1－6－3 中所示曲线，35.03mV 的热电势相当于热接点的温度为 441℃。

热电偶有很多类型，表 1－6－1 为常用的热电偶。

表 1－6－1　常用的热电偶

热电偶的种类	热电偶的化学成分	热电偶导线直径/mm	测温的上限温度/℃	
			短期工作	长期工作
铜－康铜	100% Cu 及 60% Cu＋40% Ni	0.5～3	500	400
铁－康铜	100% Fe 及 60% Cu＋40% Ni	0.5～4	800	600
镍铬－镍铝	89% Ni＋10% Cr＋1% Fe 及 95% Ni＋2% Al＋2% Mn＋1% Si	1.0～5.0	1100	950
铂铑－铂	90% Pt＋10% Rh 及 100% Pt	0.3～0.5	1600	1300

注：热电偶中前一种金属或合金为正极。

此外，热电偶接中长图自动平衡记录仪也是目前常用的测温装置，但需配合使用数据放大器或调整仪器内部上限及下限锰铜丝的电阻值。使用该仪器可在记录纸上自动画出冷却曲线。除热电偶电位差计测温装置外，也可利用水银温度计直接测温，但水银温度计本身受温度影响较大，测温不准确，且容易因预热不当、骤冷骤热而破裂，造成事故。水银温度计的最高使用温度为 550℃，因此不适用于较高熔点金属。

三、实验设备及材料

实验设备：坩埚电炉、陶瓷坩埚、电位差计、热电偶等。

实验材料：可任选 Pb－Sb 或 Pb－Sn 二元合金系中的一种。二元合金系的成分可参考表 1－6－2。

表 1－6－2　Pb－Sb 及 Pb－Sn 二元合金系成分

合金编号	合金成分	
	Pb－Sb 合金系	Pb－Sn 合金系
1	100% Pb	100% Pb
2	95% Pb＋5% Sb	80% Pb＋20% Sn
3	88.8% Pb＋11.2% Sb	60% Pb＋40% Sn
4	80% Pb＋20% Sb	38.1% Pb＋61.9% Sn
5	60% Pb＋40% Sb	20% Pb＋80% Sn
6	100% Sb	100% Sn

四、实验内容与步骤

(1)把所选合金系中的六种金属与合金分别放在陶瓷坩埚中。待合金熔化后，将热电偶与保护瓷套管插入金属液中，热电偶的工作端置于金属液中部，不要靠着坩埚壁、坩埚底或金属液面。热电偶的冷接点可以直接接到电位差计上，但此时应考虑冷接点温度补偿，接线时要注意电极的正、负端。

(2)加热升温至金属与合金熔点以上100℃左右，然后关闭电源。为防止金属氧化，应在熔化的金属液面上覆盖一层木炭粉或石墨粉。

(3)当合金开始冷却时，若用人工测温，则需每隔1min记录一次电位差计的读数，在临界点附近，可以每隔半分钟记录一次。

(4)根据所得数据，绘制冷却曲线(以热电势-时间或温度-时间为坐标)，根据冷却曲线找出临界点。若测得的数值为毫伏数，则应换算成所对应的温度。换算时应考虑自由端的温度及热电偶的误差(各热电偶均有校正表)。根据各组所测得的临界点，建立Pb-Sb或Pb-Sn二元合金相图。

五、实验报告要求及思考题

(1)将选定的合金在冷却过程中热电势随时间变化的数据记录于表1-6-3中。

表1-6-3 热电势随时间变化数据记录表

读 次	时间间隔/s	热电势/mV

(2)根据表1-6-3中记录的数据，用方格纸绘出所测合金的冷却曲线，并注明合金成分，标注出临界点。

(3)根据各种成分合金的临界点，按比例绘出Pb-Sb或Pb-Sn合金相图。分析实验结果，并进行总结。

实验 7　铁碳合金平衡组织观察与分析

一、实验目的

(1)观察碳钢和铸铁试样在平衡状态下的显微组织。

(2)了解碳含量对铁碳合金显微组织的影响，理解成分、组织和性能之间的关系。

(3)掌握用金相法确定钢的碳含量。

二、实验原理

通常将碳含量小于 2.11% 的 Fe - C 合金称为钢，碳含量大于 2.11% 的 Fe - C 合金称为铁。根据 Fe - Fe_3C 二元相图(见图 1 - 7 - 1)可知，铁碳合金在室温下的组成相都是铁素体和渗碳体，但它们在显微组织上有很大的差异。

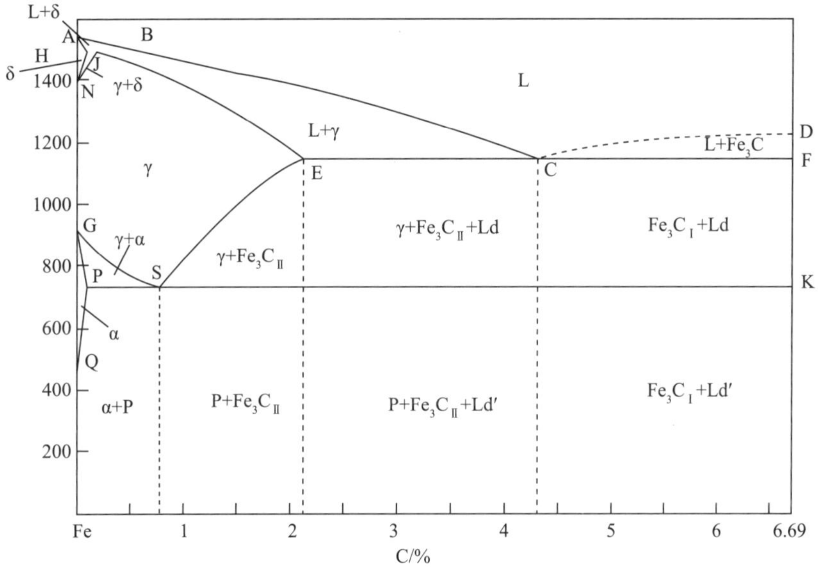

图 1 - 7 - 1　按组织分区的 Fe - Fe_3C 相图

1. 铁碳合金中的几种基本相和组织

(1)铁素体(F)　它是碳在 α - Fe 中的固溶体，为体心立方晶格，具有磁性及良好的塑性，硬度较低。

(2)渗碳体(Fe_3C)　它是铁与碳形成的一种化合物，其碳含量为 6.69%。按铁碳合金成分和形成条件的不同，渗碳体呈现不同的形态：一次渗碳体，从液相中析出，呈条状；二次渗碳体，从奥氏体中析出，呈网络状，沿奥氏体晶界分布，经球化退火，渗碳体呈颗粒状；三次渗碳体，从铁素体中析出，常呈颗粒状；共晶渗碳体与奥氏体同时生长，称为莱氏体；共析渗碳体与铁素体同时生长，称为珠光体。

(3)珠光体(P) 它是铁素体和渗碳体的机械混合物，是共析转变的产物。由杠杆定律可以求得铁素体与渗碳体的含量比为8∶1，因此从形态上看铁素体厚、渗碳体薄。珠光体形态一般呈片状和球状。片状珠光体是由铁素体与渗碳体交替排列形成的层片状组织。球状珠光体其组织的特征是在亮白色的铁素体基体上，均匀分布着白色的渗碳体颗粒，其边界呈暗黑色。

(4)莱氏体(Ld) 室温下是由珠光体、二次渗碳体和共晶渗碳体组成的机械混合物。它是碳含量为4.3%的液态共晶白口铸铁在1148℃发生共晶反应所形成的共晶体，其中奥氏体在继续冷却时析出二次渗碳体，在727℃以下分解为珠光体。因此，莱氏体的显微组织特征是在亮白色的渗碳体基底上，相间地分布着黑色斑点或细条状的珠光体。

2. 铁碳合金在室温下的显微组织特征

1)工业纯铁

碳含量小于0.0218%的铁碳合金，通常称为工业纯铁，它为两相组织，即由铁素体和三次渗碳体组成。图1-7-2所示为工业纯铁的显微组织，其中亮白色基体是铁素体的多边形状等轴晶粒，黑色线条是铁素体的晶界，可见少许三次渗碳体分布在晶界位置。

2)碳钢

(1)亚共析钢 它是碳含量为0.0218%~0.77%的铁碳合金。其组织由先共析铁素体和珠光体组成，随着碳含量的增加，铁素体的数量逐渐减少，而珠光体的数量则相应地增多。图1-7-3所示为亚共析钢(10钢)的显微组织，其中亮白色为铁素体，暗黑色为珠光体，10钢的碳含量为0.1%，所以白色的铁素体等轴晶粒的相对量远大于黑色层片状珠光体的相对量。

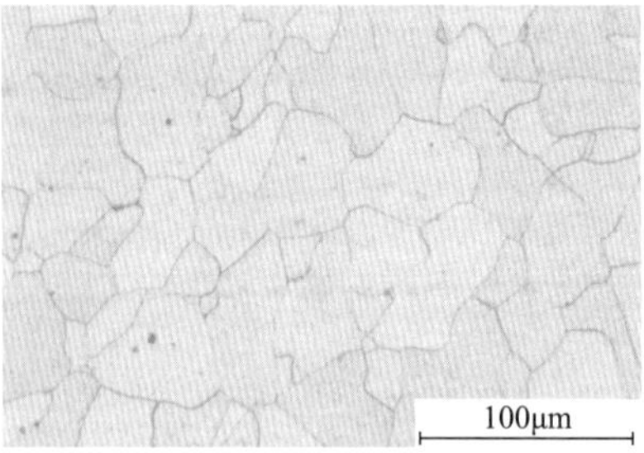

图1-7-2 工业纯铁显微组织

图1-7-3 亚共析钢(10钢)的显微组织

图1-7-4所示为亚共析钢(20钢)的显微组织，其中亮白色为铁素体，暗黑色为珠光体，20钢的碳含量为0.2%，所以在显微镜下观察到的黑色珠光体(P)的相对量要比10钢的珠光体的相对量(见图1-7-3)多一些。

图1-7-5所示为亚共析钢(45钢)的显微组织，其中亮白色为铁素体，暗黑色为珠光体，45钢的碳含量为0.45%，从组织上观察，45钢的铁素体和珠光体的相对含量相差不大，珠光体的相对量多一些。

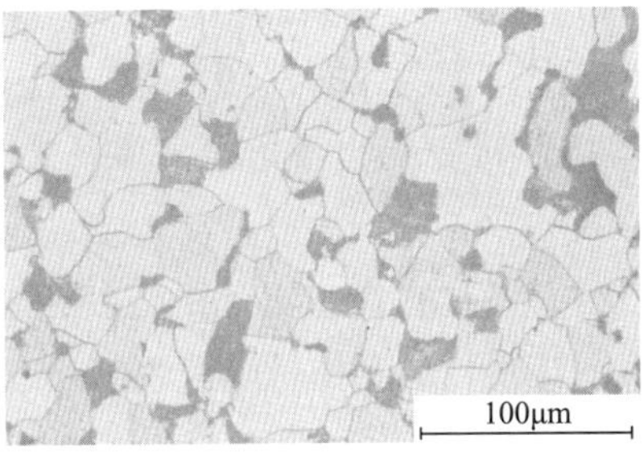

图 1-7-4 亚共析钢(20 钢)的显微组织

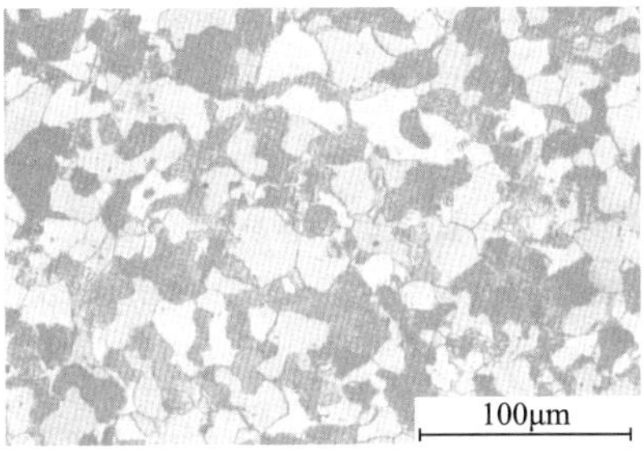

图 1-7-5 亚共析钢(45 钢)的显微组织

从图 1-7-3、图 1-7-4 和图 1-7-5 中可以看出，在亚共析钢中，随着碳含量的增加，珠光体的相对量增加，而铁素体的相对量逐步减少。

(2)共析钢 它是碳含量为 0.77% 的铁碳合金。共析钢的显微组织如图 1-7-6 所示，其组织为片层状珠光体(P)，珠光体是铁素体和渗碳体相间形成的一种机械混合物，其碳含量为 0.77%，处于共析点上，所以被人们称为共析钢。

(3)过共析钢 它是碳含量为 0.77% ~2.11% 的铁碳合金。其组织由先共析渗碳体(即二次渗碳体)和珠光体组成。钢中碳含量越多，二次渗碳体数量越多。图 1-7-7 所示为碳含量为 1.2% 的过共析钢(T12 钢)的显微组织，经 4%(体积分数)的硝酸酒精浸蚀后珠光体呈暗黑色，而二次渗碳体则呈白色网状。

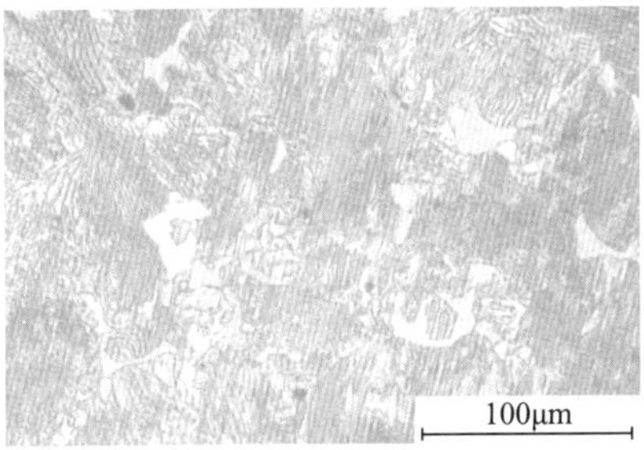

图 1-7-6 共析钢的显微组织

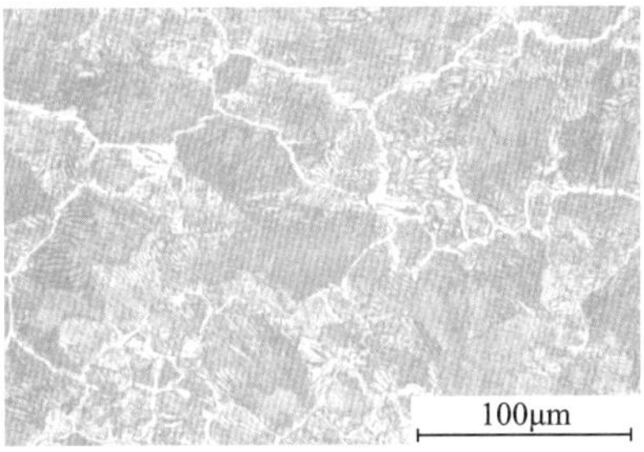

图 1-7-7 过共析钢(T12 钢)的显微组织(硝酸酒精浸蚀)

图 1-7-8 所示同样为碳含量为 1.2% 的过共析钢(T12 钢)的显微组织。图 1-7-8 采用了不同于图 1-7-7 用硝酸酒精作为浸蚀剂的处理方法，该方法能把 Fe_3C_{II} 染成黑色的网状渗碳体，而铁素体仍然不变色，有助于区分渗碳体和铁素体。

图 1-7-8 过共析钢(T12 钢)的显微组织(苦味酸酒精浸蚀)

3)白口铸铁

碳含量大于 2.11% 的铁碳合金称为白口铸铁。其中的碳以渗碳体的形式存在，因断口呈亮白色而得名。

(1)亚共晶白口铸铁　碳含量小于4.3%的白口铸铁称为亚共晶白口铸铁。在室温下亚共晶白口铸铁的组织为珠光体+二次渗碳体+莱氏体，如图1-7-9所示。其基体为黑白相间分布的变态莱氏体，黑色树枝状为由初晶奥氏体转变成的珠光体，其中二次渗碳体与共晶渗碳体混在一起，不易分辨出来。

(2)共晶白口铸铁　共晶白口铸铁的碳含量为4.3%，它在室温下的组织由单一的共晶莱氏体组成。经4%硝酸酒精浸蚀后，在显微镜下观察，珠光体呈暗黑色细条或斑点状，共晶渗碳体呈亮白色，如图1-7-10所示。

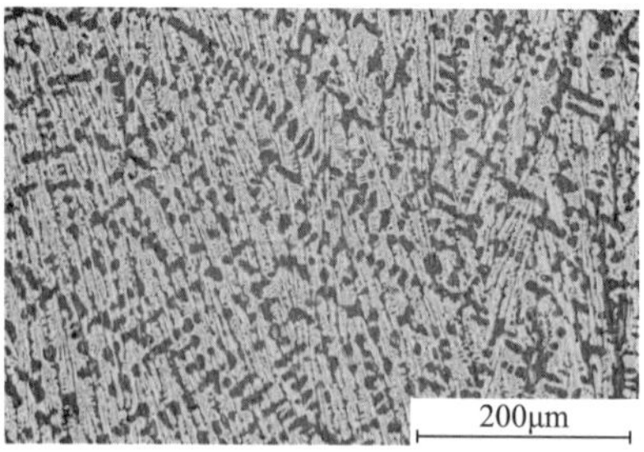

图1-7-9　亚共晶白口铸铁的显微组织

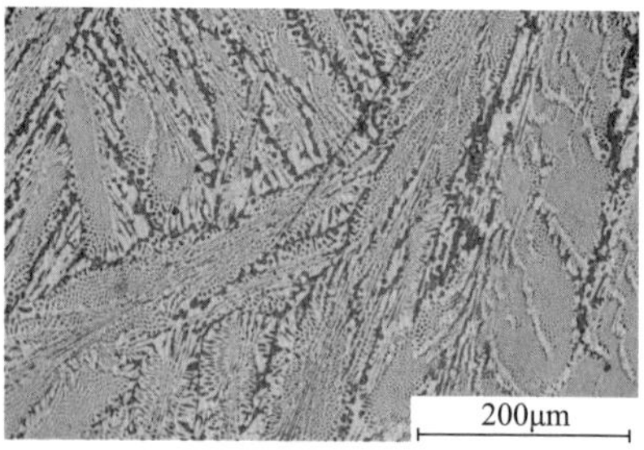

图1-7-10　共晶白口铸铁的显微组织

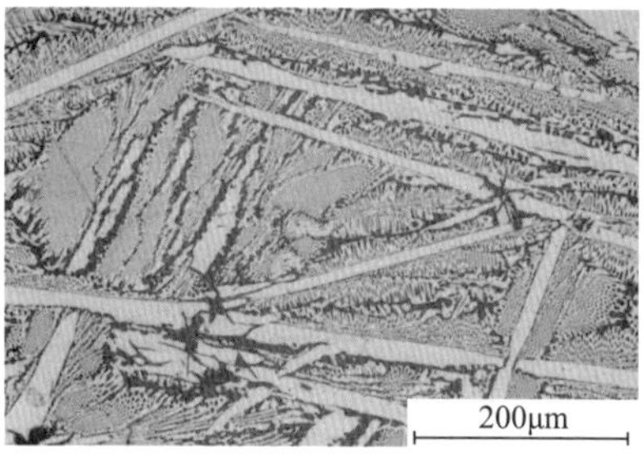

图1-7-11　过共晶白口铸铁的显微组织

(3)过共晶白口铸铁　碳含量大于4.3%的白口铸铁称为过共晶白口铸铁，在室温下的组织由一次渗碳体和莱氏体组成。用4%硝酸酒精浸蚀后，在显微镜下可观察到在带黑色斑点的莱氏体基体上分布着亮白色的粗大条片状的一次渗碳体，如图1-7-11所示。

三、实验设备及材料

实验设备：4XB-Ⅱ型金相显微镜。

实验材料：工业纯铁、碳钢试样、白口铸铁试样。

四、实验内容与步骤

(1)根据 $Fe-Fe_3C$ 相图，详细分析各试样的显微组织。

(2)根据显微组织测定亚共析钢样品的碳含量。

五、实验报告要求及思考题

(1)画出所观察样品的显微组织示意图，注明各组织组成物的名称，并在组织图外用箭头标明相组成物名称。

(2)根据所观察的组织，说明碳含量对铁碳合金的组织和性能的影响规律。

实验 8　铝合金的熔炼与铸造

一、实验目的

(1)掌握熔炼的基本工艺方法。

(2)了解工艺变化对组织的影响。

(3)理解变质剂对组织的影响。

二、实验原理

金属及合金的晶粒大小、形状和分布与凝固条件、合金成分及其加工过程有关，实际生产中，铸锭不可能在整个截面上均匀冷却，并同时开始凝固。因此，铸锭凝固后的组织一般是不均匀的，这种不均匀性将引起金属材料性能的差异。结晶过程首先是在液体内形成许多晶核，随之这些晶核不断长大，同时伴随着新的晶核的生成，直到晶体长大到相互接触，最后液体全部结晶到固态为止。这一过程是金属和非金属结晶所共同遵循的基本规律。

形核方式有均匀形核和非均匀形核两种，由于冷却条件不同，晶体长大的方式可能是平面生长，也可能是树枝状生长。当以树枝状生长时，树枝之间的间隙逐渐被结晶所填满，而看不到枝晶；分枝晶间隙得不到液体的补充时，结晶树枝才可能被保留下来。

熔炼是使金属合金化的一种方法，它是采用加热的方式改变金属物态，使基体金属和合金化组元按要求的配比熔制成成分均匀的熔体，并使其满足内部纯洁度、铸造温度和其他特定条件的一种工艺过程。熔体的质量对铝材的加工性能和最终使用性能产生决定性的影响。如果熔体质量先天不足，将给制品的使用带来潜在的危险。因此，熔炼又是对加工制品的质量起支配作用的一道关键工序。而铸造是一种使液态金属冷凝成型的方法，它是将符合铸造的液态金属通过一系列浇注工具浇入具有一定形状的铸模(结晶器)中，使液态金属在重力场或外力场(如电磁力、离心力、振动惯性力、压力等)的作用下充满铸模型腔，冷却并凝固成具有铸模型腔形状的铸锭或铸件的工艺过程。

1. 铸锭的典型组织

金属铸锭横断面的宏观组织一般是由三个晶区组成，由外向内依次为细晶区(外壳层)、柱状晶区和中心等轴晶区，如图 1－8－1 所示。

图 1－8－1　金属铸锭横断面的宏观组织

第一晶区是铸锭的外壳层，由细小等轴晶粒组成。把液体金属浇入铸型，结晶刚开始时，由于铸型温度较低，形成较大的过冷度。同时，模壁与金属产生摩擦及液体金属的剧烈“骚动”，引起靠近型壁大量地形核。此外，由于型壁不是光滑的镜面，晶粒长大时，各枝晶主轴很快彼此相互接触，使晶粒不能继续长大，所以晶粒的尺寸不大，即形成细晶区。

第二晶区是柱状晶区。液态金属与铸型接触处的型壁剧烈地过冷，导致在液态金属和铸型的分界面上生成很多小晶粒。其中过冷与经过铸型激烈地传热有关，随着外壳层的形成，铸型变热，对液态金属的冷却作用减缓，这时只有处于结晶前沿的一层液态金属才是过冷的。这个区域可以进行结晶，但一般不会产生新的晶核，而是以外壳层内壁上原有晶粒为基础进行长大。同时，由于散热是沿着垂直于模壁的方向进行，而结晶时每个晶粒的成长又受到四周正在成长的晶体的限制，因而结晶只能沿着垂直于模壁的方向由外向里生长，结果形成彼此平行的柱状晶区。

在纯金属中，晶体的长大速度是很快的，如果结晶前沿液态金属的过冷与柱状晶的长大速度相适应，则柱状晶一直能生长到铸锭的中心，直到与对边的柱状晶相碰为止，这种铸锭组织称为穿晶组织。柱状晶区各晶粒朝中心液体生长时，由于其他方向的长大都受到阻碍，使树枝晶得不到充分的发展，树枝晶的分枝很少，引起结晶后的显微缩孔少，组织较致密。但是，由于柱状晶较粗大，因而较脆；由于结晶方向一致，导致热加工困难。柱状晶除对热加工有不良影响外，对不进行热加工的铸件也是不利的。当柱状晶较发达时，将使铸件在性能上呈现方向性。

第三晶区是铸锭的中心部分，随着柱状晶的发展，模壁温度进一步升高，散热越来越慢，而成长着的柱状晶前沿的温度又由于结晶潜热的放出而有所升高，这样整个截面的温度逐渐变得均匀。当剩余液态金属都过冷到熔点以下时，就会在整个残留的液态金属中同时出现晶核而进行结晶。在铸锭中心散热已无方向性，形成的晶核向四周各个方向自由生长，从而形成许多位向不同的等轴晶粒。在这种情况下由于冷却较慢，过冷度不大，形成的晶核也不会很多，所以铸锭的中心区就形成了比较粗大的等轴晶。等轴晶与柱状晶相比，其各枝晶彼此嵌入，结合得比较牢固，铸锭易于进行压力加工，铸件性能不呈现方向性。其缺点是树枝晶较发达、分枝较多，显微缩孔增多，使结晶后的组织不够致密，重要工件在进行锻压时应设法将中心压实。

2. 获得柱状晶的因素

一是金属在熔化温度以上剧烈过热并使液体的浇铸温度增高；二是采用传热系数高、导热快的铸型，例如金属铸型和水冷却的铸型等；三是液态金属在铸型内静止冷却(在冷却时没有搅拌振动等)。

3. 获得等轴晶的因素

一是液态金属过热不大，而且浇铸温度较熔化温度高出不多；二是使用导热系数小的铸型(如陶瓷型或砂土型)，使其缓慢冷却或均匀散热；三是在冷却过程中搅拌铸型中的液体金属；四是液态金属中有难熔杂质的存在。

4. 晶粒细化

铸锭是液态金属在不同材料的铸型中或者在相同材料不同厚度的铸型中冷却后得到

的。细化晶粒是提高金属机械性能的有效手段之一。

根据结晶理论，细化晶粒的途径包括：

(1)控制结晶工艺条件，采用冷却速度较大的铸模，获得较大的冷却度，得到细晶组织。

(2)变质细化处理，加入变质细化剂，产生大量非均匀形核核心，细化晶粒。

(3)采用超声波处理或机械振动等方法，在结晶过程中击碎晶粒、细化组织。

三、实验设备及材料

实验设备：井式坩埚电阻炉、石墨坩埚、全套金属模型、放大镜等。

实验材料：纯铝、金相砂纸、稀土铝钛硼、显示铝铸锭宏观组织的浸蚀剂(王水：1∶1 的硝酸与盐酸溶液)等。其中，稀土铝钛硼是一种有效的铝变质剂，由于多种元素的复合作用，因此具有较好的变质作用。

四、实验步骤与方法

1. 铝铸锭试样的制作

(1)把纯铝放入经预热发红的石墨坩埚中，升温使其熔化，当铝液温度达到 720℃或 820℃时，浇入冷金属模、热金属模(在箱式电炉中预热到 300℃)。

(2)用钳子从炉中取出盛有金属的坩埚浇入铸型中，当铸型中的液体金属凝固后，取出铸锭，并用印记打上编码，然后用手锯将铸锭沿横断面锯开。

(3)用锯开的铸锭制作宏观试样，其步骤如下：

①将试样用粗砂纸磨光。

②用水清洗后用苯除去油迹，再用乙醇除去水渍并吹干。

③用适当的浸蚀剂浸蚀(王水，时间为 3～5min)。

④浸蚀后在水中冲洗并吹干。

⑤对铝铸锭宏观组织进行观察，观察铝铸锭的晶粒大小、形状及分布情况，并注意观察缩孔、气泡、树枝状晶的特征。

2. 变质处理

(1)把纯铝放入经预热发红的石墨坩埚中，升温到 750℃使其熔化，保温 5min，加入不同含量的稀土铝钛硼作为变质剂，保温 5min。

(2)当铝液温度降到 720℃时，浇入热金属模(在箱式电炉中预热到 300℃)。

(3)用钳子从炉中取出盛有金属的坩埚浇入铸型中，当铸型中的液体金属凝固后，取出铸锭，并用印记打上编码，然后用手锯将铸锭沿横断面锯开。

(4)用锯开的铸锭制作宏观试样，进行组织观察。

3. 实验注意事项

(1)浇铸前，所有模具和工具都要预热干燥，防止浇铸时爆炸伤人。

(2)接触液体金属时需要特别小心，当用抱钳夹持盛有液体金属的坩埚或热的金属模时，特别要保护眼睛不被烧伤，不能让水或其他液体溅到热金属表面上。

(3) 本实验用的浸蚀剂为王水，应在通风橱中或在通风条件下进行浸蚀，经过浸蚀后的试样要用钳子夹取，首先要在盛水的容器内洗净，然后才可以在水龙头下冲洗。

五、实验报告要求及思考题

(1) 观察不同工艺、变质处理后的宏观晶粒组织变化，绘制出典型铸锭的组织特征。

(2) 分析说明实验中采用的浇铸工艺条件的差异及变质处理对铸锭组织的影响。

(3) 分析说明晶粒细化后对材料力学性能的影响。

实验9　铝硅合金的晶粒细化与组织变质处理

一、实验目的

(1)熟悉 Al－Si 合金的熔炼、精炼、细化和变质处理过程。

(2)掌握 Al－Si 合金细化和变质处理的基本原理和方法。

(3)了解细化剂和变质剂对 Al－Si 合金组织的影响。

二、实验原理

1. 铝硅合金的细化处理

铝硅合金细化处理的目的主要是细化合金基体 α－Al 的晶粒。晶粒细化是通过控制晶粒的形核和长大来实现的。细化处理的基本原理是促进形核，抑制长大。对晶粒细化剂的基本要求是：

(1)含有稳定的异质固相形核颗粒，不易溶解。

(2)异质形核颗粒与固相 α－Al 间存在良好的晶格匹配关系。

(3)异质形核颗粒非常细小，并在铝熔体中呈高度弥散分布。

(4)加入的细化剂不能带入任何影响铝合金性能的有害元素或杂质。

晶粒细化剂的加入一般采用中间合金的方式。常用晶粒细化剂有以下几种类型：二元 Al－Ti 合金、三元 Al－Ti－B 合金、Al－Ti－C 合金以及含稀土的中间合金。它们是工业上广泛应用的最经济、最有效的铝合金晶粒细化剂。这些合金加到铝熔体中时，会与铝发生化学反应，生成 $TiAl_3$、TiB_2、TiC、B_4C 等金属间化合物。这些化合物相在铝熔体中以高度弥散分布的细小异质固相颗粒形式存在，可以作为 α－Al 形核的核心，从而增加反应界面和晶核数量、减小晶体生长的线速度，起到晶粒细化的作用。

晶粒细化剂的加入量与合金种类、化学成分、加入方法、熔炼温度以及浇注时间等有关。若加入量过大，则形成的异质形核颗粒会逐渐聚集，由于其密度比铝熔体大，因此会聚集在熔池底部，丧失晶粒细化能力，产生细化效果衰退现象。

晶粒细化剂加入合金熔体后要经历孕育和衰退两个时期。在孕育期内中间合金完成熔化过程并使起细化作用的异质形核颗粒均匀分布，与合金熔体充分润湿，逐渐达到最佳的细化效果。此后，由于异质形核颗粒的溶解而使细化效果下降，同时异质固相颗粒会逐渐聚集而沉积在熔池底部，出现细化效果衰退现象。当细化效果达到最佳时，进行浇注是最为理想的。随合金的熔炼温度和加入的细化剂种类的不同，达到最佳细化效果所需的时间也有所不同，通常存在一个可接受的保温时间范围。

合金的浇注温度也会影响最终的细化效果。在较小的过热度下浇注可以获得良好的细化效果。随着过热度的增大，细化效果将下降。通常存在一个临界温度，低于该温度时温度变化对细化效果的影响并不明显，而高于该温度时，随着浇注温度的升高，细化效果会迅速下降，该临界温度与合金的化学成分和细化剂的种类以及加入量有关。

2. 铝硅合金的变质处理

铝硅合金中，硅相在自然生长条件下会长成块状或片状的脆性相，严重地割裂基体，降低合金的强度和塑性，因而需要将它变成有利的形态。变质处理可使共晶硅由粗大的片状结构变成细小纤维状或层片状结构，从而改善合金性能。变质处理一般在精炼之后进行，变质剂的熔点应介于变质温度和浇注温度之间，变质处理时处于液态，有利于变质反应的完成，而在浇注时已变为黏稠的熔渣，便于扒渣，不易形成熔剂夹杂物。

金属钠(Na)对 Al - Si 共晶合金的共晶组织有很好的变质作用，但是钠变质存在钠极易烧损、变质有效时间短、吸收率低、含量很难预测的缺点，钠盐变质剂中的 F^- 和 Cl^- 会腐蚀铁质坩埚及熔炼工具，使铝液渗铁，导致合金铁质污染，同时在坩埚壁上形成一层牢固的结合炉瘤，浇注后很难清除，且挥发性卤盐会腐蚀设备等。

近年来发现，碱金属中的 K、Na，碱土金属中的 Ca、Sr，稀土元素中的 La、Ce 和混合稀土，氮族元素中的 Sb、Bi，氧族元素中的 S、Te 等均具有变质作用。其中 Na、Sr 的效果最佳，可获得完全均匀的纤维状共晶硅。

目前锶变质引起国内外研究者和生产者的普遍重视，逐渐替代钠在变质剂中的地位，并已在工业上获得应用。因为锶变质不仅与钠变质有同等效果，而且还具有其他方面更为重要的优点：变质处理时氧化少，易于加入和控制，过变质问题不明显，同时锶的沸点达 1380℃，不易烧损和挥发；变质的有效时间长，处理方便，无蒸气析出；变质剂易于保存；处理后对铸件壁厚敏感性小。锶变质的缺点是：锶中存在 SrH，不易除去，并且容易产生铸型反应，常在铸件中形成针孔。

三、实验设备及材料

实验设备：井式坩埚电阻炉、石墨坩埚、钟罩、金相试样预磨机、抛光机等。

实验材料：Al - 7Si 合金、Al - 5Ti - B 中间合金、Al - 10Sr 中间合金、C_2Cl_6、HF、王水、砂纸等。

四、实验步骤与方法

(1)在经预热发红的两个石墨坩埚中分别加入 1000g 的 Al - 7Si 合金原料，升温至 720℃，熔化后保温 1h 以促进成分的均匀化；所有参加实验的学生在实验教师指导下在熔融 Al - 7Si 合金中加入 0.6% 的 C_2Cl_6 进行精炼除气。

(2)对精炼除气处理后的 Al - 7Si 合金取样，浇注一组试样。

(3)向一个石墨坩埚中加入 0.03% 的 Ti(以 Al - 5Ti - B 中间合金形式加入)进行晶粒细化处理。处理方法是：将按比例称量好的中间合金用纯铝箔包好后用钟罩压入熔体中。

(4)向另外一个石墨坩埚中加入 0.03% 的 Sr(以 Al - 10Sr 中间合金形式加入)进行变质处理。处理方法是：将按比例称量好的 Al - 10Sr 中间合金用钟罩压入熔体中。

(5)以 4 ~6 人为一组，每隔 30min 以组为单位浇注试样。应保证经细化处理和变质处理的试样分别最少浇注 4 组。

(6)各组对浇注出的试样进行切割、粗磨、细磨、抛光、浸蚀处理，然后在光学金相显微镜下观察，评价合金的细化和变质效果。

五、实验报告要求及思考题

(1)提高铝硅合金的力学性能主要有哪些途径？

(2)Al－7Si 合金细化、变质前后的组织和性能有哪些变化？

(3)Al－7Si 合金细化、变质处理后静置时间长短对合金的组织和性能有哪些影响？

(4)Al－7Si 合金中形成的气孔中主要是什么气体？合金中的气体是怎样形成的？工业上常用的除气方法有哪些？简述各自的优缺点。

实验 10　铸造工艺对金属铸锭组织的影响

一、实验目的

(1) 观察金属的结晶过程。

(2) 了解铸造工艺和金属的过热对铸锭宏观组织的影响。

二、实验原理

金属及合金的晶粒大小、形状和分布与凝固条件、合金成分及其加工过程有关，实际生产中，铸锭不可能在整个截面上均匀冷却，并同时开始凝固。因此，铸锭凝固后的组织一般是不均匀的，这种不均匀性将引起金属材料性能的差异。

金属铸锭横断面的宏观组织一般由三个晶区组成，由外向内依次为细晶区(外壳层)、柱状晶区和中心等轴晶区，如图 1－10－1 所示。

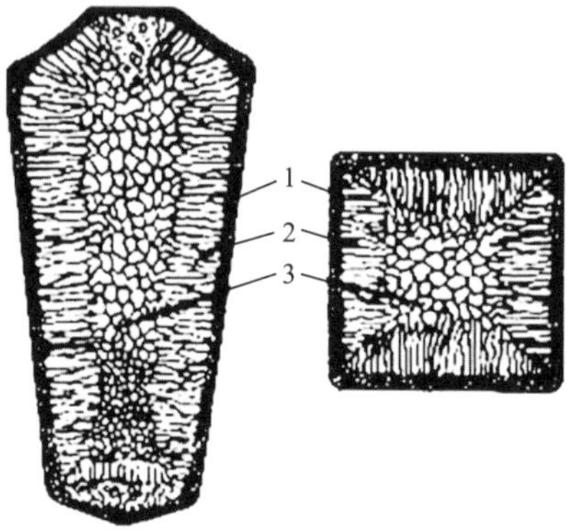

图 1－10－1　金属铸锭的典型组织示意图

1—细晶区；2—柱状晶区；3—中心等轴晶区

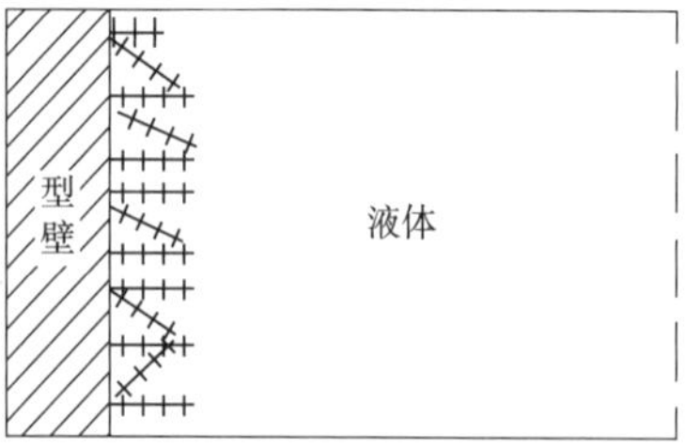

图 1－10－2　初始结晶示意图

第一晶区是铸锭的外壳层，由细小等轴晶粒组成。把液态金属浇入铸型，结晶刚开始时，由于铸型温度较低，形成较大的过冷度，同时模壁与金属产生摩擦及液态金属的激烈“骚动”，于是靠近型壁大量地形核，还由于型壁不是光滑的镜面，晶粒长大时，各枝晶主轴很快彼此相互接触，使晶粒不能继续长大，所以晶粒的尺寸不大，即形成细晶区。图 1－10－2 所示为液态金属和铸型边界上结晶开始的情形。等轴晶粒的第一晶区较薄，因此对铸锭的性能没有显著的影响。

第二晶区是柱状晶区。液态金属与铸型接触处的型壁剧烈地过冷是在液态金属和铸型的分界面上生成很多小晶粒的原因，其中过冷与经过铸型激烈地传热有关，随着外壳层的形成，铸型变热，对液态金属的冷却作用减缓，这时只有处于结晶前沿的一层液态金属才是过冷的。这个区域可以进行结晶，但一般不会产生新的晶核，而是以外壳层内壁上原有晶粒为基础进行长大。同时，由于散热是沿着垂直于模壁的方向进行，而结晶时每个晶粒的成长又受到四周正在成长的晶体的限制，因而结晶只能沿着垂直于模壁的方向由外向里生长，结果形成彼此平行的柱状晶区，如图1－10－3所示。

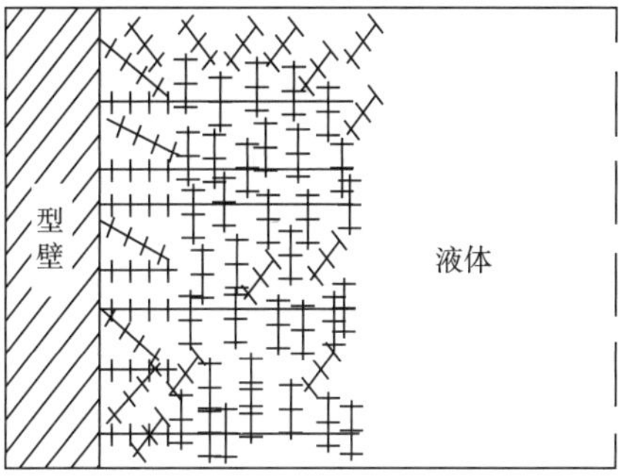

图1－10－3　柱状晶形成示意图

在纯金属中，晶体的长大速度是很快的，如果结晶前沿液态金属的过冷与柱状晶的长大速度相适应，则柱状晶一直能生长到铸锭的中心，直到与对边的柱状晶相碰为止，这种铸锭组织称为穿晶组织。柱状晶区各晶粒朝中心液体生长时，由于其他方向的长大都受到阻碍，使树枝晶得不到充分的发展，树枝的分枝很少，因此结晶后的显微缩孔少，组织较致密。但是，由于柱状晶较粗大，因而较脆；由于结晶方向一致，导致热加工困难。柱状晶除对热加工有不良影响外，对不进行热加工的铸件也是不利的。当柱状晶较发达时，将使铸件在性能上呈现方向性。

第三晶区是铸锭的中心部分，随着柱状晶的发展，模壁温度进一步升高，散热越来越慢，而成长着的柱状晶前沿的温度又由于结晶潜热的放出而有所升高，这样整个截面的温度逐渐变得均匀。当剩余液态金属都过冷到熔点以下时，就会在整个残留的液态金属中同时出现晶核而进行结晶。在铸锭中心散热已无方向性，形成的晶核向四周各个方向自由生长，从而形成许多位向不同的等轴晶粒。在这种情况下，由于冷却较慢，过冷度不大，形成的晶核也不会很多，所以铸锭的中心区就形成了比较粗大的等轴晶，如图1－10－4所示。

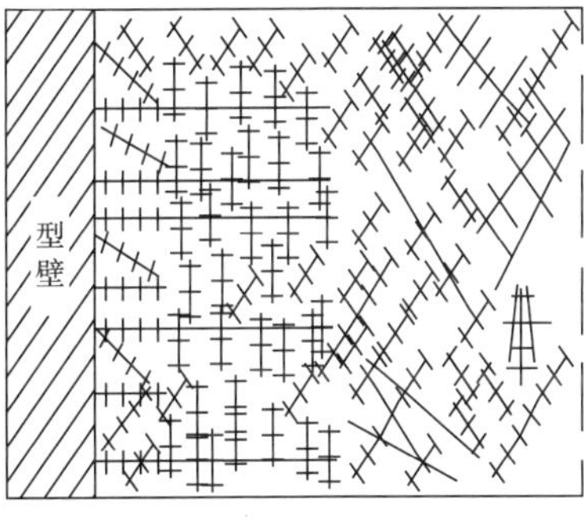

图1－10－4　中心等轴晶形成示意图

等轴晶与柱状晶相比，因各枝晶彼此嵌入，结合得比较牢固，铸锭易于进行压力加工，铸件性能不呈现方向性。其缺点是树枝晶较发达、分枝较多，显微缩孔增多，使结晶后的组织不够致密，重要工件在进行锻压时应设法将中心压实。

铸锭由液态金属在不同材料的铸型中或者在相同材料不同厚度的铸型中冷却后制得。本实验是研究上述因素对铝铸锭横断面的宏观组织的影响，同时研究液态金属的浇注温度和铸型的温度(金属浇入铸型之前的温度)对铸锭宏观组织的影响。

三、实验设备及材料

实验设备：井式坩埚电阻炉、石墨坩埚、全套金属模型和砂模型、印记、放大镜等。

实验材料：纯铝、金相砂纸、显示铝铸锭宏观组织的浸蚀剂[王水或40%(体积分数) NaOH的水溶液]等。

四、实验内容与步骤

1. 铝铸锭试样的制作

把纯铝放入经预热发红的石墨坩埚中，升温使其熔化，当铝液温度达到720℃或820℃时，浇入冷金属模、冷砂模、热金属模(在箱式电炉中预热到300℃)，这样一共可以进行六种操作：

(1)720℃铝液浇入室温的金属模中。

(2)720℃铝液浇入预热的金属模中。

(3)720℃铝液浇入冷砂模中。

(4)820℃铝液浇入室温的金属模中。

(5)820℃铝液浇入预热的金属模中。

(6)820℃铝液浇入冷砂模中。

用钳子从炉中取出盛有金属的坩埚，浇入铸型中，当铸型中的液体金属凝固后，取出铸锭，并用印记打上编码，然后用手锯将铸锭沿横断面锯开。用锯开的铸锭制作宏观试样，其步骤如下：

(1)将试样用180号砂纸磨光。

(2)用水清洗后用苯除去油迹，再用酒精除去水渍并吹干。

(3)用适当的浸蚀剂浸蚀。先用40% NaOH水溶液浸蚀，如浸蚀后显示不出组织，可改用王水，时间为3～5min。

(4)浸蚀后在水中冲洗并吹干。

2. 铝铸锭宏观组织的观察

观察铝铸锭的晶粒大小、形状及分布情况，并注意观察缩孔、气泡、树枝状晶的特征。

五、实验注意事项

(1)浇注前，所有模具和工具都要预热干燥，防止浇注时爆炸伤人。

(2)接触液体金属时需要特别小心，当用抱钳夹持盛有液体金属的坩埚或热的金属模块时，要保护眼睛不被烧伤，不要让水或其他液体溅到热金属表面上。

(3)本实验用的浸蚀剂有王水，应在通风橱中或在通风条件下进行浸蚀，经过浸蚀后的试样要用钳子夹取，首先要在盛水的容器内洗净，然后才可以在水龙头下冲洗。

六、实验报告要求及思考题

(1)根据各组交换的铝铸锭宏观组织观察结果，绘出不同加热温度与铸造工艺条件下铸锭的宏观组织图，示意表示各晶区的分布、晶粒的形状和大小。

(2)分析说明实验中采用的浇注工艺条件的差异对铸锭组织的影响。

实验 11　碳钢普通热处理实验

一、实验目的

(1)了解碳钢普通热处理(退火、正火、淬火、回火)的操作方法。

(2)分析碳钢在热处理时碳含量、加热温度、冷却速度及回火温度等主要因素对钢热处理后组织与性能的影响。

二、实验原理

热处理是一种重要的金属热加工工艺方法，也是充分发挥金属材料性能潜力的重要手段，它的主要目的是改变钢的性能。钢的热处理工艺特点是将钢加热到一定的温度，经一定时间的保温，然后以某种速度冷却下来，通过这样的工艺过程能使钢的组织及性能发生改变。热处理主要包括退火、正火、淬火及回火。

退火通常是把钢工件加热到临界温度 A_{c_1}(过共析钢)或 A_{c_3}(亚共析钢)以上，保温一段时间，然后缓慢地随炉冷却以得到近似平衡组织的方法。根据工件退火加热温度的不同，又可分为完全退火与不完全退火。加热到 A_{c_3} 以上得到均匀奥氏体组织后缓慢冷却转变为珠光体组织为完全退火，加热到 A_{c_1} 以上得到奥氏体加未溶碳化物或铁素体再缓慢冷却为不完全退火。

正火则是将钢加热到 A_{c3} 或 $A_{c_{cm}}$(加热时溶入奥氏体的终了温度)以上，保温一定时间后在静止空气中冷却得到细珠光体类型组织的热处理工艺。

淬火就是将钢加热到 A_{c_3} 或 A_{c_1} 以上，保温后放入各种不同的冷却介质中快速冷却，以获得马氏体或下贝氏体组织的热处理工艺。

回火就是将淬火钢加热到低于临界点 A_1 的某一温度，保温一定时间，然后冷却到室温，以改善钢的组织和性能的热处理工艺。

实施热处理操作时，加热温度、保温时间和冷却方式是最重要的三个基本工艺因素，正确选择这三个工艺因素是热处理成功的基本保证。

1. 加热温度选择

1)退火加热温度

对于亚共析钢，其加热温度为 A_{c_3} +(30 ~ 50℃)(完全退火)。对于共析钢或过共析钢，其加热温度为 A_{c_1} +(10 ~ 20℃)(球化退火)。退火的目的是得到球化组织、降低硬度、改善高碳钢的切削性能，同时为最终热处理做好组织准备。

2)正火加热温度

对于亚共析钢，其加热温度为 A_{c_3} +(30 ~ 50℃)，若加热温度不足，则淬火组织中将出现铁素体而造成强度及硬度的降低。对于过共析钢，其加热温度为 $A_{c_{cm}}$ +(30 ~ 50℃)，即加热到奥氏体单相区。

3）淬火加热温度

对于亚共析钢，其加热温度为 A_{c_3} +（30～50℃），若加热温度不足，则淬火组织中将出现铁素体而造成强度及硬度的降低。对于共析钢和过共析钢，其加热温度为 A_{c_1} +（30～50℃），淬火后可得到细小的马氏体与粒状渗碳体。

4）回火加热温度

钢经淬火后得到的马氏体组织质硬而脆，并且工件内部存在很大的内应力，如果直接进行磨削加工往往会出现龟裂；一些精密的零件在使用过程中将会引起尺寸变化而失去精度，甚至开裂。因此，淬火钢需进行回火处理。

不同的回火工艺可以使钢获得所需的各种不同性能。按加热温度高低，回火可分为三类：

（1）低温回火　在150～250℃的回火称为低温回火，所得组织为回火马氏体，HRC硬度约为60。其目的是降低淬火应力，减少钢的脆性，并保持钢的高硬度。低温回火常用于高碳钢的切削刀具、量具和滚动轴承件的热处理。

（2）中温回火　在350～500℃的回火称为中温回火，所得组织为回火屈氏体，HRC硬度为40～48。其目的是获得高的弹性极限，同时有高的韧性。中温回火主要用于碳含量为0.5%～0.8%的弹簧钢的热处理。

（3）高温回火　在500～650℃的回火称为高温回火，所得组织为回火索氏体，HRC硬度为25～35。其目的是获得既有一定强度、硬度，又有良好冲击韧性的综合力学性能。所以把淬火后经高温回火的处理称为调质处理，常用于中碳结构钢。

2. 保温时间的确定

为了使工件内外各部分温度均匀达到指定温度，并完成组织转变，使碳化物溶解和奥氏体成分均匀，必须在淬火加热温度下保温一定的时间。通常将工件升温和保温所需时间算在一起，统称为加热时间。

热处理保温时间必须考虑许多因素。例如，工件尺寸和形状，使用的加热设备及装炉量，装炉时炉子的温度，钢的成分和原始组织、热处理的要求和目的等。具体时间可参考有关热处理手册中的数据。实际工作中多根据经验大致估算保温时间，如在空气箱式炉中的保温时间按下列经验公式估算：

碳素钢：
$$t=(1.0\sim1.2)H \tag{1-11-1}$$

合金钢：
$$t=(1.2\sim1.5)H \tag{1-11-2}$$

式中　t——保温时间，min；

H——工件的有效厚度，指工件在受热条件下在最快传热方向上的截面厚度，mm。

由于本实验所用试样较小，故淬火及回火保温时间均可为30～40min，回火后在空气中冷却。

3. 冷却方式和方法

热处理时的冷却方式要适当，才能获得所要求的组织和性能。退火一般采用随炉冷却，正火采用空气冷却，大件可采用吹风冷却。淬火冷却方法是工序的关键，它直接影响钢淬火后的组织和性能。冷却时应使冷却速度大于临界冷却速度，以保证获得马氏体组织；在这个前提下又应尽量缓慢冷却，以减小内应力，防止变形和开裂。理想的冷却速度如图 1－11－1 所示。因此，为保证淬火效果，应选用适当的冷却介质（如水、油等）和冷却方法（如双液淬火、分级淬火等）。

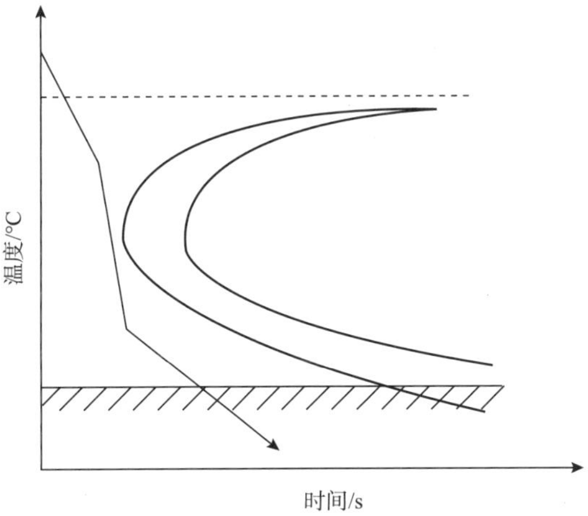

图 1－11－1　淬火时的理想冷却曲线示意图

三、实验设备及材料

实验设备：箱式电阻炉、HBRV－187.5DT 布洛维硬度计等。

实验材料：水、10 号机油、45 钢、T8 钢。

四、实验步骤与方法

（1）热处理操作实验按表 1－11－1 所列工艺进行，每班分三组，每组取一套试样，做好标记。

（2）按表 1－11－1 进行热处理操作（炉温由实验室预先升好）。

（3）测试经热处理后的试样硬度值（热处理前测试 HBW 硬度，热处理后测试 HRC 硬度），每个试样测三点，取其平均值，填入表 1－11－1 中。

五、实验注意事项

（1）电阻丝距炉膛很近，容易漏电，为确保安全，在装样、取样时一定要切断电阻炉电源。

（2）每次取样时，钳子上的水和油要擦干才能到炉子取样或放样。淬火动作要迅速，并要在冷却介质中不断搅动。

（3）测定硬度前一定要用砂纸将试样表面的氧化皮去除并磨光。

（4）每次实验完后须切断电源，以防发生设备事故。

六、实验报告要求及思考题

（1）将所测定的全部试样的硬度值填入表 1－11－1。

表 1－11－1　实验结果

编号	加热温度/℃	保温时间/min	冷却方式	硬度（HBW）	回火温度/℃	保温时间/min	硬度（HRC）	组织
45 钢	860	30	水冷		200	30～40		
					400			
					600			
	860		空冷					
T8 钢	760	30	水冷		200	30～40		
					400			
					600			
	760		空冷					

（2）绘制回火温度－硬度曲线，并分析碳含量、淬火温度、冷却速度及回火温度对碳钢硬度的影响。

（3）预计各热处理操作后的组织并填入表 1－11－1 中。

实验 12　碳钢热处理组织观察与分析

一、实验目的

(1)观察和分析碳钢经不同热处理后的显微组织特征。

(2)了解不同热处理工艺对碳钢组织和性能的影响。

(3)了解常见的钢热处理缺陷组织。

二、实验原理

钢在热处理条件下所得到的组织与钢的平衡组织有很大差别，钢加热到临界点(A_{c_1})以上即发生奥氏体转变，奥氏体在非常缓慢冷却时才能形成平衡状态的珠光体或珠光体+铁素体(或渗碳体)，但大部分热处理工艺，如退火、正火、淬火(回火或时效例外)都是将钢加热到奥氏体状态，然后以各种不同的冷却速度或冷却方式冷却到室温。退火、正火、淬火的冷却速度不同，会制得不同组织的钢，其力学性能或物理性能也不同。

由于连续冷却时奥氏体是在一个温度范围内发生转变的，因此得到的组织类型比较复杂，不像等温转变得到的组织单一。根据 C 曲线可知，奥氏体在冷却过程中将得到不同的组织。碳钢经热处理后的组织为：退火、正火后可得到接近平衡的组织，淬火后的组织为不平衡组织。因此，在观察分析热处理后的组织时，既要参考铁碳合金相图，又要参考 C 曲线。

1. 钢的退火组织

完全退火热处理工艺主要适用于亚共析钢(如 40 钢和 45 钢)，经完全退火后钢的组织接近于平衡状态的组织。45 钢的退火组织如图 1-12-1 所示，白色有晶界呈颗粒状的为铁素体，黑色或层片状的为珠光体。

过共析钢一般采用球化退火热处理工艺，T12 钢经球化退火后的组织如图 1-12-2 所示，组织中的二次渗碳体和珠光体中的渗碳体都呈球状或粒状(图中为均匀分布的细小粒状组织)。

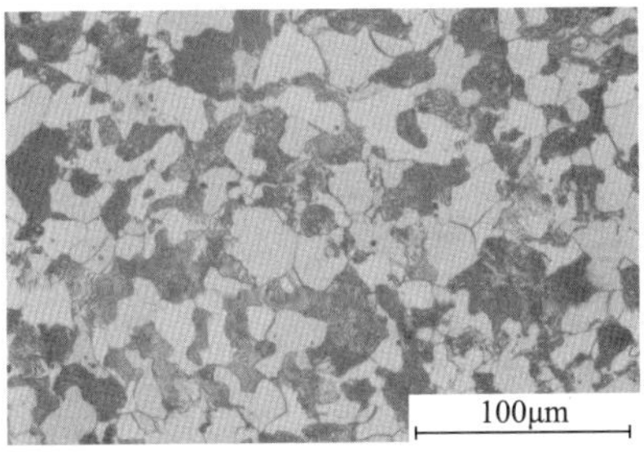

图 1-12-1　45 钢的退火组织

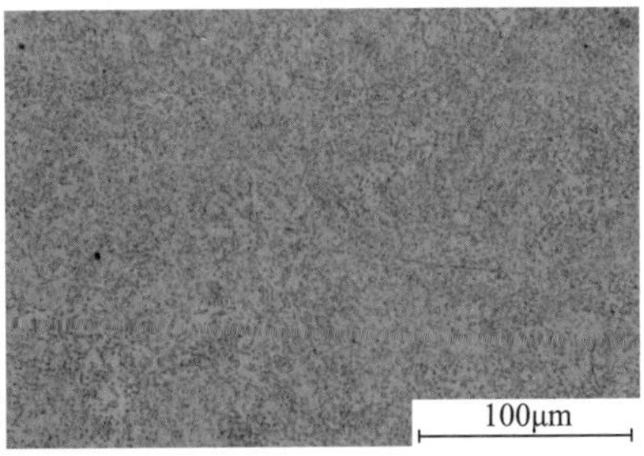

图 1-12-2　T12 钢的球化退火组织

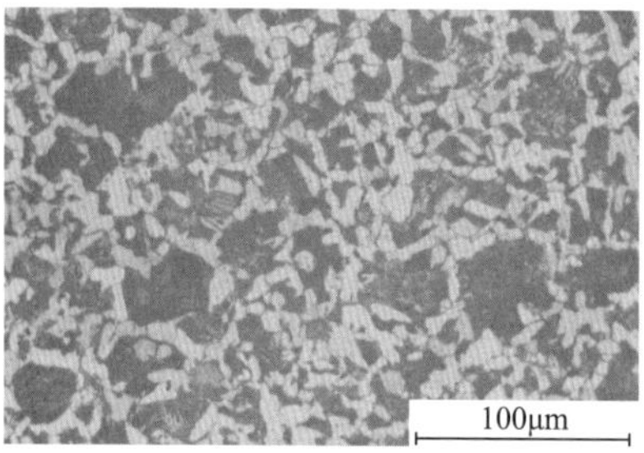

图 1－12－3　45 钢的正火组织

2. 钢的正火组织

由于正火的冷却速度大于退火的冷却速度，因此在相同碳含量的情况下，正火后得到的金相组织一般要比退火后的组织细，珠光体的相对含量也比退火组织中的多。图 1－12－3 为 45 钢正火后的金相组织，其组织为铁素体＋极细珠光体，也被称为索氏体，由于正火冷却速度快，当冷却到（$\gamma+\alpha$）区域时，铁素体从奥氏体晶界先析出，还来不及长大就发生了共析反应，所以 45 钢正火的室温组织为铁素体断续网络加极细珠光体。

3. 钢的淬火组织

不同成分的钢在不同的加热、保温和冷却条件下会得到不同的淬火组织，典型的淬火组织有以下几种。

1）贝氏体组织

贝氏体是在等温淬火条件下得到的淬火组织，根据转变温度的不同，贝氏体分为两种类型：在 350～500℃之间的转变产物为上贝氏体；在 350℃到 M_s 点（马氏体点）之间的转变产物为下贝氏体。

上贝氏体是由成簇的平行排列的板条状铁素体和沿其边界分布的细条状渗碳体组成，在光学显微镜下难以分辨上贝氏体中的两相，其形态就像羽毛，所以又称之为羽毛状贝氏体。65Mn 等温淬火后的上贝氏体组织如图 1－12－4 所示。

下贝氏体是铁素体，呈针片状互成一定角度，在铁素体的针片上分布着碳化物短针，其取向与铁素体针片的长轴呈 55°～66°角；在光学显微镜下，下贝氏体呈现黑色针片状组织。65Mn 等温淬火后的下贝氏体组织如图 1－12－5 所示。

图 1－12－4　65Mn 等温淬火后的上贝氏体组织

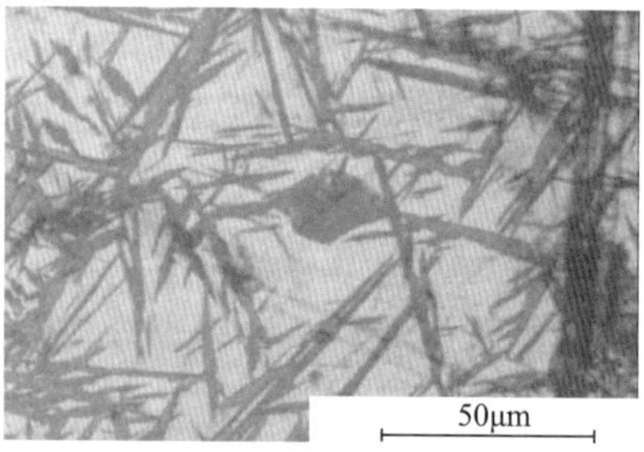

图 1－12－5　65Mn 等温淬火后的下贝氏体组织

2）马氏体组织

马氏体是将奥氏体快速冷却（冷却速度大于临界冷却速度 v_k）到 M_s 点以下温度得到的转变产物，常见的马氏体组织主要有两种典型形态：板条状马氏体和片状马氏体。

板条状马氏体是一种低碳马氏体（$W_c<0.2\%$），其显微组织的主要特征是由许多平行排列的板条状组织成排地群集在一起，称为马氏体群或马氏体“领域”。在每个奥氏体晶粒

中，可以有好几个不同取向的马氏体群。20 钢淬火后的板条状马氏体的显微组织如图 1－12－6所示。

片状马氏体是一种高碳马氏体（$W_c>0.6\%$），其显微组织的主要特征是互成一定角度的针状或竹叶状组织，如果金相磨面恰好与马氏体片平行相切，还可以看到片状形态。T12 钢淬火后的片状马氏体的显微组织如图 1－12－7 所示，针片状为马氏体，白色为残余奥氏体。

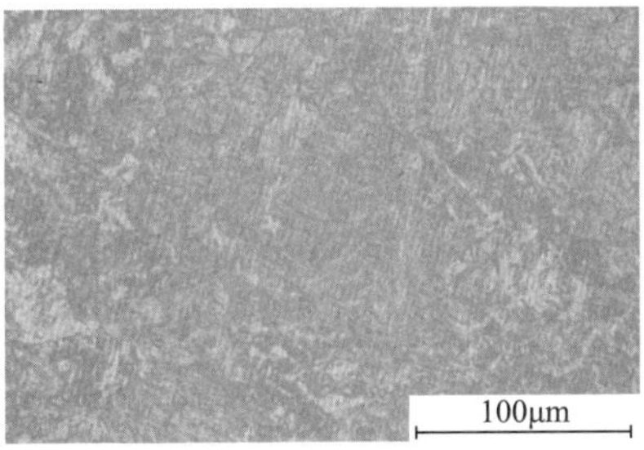

图 1－12－6　20 钢的板条状马氏体显微组织

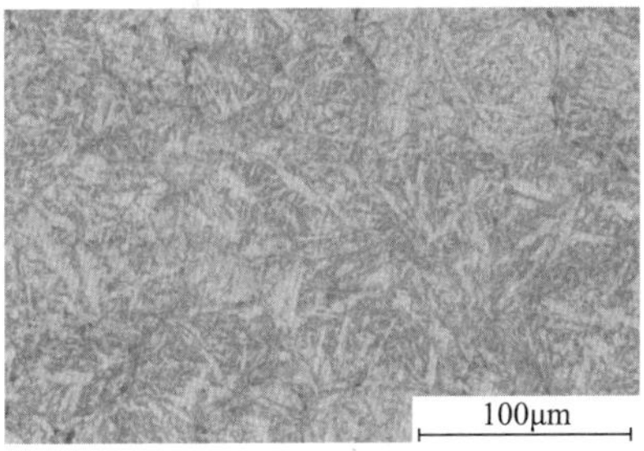

图 1－12－7　T12 钢的片状马氏体显微组织

4. 钢淬火后的回火组织

马氏体是过饱和固溶体，是一种亚稳态组织。在实际工程中，淬火钢都需要经过回火后才能使用。淬火钢的回火是在 A_1 温度以下重新加热，使淬火组织逐渐向稳定状态转变，转变为铁素体与渗碳体的混合物。淬火钢在不同温度下回火，将得到不同的回火组织，典型的回火组织有以下三种：

（1）回火马氏体　淬火马氏体经低温回火（150～250℃）后，马氏体内的过饱和碳原子会以高度弥散并与母相保持着共格关系的 ε 碳化物形式析出，这种组织称为回火马氏体。回火马氏体仍保持马氏体的针片状特征，但受浸蚀的程度比马氏体深，故呈暗黑色。45 钢的回火马氏体组织如图 1－12－8 所示。

（2）回火屈氏体　淬火马氏体经中温回火（300～500℃）后，形成在铁素体基体上弥散分布着细小渗碳体颗粒的组织，这种组织称为回火屈氏体。回火屈氏体中的铁素体仍然保持原来马氏体的针片状形态特征。45 钢的回火屈氏体组织如图 1－12－9 所示，颗粒状为碳化物，其余为铁素体。

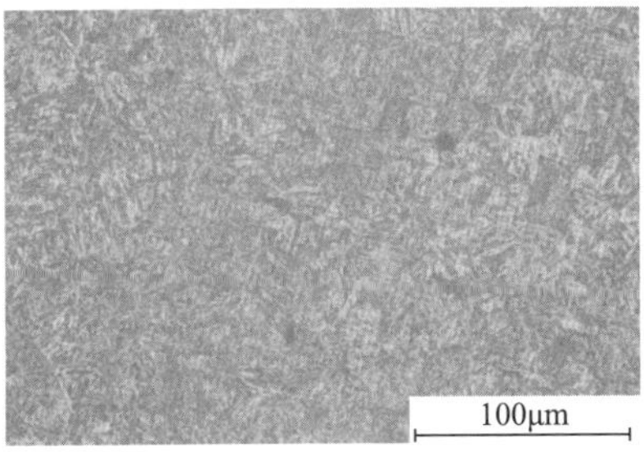

图 1－12－8　45 钢 200℃回火马氏体组织

图 1－12－9　45 钢 400℃回火屈氏体组织

图 1－12－10　45 钢 600℃回火索氏体组织

(3)回火索氏体　淬火马氏体经高温回火(500～650℃)后，铁素体已经失去了原来马氏体的针片状形态而呈等轴状，而渗碳体颗粒发生聚集长大，分布在铁素体基体上，形成粗粒状的渗碳体，即为回火索氏体。45 钢的回火索氏体组织如图 1－12－10 所示。

5. 钢的化学热处理组织

化学热处理是将钢件置于一定温度的活性介质中保温，使介质中的一种或几种元素原子渗入工件表面，以改变钢件表层的化学成分和组织，进而达到改进表面性能、满足技术要求的热处理工艺。

(1)渗碳组织　渗碳是指将钢放入渗碳的介质中加热并保温，使活性碳原子渗入钢的表层的热处理工艺。其目的是通过渗碳及随后的淬火和低温回火，使表面具有高的硬度、耐磨性和抗疲劳性能，而芯部具有一定的强度和良好的韧性配合。渗碳的钢为低碳钢和低碳合金钢，如 20 钢、20Cr 钢、20CrMnTi 钢、12CrNi3 钢等。渗碳后缓冷其组织从表面至芯部依次为过共析组织(珠光体＋碳化物)、共析组织(珠光体)、亚共析组织(珠光体＋铁素体)的过渡区以及芯部的原始组织。图 1－12－11 为 20 钢的渗碳组织。

(2)渗氮组织　渗氮俗称氮化，是指在一定温度下使活性氮原子渗入工件表面的热处理工艺。其目的是提高零件表面硬度、耐磨性、疲劳强度、热硬性和耐蚀性等。常用的渗氮方法有气体渗氮、离子渗氮、氮碳共渗(软氮化)等。生产中应用较多的是气体渗氮。图 1－12－12 为 40Cr 钢的氮化组织，表层为白亮色的氮化物和含氮的扩散层，芯部为 40Cr 钢的基体组织。

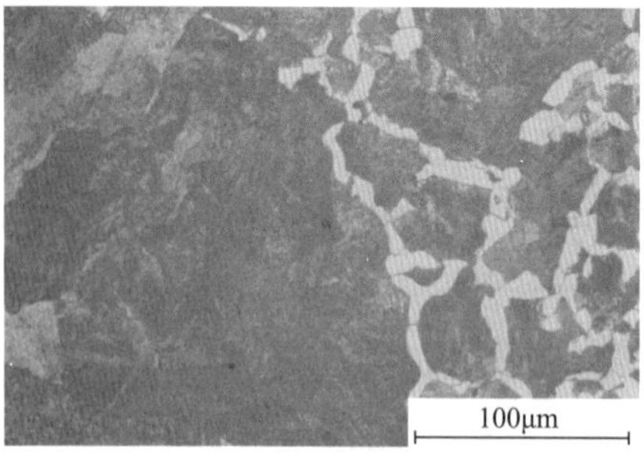

图 1－12－11　20 钢的渗碳组织

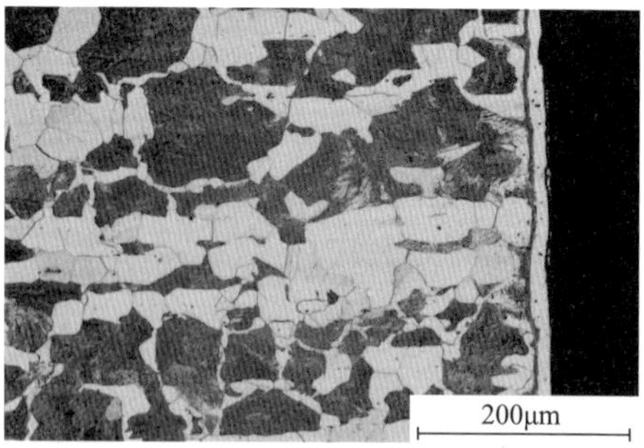

图 1－12－12　40Cr 钢的氮化组织

(3)渗硼组织　渗硼是指在一定温度下使活性硼原子渗入工件表面的热处理工艺。其目的是提高零件表面硬度、耐磨性、疲劳强度、热硬性和耐蚀性等。图 1－12－13 为 45 钢的渗硼组织。

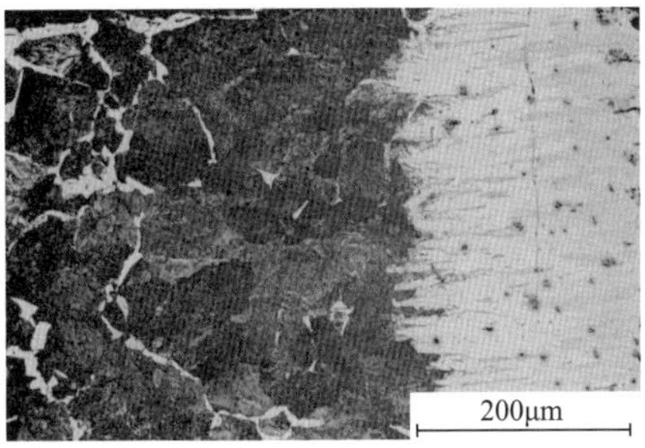

图 1－12－13　45 钢的渗硼组织

6. 钢的热处理缺陷

热处理缺陷是指热处理时，由于工艺设计不合理或者操作不当造成材料组织恶化的现象，主要有过烧、脱碳、氧化等。

过烧是指淬火加热温度太高造成奥氏体晶界出现局部熔化或发生氧化的现象。图 1－12－14 为 T12 钢的过烧组织，由于加热温度过高，致使晶粒粗大，部分晶界氧化成裂纹。

脱碳是指淬火加热时，钢中的碳与空气中的氧等发生反应生成含碳气体逸出的现象。图 1－12－15 为 T8 钢表层的脱碳组织，表层脱碳后变成亚共析钢，黑色为珠光体，白色为铁素体，芯部仍为原始珠光体组织。

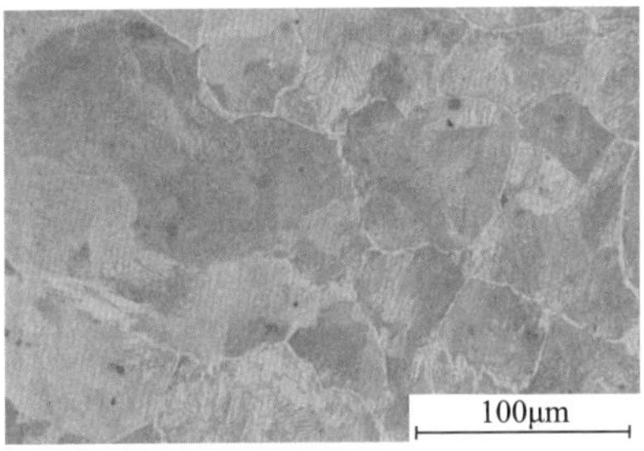

图 1－12－14　T12 钢的过烧组织

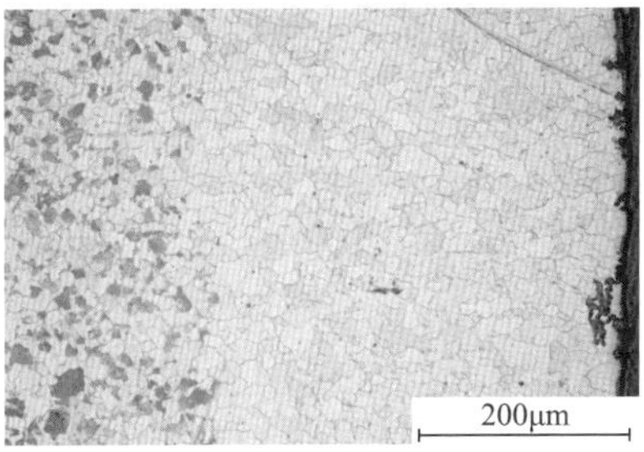

图 1－12－15　T8 钢表层的脱碳组织

三、实验设备及材料

实验设备：4XB－Ⅱ型金相显微镜。

实验材料：不同热处理态的碳钢金相试样。

四、实验内容与步骤

(1) 领取一套金相试样，在金相显微镜下观察，观察时根据 Fe－Fe_3C 相图和钢的 C 曲线来分析确定不同热处理条件下各组织的形成原因及过程。

(2) 对于不同热处理后的组织，要采用对比方式进行分析研究，例如退火与正火、淬火马氏体与回火马氏体等。

五、实验报告要求及思考题

(1) 画出所观察样品的显微组织示意图，注明各组织组成物的名称。

(2) 运用铁碳相图和相应的 C 曲线，具体分析得到的组织及其特征。

实验 13 钢的 C 曲线测定

一、实验目的

(1)掌握用金相法和硬度法测定钢的 C 曲线。

(2)了解奥氏体在不同过冷度下转变所得的显微组织和硬度的差别。

二、实验原理

钢的过冷奥氏体等温转变图，简称为 C 曲线，亦称 TTT 图。C 曲线是研究钢在不同温度下处理后组织状态的重要依据，可根据钢的 C 曲线来确定热处理工艺，估计钢的淬透性，恰当地选择淬火介质和淬火方法，确定工艺参数，特别是各种钢的退火、正火、等温处理、分级淬火、形变热处理等工艺参数的选择更离不开 C 曲线的指导。

1. 过冷奥氏体等温转变 C 曲线

将钢奥氏体化后，使其在不同的过冷度下发生等温转变，然后在温度－时间坐标图上，把各个温度下的转变开始点和转变终止点分别连成曲线，即得 C 曲线，如图 1－13－1 所示。图 1－13－1 中的横坐标表示时间，一般取对数，纵坐标表示温度；左边的曲线表示过冷奥氏体转变开始曲线；右边的曲线表示过冷奥氏体转变终了曲线。图 1－13－1 中的左边曲线以左区域，过冷奥氏体处于孕育期中，可以看到，在 C 曲线拐弯“鼻子”处(图中 550℃左右)，孕育期最短，过冷奥氏体在此温度范围最不稳定，容易分解；右边曲线以右区域为产物区；两曲线之间为奥氏体转变正在进行区域；M_s 温度以下为马氏体转变区。

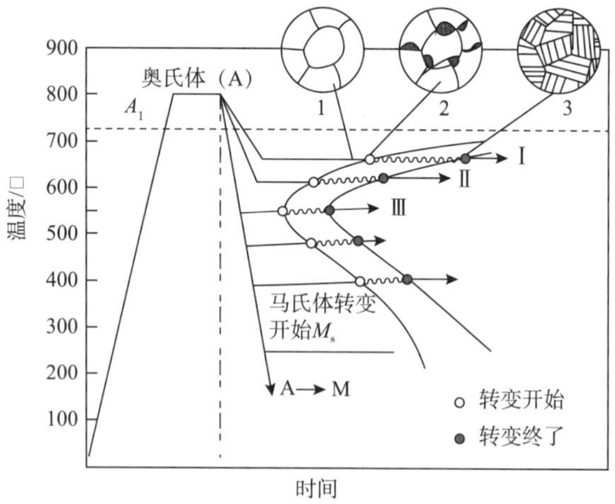

图 1－13－1 共析钢的 C 曲线

2. 过冷奥氏体 C 曲线测定

C 曲线的测定方法常用的有热膨胀法、热分析法、金相及硬度法和磁性法。本实验采用金相及硬度法。

选用 $W_c=0.8\%$ 的共析钢，制成圆形薄片试样（$\phi10mm\times1.5mm$），加热到临界点 A_{c_1} 以上某一温度，使其得到均一的奥氏体，再迅速移到 A_{r_1} 以下某一温度（如 660℃、600℃、550℃……）的等温浴炉中（相当于图 1－13－1 的冷却曲线Ⅰ、Ⅱ、Ⅲ……），观测过冷奥氏体的转变。例如，在 660℃等温浴炉中（冷却曲线Ⅰ），试样 1、2、3 分别等温保持 t_1、t_2、t_3 后，急速淬入水中，然后磨制成金相试样。在金相显微镜下观察它们的组织：等温 t_1 的 1 号试样未出现珠光体，因此过冷奥氏体淬入水中全部转变为马氏体；等温 t_2 的 2 号试样发现在奥氏体晶界上开始形成珠光体（为 1%～2%），这样在白亮的马氏体基体上出现少量的黑色珠光体（硝酸酒精浸蚀），用金相法是很容易辨别的，随着等温时间继续延长，珠光体越来越多；等温 t_3 的 3 号试样全部为珠光体。由此，可测出在 660℃恒温下奥氏体转变为珠光体的开始时间 t_2 和转变终了时间 t_3。值得注意的是，随着珠光体转变量的增多，用金相法来辨别增加的数量就不准确了，需要用硬度法来补充。因为奥氏体转变终了在珠光体基体上有少量马氏体，其对硬度是很灵敏的。因此，每一试样水淬后除了进行金相组织检查外，均要进行洛氏硬度试验，测定其硬度值，并在硬度－时间的坐标上绘出曲线，如图 1－13－2 所示。

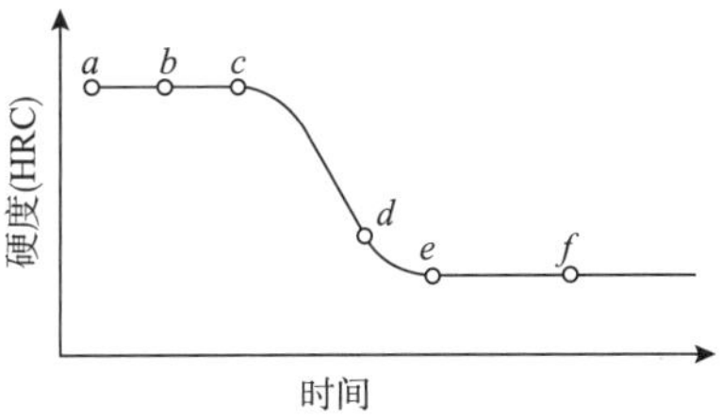

图 1－13－2　不同等温处理时间与硬度的关系曲线

设有 5 个试样，它们在浴炉中的停留时间为：1 号试样为 *ab*，2 号试样为 *ac*，3 号试样为 *ad*，4 号试样为 *ae*，5 号试样为 *af*。由图 1－13－2 可知，在停留 *ab* 时间后，在水中淬火，所得的组织全部是马氏体，且获得最高硬度值。在等温温度下所停留的时间如小于 *ac* 线段，就不会发生等温转变。在停留 *ad* 时间后，有一部分奥氏体转变为铁素体和渗碳体的混合物（珠光体或贝氏体），另一部分奥氏体在水中冷却时转变为马氏体，试样的组织既含有马氏体又含有珠光体或贝氏体，其硬度较纯马氏体低，但较纯珠光体（或贝氏体）高。在停留 *ae* 时间后，全部奥氏体转变为珠光体或贝氏体，其硬度也最低。在 *f* 点可以得到珠光体或贝氏体，而没有马氏体，其硬度与停留 *ae* 时间后相同。因此，在硬度－时间曲线上明显示出 *c* 点（奥氏体转变开始）与 *e* 点（奥氏体转变终止）间硬度变化的急剧转折。同样在金相显微镜下可观察到 *c* 点刚出现珠光体或贝氏体（在马氏体基体上发现有 1～2 "个"转变产物），*e* 点全部为珠光体或贝氏体（转变量为 98%）。所以奥氏体在浴炉恒温停留一定时间后，在水中淬火可以找出转变开始和转变终止的时间。用同样的方法，也可以找到在其他温度下（冷却曲线Ⅰ、Ⅱ、Ⅲ……）过冷奥氏体等温转变的开始点和转变终止点，把各种等温下的转变开始点和终止点依次连接起来即成"C"字形过冷奥氏体等温转变图。

马氏体点（M_s）的测定需要三个浴炉，可用上述规格的试样。试样在第一个浴炉中奥氏体化后，迅速淬入第二个浴炉中，炉温为估算得出 M_s 点的温度 T，若此温度低于实际 M_s 点，则试样将有部分奥氏体转变为马氏体。在温度 T 等温数秒后，即迅速转入温度略高于第二浴炉炉温 30～50℃的第三浴炉中进行回火(等温时间不要超过下贝氏体形式的孕育期)。保温数秒(2～5s)后，淬火马氏体即被回火成回火马氏体，未转变的仍为奥氏体。最后从第三个浴炉中取出淬入水中或10% NaOH 水溶液中，此时未转变的奥氏体大部分转变为马氏体。经过上述处理后，试片上观察到的回火马氏体数量就是在温度 T 时奥氏体转变为马氏体的数量。因此，凡是观察到回火马氏体(马氏体片呈暗黑色)，即表示温度 T 低于 M_s 点，而观察不到回火马氏体则表示温度 T 高于 M_s 点，这样升高或降低第二个浴炉的温度 T，经过反复试验使试片上回火马氏体量为1%左右，则此时第二个浴炉的温度即为 M_s 点。

三、实验设备及材料

实验设备：坩埚炉若干、温度控制仪、洛氏硬度计、金相显微镜、5%～10%的食盐水溶液淬火槽、预磨机与抛光机、秒表、砂纸及硝酸酒精浸蚀剂等。

实验材料：共析钢试样若干。

四、实验内容及步骤

为绘制 C 曲线的基本形状，应在5个以上温度下进行等温转变研究，建议选在700℃、650℃、600℃、550℃、500℃、400℃、350℃等温度下进行试验。

本实验共分两个大组，每个大组各绘制一个共析钢的 C 曲线。每个组分三个小组，每个小组各做两个温度等温转变。实验步骤如下：

(1)试样编号。每个等温温度取10个试样，按顺序编号，以防处理过程中搞混。

(2)预计各试样的停留时间(参照表1－13－1及图1－13－2)，确定各试样在等温温度下的停留时间，并填入表1－13－2中(分子)。

表1－13－1　共析钢等温转变数据

等温转变温度/℃	转变开始/s	转变结束/s	金相组织	硬度(HRC)
700	180	3600	珠光体(片距0.6～0.7μm)	15
662	10	90	索氏体(片距约0.25μm)	31
580	1	5	托氏体(片距约0.1μm)	41
496	1.5	10	上贝氏体(羽毛状)	42
400	8	100	贝氏体	44
288	100	1300	下贝氏体(针状)	56
<240			马氏体(针状)	58～65

(3)试样进行等温处理并淬水。将试样在锡浴坩埚炉中加热到奥氏体化温度(885℃)，保温15min后，在1s内迅速将试样转移到预定温度的等温炉中停留，等温停留时间达到预计时间后，取出迅速放入盐水中淬火。

表 1 - 13 - 2 各试样在等温炉中停留的时间及淬火后的硬度

等温温度/℃	试样编号									
	1	2	3	4	5	6	7	8	9	10

注：以分子为停留时间(s)，分母为淬火后硬度(HRC)填入表中。

(4)测定淬火后的硬度。在砂纸上去除黏结物，进行洛氏硬度测定，各个试样测三个硬度值，取其平均值，填入表 1 - 13 - 2 中(分母)。

(5)制备淬火后的金相试样，在 500 × 显微镜下进行金相组织检查。

(6)根据同一等温温度的硬度值绘出硬度 - 时间的变化曲线，结合金相组织检查，就可确定出各等温温度下转变的开始(时间)点与终止(时间)点。各小组将所测得的转变开始点与转变终止点的时间填入表 1 - 13 - 3 中。

(7)绘制 C 曲线图。根据表 1 - 13 - 3 的结果和已知临界点(A_{c_1}或A_{c_3})以及用经验公式估算出的马氏体转变开始点(M_s)的位置，便可绘出 C 曲线。所取的等温温度越多，测出的 C 曲线图形越准确。

表 1 - 13 - 3 等温转变测定结果

等温温度/℃	时间/s	
	转变开始点	转变终止点

五、实验报告要求及思考题

(1)根据数据绘出自己所测的硬度 - 时间曲线。

(2)根据实验所得数据绘制 C 曲线，标注各线名称，写出各区域的组织。

(3)分析讨论影响测试 C 曲线准确性的因素，写出对本次实验的体会。

实验 14　钢的淬透性测定

一、实验目的

(1)理解淬透性的概念。

(2)学会用末端淬火法测定钢的淬透性曲线。

(3)了解淬透性的应用。

二、实验原理

1. 淬透性的含义

淬透性是钢的一种重要的热处理工艺性能和一种属性，是指钢淬火时形成马氏体的能力。一般用圆柱形试样的淬透层深度或沿截面硬度分布曲线表示。淬透性的评定标准通常认为：除马氏体外，允许含有一定量的非马氏体组织。一般采用表面至半马氏体组织(即该层是由 50% 马氏体和 50% 非马氏体组织组成)的距离作为淬硬层深度，并用这个淬硬层深度作为评定淬透性标准。选定这个标准的理由是半马氏体区不但很容易由显微镜识别出来，而且也容易由硬度的变化予以测定，淬透层越深，表明钢的淬透性越高。

2. 淬透性的测定方法

根据 GB/T 225—2006 规定，钢的淬透性用末端淬火法测定，如图 1－14－1 所示。

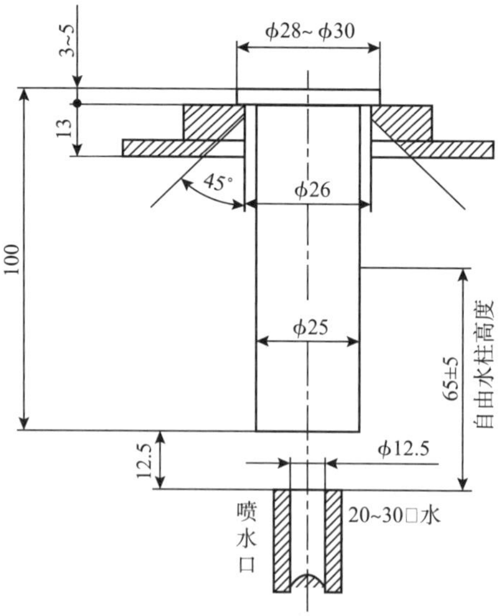

图 1－14－1　末端淬透性实验示意图

测定时将标准试样(ϕ25mm × 100mm)按规定的奥氏体化条件加热后，迅速取出放入末端淬火试验机的试样架孔中，立即末端喷水冷却。因试样是一端喷水冷却，故水冷端的冷速最快，越往上冷得越慢，头部的冷速相当于空冷。因此，沿试样长度方向上由于冷却条件的不同，获得的组织和性能也将不同。冷却完毕后沿试样两侧长度方向每隔一定间距测量一个硬度值，得到沿长度方向上的硬度变化，所得曲线即为该钢的淬透性曲线，如图1-14-2所示。对同一牌号的钢，由于化学成分和晶粒度的差异，淬透性曲线实际上为一定波动范围的淬透性带。

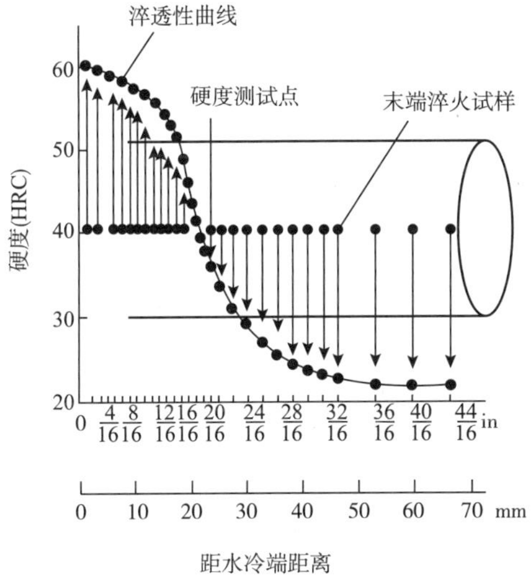

图1-14-2　末端淬透性曲线

3. 影响淬透性的因素

影响淬透性的因素有很多，最主要的是钢的化学成分，其次为奥氏体化温度和晶粒度等。钢的淬透性与过冷奥氏体的稳定性有密切关系。当奥氏体向珠光体转变的速度越慢(即等温转变开始曲线向右移)，钢的淬透性越高，反之就越低。可见影响淬透性的因素与影响奥氏体等温转变的因素是相同的。

钢中碳含量对临界冷却速度的影响为：亚共析钢随碳含量的增加，临界冷却速度降低，淬透性增高；过共析钢随碳含量的增加，临界冷却速度增高，淬透性降低。碳含量超过1.2%时，淬透性明显降低。溶入奥氏体的大多数合金元素除Co以外，都会增加过冷奥氏体的稳定性，使C曲线右移，降低临界冷却速度，提高钢的淬透性。奥氏体化温度越高、保温时间越长，则奥氏体晶粒越粗大、成分越均匀，从而减少随后冷却转变形核率和临界冷却速度，使淬透性增高。

4. 淬透性曲线的实际应用

(1)近端面1.5mm处的硬度可代表钢的淬硬性。因为这点的硬度在一般情况下，表示99.9%马氏体的硬度。

(2)曲线上拐点处的硬度大致是50%马氏体的硬度。该点距水冷端距离的远近即表示钢的淬透性高低。

(3)整个曲线上的硬度分布情况，特别是在拐点附近，硬度变化平稳标志着钢的淬透性高，变化剧烈标志着淬透性低。

(4)钢的淬透性不同，可作为选材和制定热处理工艺的重要依据。

(5)确定钢的临界淬火直径。

(6)确定钢件截面上的硬度分布。

三、实验设备及材料

实验设备：末端淬火试验机、箱式电炉、洛氏硬度机、砂轮机、游标卡尺等。

实验材料：45 钢和 40Cr 钢标准试样。

四、实验内容及步骤

(1)将末端淬火标准试样埋放在铸铁屑中，放在箱式电炉中加热以防止加热过程中氧化脱碳；加热温度为 860℃ ±10℃，保温 40min，出炉后立即放在末端淬火实验设备上快速冷却至室温。出炉到喷水之间的时间间隔越短越好(不应超过 5s，水温应为 20℃ ±5℃)，防止试样在空气中氧化。

(2)冷却到室温后沿试样长度方向磨出一狭长平面。

(3)在磨出的狭长平面上自水冷端开始，每隔 1.5mm 测取一次洛氏硬度(HRC)值，当硬度值下降趋于平稳时，可每隔 3mm 测量一次。一般测量至离水冷端 30 ~40mm 即可，并作好记录。

(4)将硬度值随距水冷端距离的变化，绘出一条曲线，即淬透性曲线。

(5)在显微镜下观察已制备好的末端淬火金相组织，研究 50% 马氏体 +50% 其他高温转变产物距末端距离和硬度变化的关系。

五、实验报告要求及思考题

(1)列出实验数据，并绘制 45 钢和 40Cr 钢的淬透性曲线。确定这两种钢的淬透性，并比较淬透性的大小。

(2)说明淬透性的实际意义。

(3)分析讨论合金元素对淬透性的影响。

实验 15 渗碳及渗层组织性能分析

一、实验目的

(1) 了解渗碳工艺及渗碳后热处理的组织特征。

(2) 掌握金相法测定渗碳层厚度的方法。

(3) 了解钢渗碳层厚度与渗碳温度和渗碳时间的关系。

二、实验原理

1. 渗碳

渗碳是将钢件置于渗碳介质中，加热至奥氏体温度以上，保温一定时间使碳原子渗入钢件表面层的热处理工艺。经过渗碳处理的钢件在经过适当的淬火和回火处理后，可提高表面的硬度、耐磨性及疲劳强度，而芯部仍保持一定的强度和良好的塑性、韧性，主要用于受严重磨损和较大冲击载荷的零件。适合渗碳处理的材料一般为低碳钢和低碳合金钢，只有这样才能在渗碳及后续热处理后保证其表面具有高的硬度、耐磨性和疲劳强度的同时芯部具有高的韧性。按渗碳介质状态的不同，可分为固体渗碳、液体渗碳和气体渗碳。

根据构件材料和性能要求的不同，渗碳后可采用不同的淬火热处理工艺，如图 1－15－1 所示。

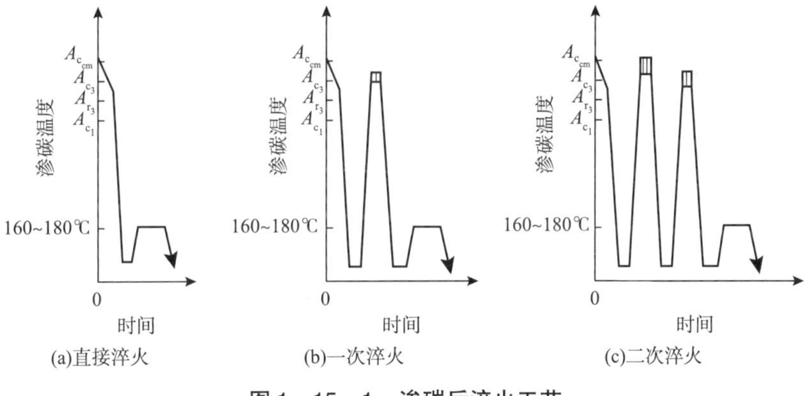

图 1－15－1 渗碳后淬火工艺

渗碳后直接淬火工艺简单，生产效率高，成本低，脱碳倾向小。但由于渗碳温度高，奥氏体晶粒长大，淬火后马氏体较粗，残余奥氏体也较多，因此耐磨性较低，变形也较大，只适用于本质细晶粒钢或耐磨性要求低的钢。

在渗碳件冷却之后，重新加热到临界温度以上保温后淬火。对于芯部组织要求高的合金渗碳钢，一次淬火的加热温度略高于芯部的 A_{c_3} 使其晶粒细化，并得到低碳马氏体组织；对于受载不大但表面要求高的钢件，淬火温度应选在 A_{c_1} 以上，使表层晶粒细化，而芯部组织无大的改善，只是性能略差些。

对于力学性能要求很高或本质粗晶粒钢，应采用二次淬火。第一次淬火是为了改善芯部组织，同时消除表面的网状渗碳体，加热温度为 A_{c_3} 以上；第二次淬火是为了细化表层组织，获得马氏体和均匀分布的粒状二次渗碳体，加热温度为 A_{c_1} 以上。二次淬火工艺复杂、生产效率低、成本高、变形大，所以只用于要求表面耐磨性高和芯部韧性高的零件。

钢在渗碳后随冷却方式的不同，可得到平衡状态的组织或非平衡状态的组织。钢件在高温(900 ~950℃)渗碳后，自渗碳温度缓慢冷却开始，渗层中将发生与其碳浓度相对应的各种组织转变，得到平衡态的组织，即从工件表面层至芯部，依次为过共析区、共析区、亚共析区以及芯部原始组织的未渗碳区，如图 1 –15 –2 所示。

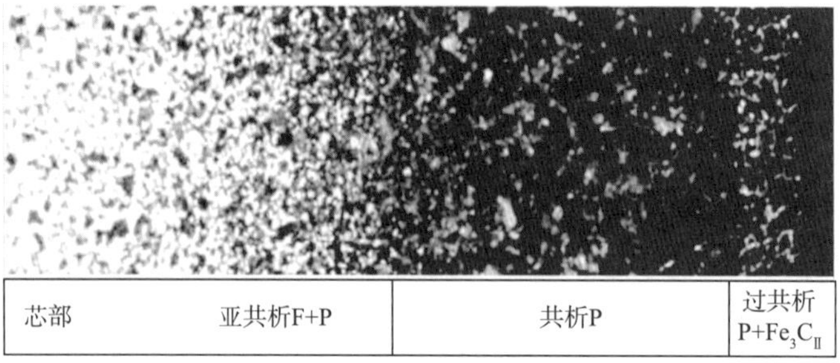

图 1 –15 –2　低碳钢渗碳后缓冷渗层组织

过共析渗碳区是渗碳零件的最表层，其碳浓度最高，在一般正常的渗碳工艺条件下，这一区的碳含量为 0. 8% ~1. 0% 。因此，渗碳零件在缓慢冷却到 Fe – Fe_3C 状态图的 *ES* 线时，首先沿原奥氏体晶界析出二次渗碳体，继续缓冷到共析温度，奥氏体发生共析转变成为珠光体，故过共析渗碳层在缓冷后的金相组织为珠光体和少量网状碳化物(Fe_3C)。渗碳层中碳化物的数量、形状及厚薄对渗层的性能有很大影响。表层过多的碳化物，特别是呈块状或粗大网状分布时，将使零件的疲劳强度、冲击韧性和断裂韧性等降低。所以，应对渗碳缓冷后渗层中的碳化物大小、形状、数量及分布等情况进行观察，以确定正确的渗碳或淬火工艺。

紧接着过共析区的是共析渗碳区，这层的碳含量约为 0. 77% 。当零件渗碳后缓冷至共析温度时，奥氏体将全部转变为片状珠光体。珠光体片间距的大小取决于零件冷却速度，冷却速度越大，则珠光体片间距越小，硬度越高。

自渗碳零件表面向芯部延伸，紧接着共析渗碳区的是亚共析渗碳区。其碳浓度随着离表面距离增加而减小，直至过渡到芯部原始成分为止，故亚共析过渡区缓慢冷却后得到的金相组织为珠光体和铁素体的混合组织。越接近芯部，铁素体量越多，而珠光体量越少。

芯部未渗碳区是渗碳零件原材料的组织区，对于低碳钢则是由铁素体和珠光体组成。应当指出的是，如果渗碳后空冷速度较快，将抑制先共析铁素体的析出，得到较多的伪共析珠光体组织，致使过渡区加深，影响渗碳层总深度测量的准确性。因此，渗碳后应当非常缓慢地冷却，才能获得较完全的平衡组织。

渗碳改变了零件表面层的碳含量，但为了获得不同的组织和性能而满足渗碳件的使用要求，还必须进行适当的淬火与低温回火处理。其中常用的淬火方法是直接淬火和一次淬火法等。零件渗碳淬火后，由于淬火工艺和材料等有差异而得到不同的组织，但从零件表面到芯部的基本组织仍为马氏体 + 碳化物（少量）+ 残余奥氏体→马氏体 + 残余奥氏体→马氏体→芯部低碳马氏体（或屈氏体、索氏体 + 铁素体）。

渗碳零件的性能主要取决于淬火后的组织，因此在渗碳件的质量检查中，规定了淬火马氏体针粗细、碳化物分布特征、残余奥氏体数量以及芯部游离铁素体含量的金相组织检验标准。渗碳零件淬火后的组织通常应为：渗碳层中有适量的粒状碳化物均匀分布在隐针（或细针）状马氏体基体上，另有少量（小于5%）残余奥氏体，芯部为低碳马氏体或屈氏体与索氏体，不允许有过多的大块状铁素体。

2. 渗碳层厚度的测定

渗碳过程是碳原子在 $\gamma-Fe$ 中的扩散过程，根据扩散第二定律，如炉内的碳势一定，则渗碳层厚度与渗碳时间的关系为 $X=K(D\tau)^{1/2}$，其中 $D=D_0e^{-Q/RT}$。

测量渗碳层厚度可用显微硬度法和金相法。本实验采用金相法，即在显微镜下通过测微目镜测量，渗碳层的厚度是从表面量到刚出现钢材的原始组织为止。另外，还可用显微硬度法测量渗碳层厚度，即试样抛光后不要浸蚀，直接测显微硬度，以最表面一点压痕离试样表面 0.05mm 为宜，这点也可作为表面硬度值，然后向里每移动 0.10mm 测一压痕，一直测到芯部或低于 HV450 处为止，然后将各点所测硬度值绘制成硬度分布曲线，并求出有效硬化层厚度。有效硬化层厚度即是由表面垂直至 HV550 处的距离，用 D_C 表示。

三、实验设备及材料

实验设备：井式渗碳炉、金相显微镜、目镜测微尺、直尺、表面维氏硬度计。

实验材料：冷却剂（水、10 号机油）、20 钢、20CrMnTi 钢试样等。

四、实验步骤与方法

（1）渗碳处理：每班分为两个大组，按组领取实验试样，并打上钢号，以免混淆。其中一组将 20 钢试样进行渗碳处理，然后分别进行直接淬火、一次淬火、二次淬火，统一进行 180℃ 回火，分别测定回火后试样的硬度，并作好记录。另一组将 20CrMnTi 钢试样分别做渗碳温度为 80℃ 和 930℃、渗碳时间为 0.5h、1h、2h、4h、8h 的渗碳处理，冷却后用钢印做好不同渗碳温度和时间的记号。

（2）按照金相试样的方法来制备试样。为了防止边缘倒角，须用试样夹。

（3）用金相显微镜分别观察试样渗碳后的显微组织，并用测微尺测定其渗碳层厚度。

五、实验报告要求及思考题

（1）绘制一定渗碳温度下的渗碳层厚度与渗碳时间的曲线，并分析、讨论实验结果。

（2）比较用显微硬度法和金相法测得的渗碳层厚度。

实验 16　铝合金的脱溶(时效硬化)实验

一、实验目的

(1)掌握固溶淬火及时效处理的基本操作。

(2)了解时效温度和时效时间对时效硬化效果的影响规律。

(3)理解时效硬化的基本概念及其机制。

二、实验原理

从过饱和固溶体中析出第二相(沉淀相)或形成溶质原子聚集区以及亚稳定过渡相的过程称为脱溶或沉淀，属于扩散型相变。具有这种转变的最基本条件是：合金在平衡状态图上有固溶度的变化，并且固溶度随温度降低而减少，如图 1－16－1 所示。当将 c_0 成分的合金自单相 α 固溶体状态缓慢冷却到固溶度线(MN)以下温度(如 T_3)保温时，β 相将从 α 相固溶体中脱溶析出，α 相的成分将沿固溶度线变化为平衡浓度 c_1，这种转变可表示为 $\alpha(c_0)\rightarrow\alpha(c_1)+\beta$。β 为平衡相，可以是端际固溶体，也可以是中间相，反应产物为(α＋β)双相组织。将这种双相组织加热到固溶度线以上某一温度(如 T_1)并保温足够时间，将获得均匀的单相固溶体 α 相，这种处理称为固溶处理。

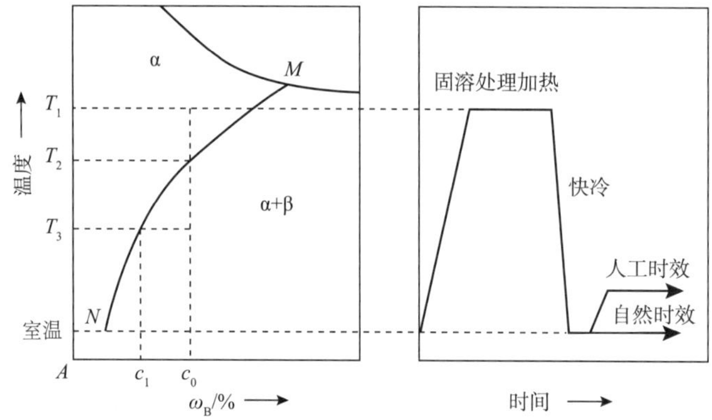

图 1－16－1　固溶处理与时效处理的工艺过程示意图

如果将经过固溶处理后的 c_0 成分的合金急冷，抑制 α 相分解，则在室温下制备得到亚稳的过饱和 α 相固溶体。这种过饱和固溶体在室温或较高温度下等温保持时，也将发生脱溶。但脱溶相不是状态图中的平衡相，而是亚稳相或溶质原子聚集区。这种脱溶可显著提高合金的强度和硬度，称为时效硬(强)化或沉淀硬(强)化。

合金在脱溶过程中，其力学性能、物理性能和化学性能等均发生变化，这种现象称为时效。室温下产生的时效称为自然时效，高于室温的时效称为人工时效。

合金经固溶处理并淬火制得亚稳过饱和固溶体。若在足够高的温度下进行时效处理，最终将沉淀析出平衡脱溶相。但在平衡相出现之前，根据合金成分不同会出现若干个亚稳脱溶相或称为过渡相。以 Al - 4% Cu 合金为例，其室温平衡组织为 α 相固溶体和 θ 相（$CuAl_2$）。该合金经固溶处理并淬火冷却后获得过饱和 α 相固溶体，加热到 130℃进行时效处理，其脱溶顺序为 G. P. 区 →θ″相 →θ′相 + θ 相，即在平衡相(θ)出现之前，有三个过渡脱溶物相继出现。

按时效硬化曲线形状的不同，时效可分为冷时效和温时效，如图 1 - 16 - 2 所示。冷时效是指在较低温度下进行的时效，其硬度变化曲线的特点是硬度一开始就迅速上升，达到一定值后硬度缓慢上升或者基本保持不变。冷时效的温度越高，硬度上升就越快，所能达到的硬度也就越高。在铝基和铜基合金中，冷时效过程中主要形成 G. P. 区。温时效是指在较高温度下发生的时效，其硬度变化规律为：开始有一个停滞阶段，硬度上升极其缓慢，称为孕育期，一般认为这是脱溶相形核的准备阶段；接着硬度迅速上升，达到一极大值后又随时间延长而下降。温时效过程中将析出过渡相和平衡相。温时效的温度越高，硬度上升就越快，达到最大值的时间就越短，但所能达到的最大硬度值反而越低。冷时效与温时效的温度界限视合金不同而异，铝合金一般约为 100℃。

冷时效与温时效通常是交织在一起的。130℃时，不同成分 Al - Cu 合金的时效硬度与脱溶相的变化规律如图 1 - 16 - 3 所示。由图 1 - 16 - 3 可见，Al - Cu 合金的时效硬化主要依靠形成 G. P. 区和 θ′相，尤其以形成 θ″相的强化效果最大，当出现 θ′相以后，合金的硬度开始下降。

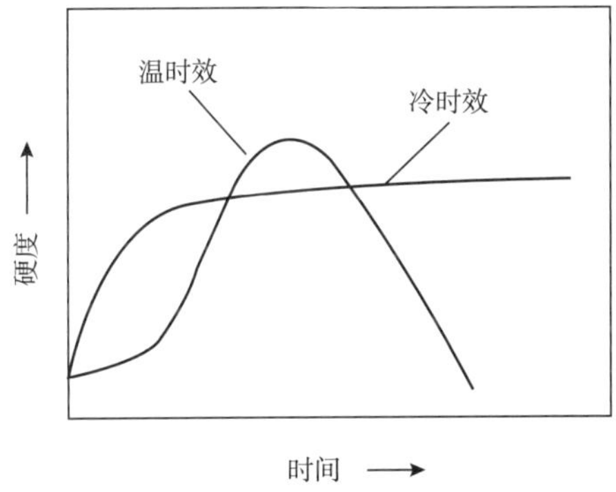

图 1 - 16 - 2　冷时效和温时效过程图

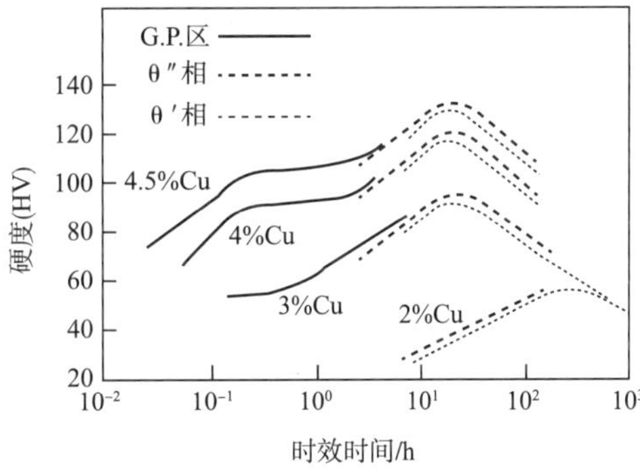

图 1 - 16 - 3　不同成分 Al - Cu 合金的时效硬度与脱溶相的变化规律

时效温度是影响过饱和固溶体脱溶速度的重要因素。时效温度越高，原子活性就越强，脱溶速度也就越快。但是随着时效温度升高，化学自由能差减小，同时固溶体的过饱和度也减小，这些又使脱溶速度降低，甚至不再脱溶。因此，可以用提高温度的方法来加快时效过程，缩短时效时间。例如，将 Al - 4% Cu - 5% Mg 合金的时效温度从 200℃提高到 220℃，时效时间可以从 4h 缩短为 1h。但时效温度不能任意提高，否则强化效果将会减弱。

在一定温度下，随时效时间延长，合金强度、硬度逐渐增高，至一定时间达到最大值

(峰值)。时效时间再延长则其强度、硬度反而下降，即所谓的“过时效”(见图1－16－3)。如果固定时效时间而改变时效温度，则随时效温度的升高，强度、硬度逐渐升高至峰值；温度再升高，则会发生“过时效”。如果综合比较温度和时间对硬度、强度的影响，可总结为：温度越高，达到峰值所需时间越短，且其峰值也越低。

三、实验设备及材料

实验设备：坩埚电阻炉、控温装置、淬火水槽、恒温箱、布氏硬度计、读数显微镜等。

实验材料：2024 铝合金试样。

四、实验步骤与方法

(1)每班分成三个小组，每组分别领取一套样品(12 块)，做好标记。

(2)将试样用砂纸或预磨机磨掉车痕，以达平整、光洁，然后用铁丝固定。

(3)将固定好的试样在盐浴槽中加热，加热温度为 500℃ ±3℃，保温 10～15min，然后快速淬入水槽中。

(4)每组取一个试样立即测定淬火后的硬度。

(5)每组的其他试样立即进入恒温箱进行时效处理(除室温自然时效组外)。时效温度分别为室温、130℃、160℃、190℃和 220℃，每组取一个温度进行时效处理，各时效温度下的时效时间见表 1－16－1。

表 1－16－1　时效温度－时间－硬度

时效时间	硬度(HBW)				
	室温	130℃	160℃	190℃	220℃
淬火态	(1)	(1)	(1)	(1)	(1)
20min					(2)
30min			(2)	(2)	
40min					(3)
1h				(3)	(4)
1. 5h				(4)	(5)
2h				(5)	(6)
2. 5h					(7)
3h				(6)	(8)
4h	(2)	(5)	(6)	(7)	(9)
5h		(6)	(7)	(8)	(10)
6h		(7)	(8)	(9)	(11)
8h	(3)	(8)	(9)	(10)	(12)
10h		(9)	(10)	(11)	
12h	(4)		(11)	(12)	

续表

时效时间	硬度(HBW)				
	室温	130℃	160℃	190℃	220℃
14h		(10)	(12)		
18h		(11)			
20h	(5)	(12)			
24h					
28h	(6)				
36h	(7)				
48h	(8)				
60h	(9)				
72h	(10)				
84h	(11)				
96h	(12)				

注：①各温度下标有数字的栏所对应的时间，即为所采用的时效时间。
②自然时效共96h(具体时间安排由指导老师与同学商定)。

五、实验注意事项

(1)不要将带有水的试样和钳子放入盐浴槽，以防爆炸、烫伤。

(2)每次取样、放试样时，宜轻拿、轻放，防止样品混淆及烫伤。

(3)每次实验完成后须切断电源，以防发生设备事故。

六、实验报告要求及思考题

(1)根据本组所得硬度数据绘制硬度－时效时间关系曲线，并将其他各组(即不同时效温度)所得数据绘在同一硬度－时效时间关系曲线上。

(2)分析比较所得硬度－时效时间关系曲线的异同，并根据时效强化机制解释曲线的变化规律。

实验 17 固溶温度对铝合金时效效果的影响

一、实验目的

(1) 了解固溶工艺(淬火前加热温度、保温时间、淬火速度等)对铝合金时效效果的影响。

(2) 掌握金属材料最佳淬火温度的确定方法。

二、实验原理

淬火及时效是铝合金重要的热处理工艺，是提高铝合金强度性能的重要手段。对于铝合金及大多数有色合金而言，淬火主要是为了得到过饱和固溶体，为时效处理做准备。经淬火之后，不同合金的性能变化也大不相同。有些合金淬火后强度提高而塑性降低，有些合金则强度降低而塑性提高，还有些合金淬火后强度、塑性都提高，也有的合金淬火后其性能基本上不发生变化。变形铝合金淬火后最常见的情况是在保持高塑性的情况下提高了强度。铸造铝合金淬火后强度和塑性通常都有所提高。

对大多数铝合金而言，淬火后强度虽有所提高，但提高的幅度不大。要想大幅提高合金的强度性能，必须在淬火后进行时效处理。所谓时效就是将淬火状态的合金在一定温度下保持适当时间，使淬火得到的过饱和固溶体发生分解，从而大幅提高合金的强度。

淬火及时效处理作为金属材料的强化手段有其独特的优点，因为它可在不改变材料形状的情况下获得优异的综合性能，因而是一种极为有效的发挥材料潜力的方法。

1. 淬火工艺的确定原则

1) 淬火加热温度

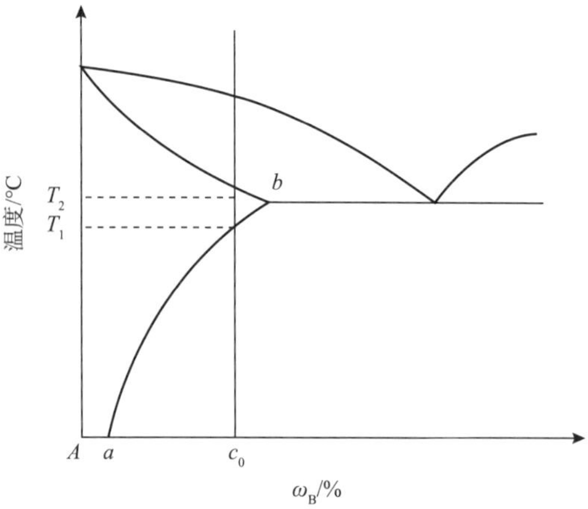

图 1－17－1 淬火温度选定图

原则上，可根据相图来确定合金的淬火加热温度，如图 1－17－1 所示，淬火加热温度的下限为固溶度曲线 ab，而上限为开始熔化温度。一般进行淬火－时效处理的合金，含合金元素浓度高，由图 1－17－1 可知淬火温度的要求比较严格，容许的波动范围较小，例如某些铝合金淬火温度仅容许有 ±(2～3)℃的波动，还要求在加热过程中金属温度能够保持较好的均匀性。因此，淬火加热所采用的设备一般为温度能准确控制以及炉内温度均匀的浴炉或气体循环炉，工件以单片的方式悬挂于炉中，这样既能保证均匀加热，又能保证淬火时均匀冷却。对于淬火温度范围较宽的合金，淬火加热则易于控制。

淬火时金属内部会发生一系列物理化学变化，除最主要的相态变化外，还会产生再结晶、晶粒长大以及与周围介质的作用等，这些变化会给淬火后合金的性能带来影响。在确定淬火温度时，应根据不同合金的特点予以考虑。例如，在不发生过烧的前提下，提高淬火温度有助于加速时效强化过程，但某些合金（如 6A02 铝合金）在高温下晶粒长大倾向大，则应限制最高的加热温度。

过烧是淬火时易于出现的缺陷。轻微过烧时，表面特征不明显，显微组织观察到晶界稍变粗，并有少量球状易熔组成物，晶粒也较大。反映在性能上，冲击韧性降低，腐蚀速率大大增加。严重过烧时，除了晶界出现易熔物薄层、晶内出现球状易熔物外，还会使粗大的晶粒晶界平直、严重氧化，三个晶粒的衔接点呈黑三角形态，有时在制品表面会出现沿晶界的裂纹，颜色发暗，有时也会出现气泡等。

2）淬火加热保温时间

保温的目的在于使相变过程能够充分进行（过剩相充分溶解），使组织充分转变到淬火需要的形态，在工业成批生产条件下，保温时间应当自炉料最冷部分达到淬火温度的下限算起。保温时间的长短主要取决于成分、原始组织及加热温度。温度越高，相变速率越大，所需保温时间越短。例如 2A12 铝合金在 500℃加热，只需保温 10min 就足以使强化相溶解，自然时效后获得最高强度（441MPa）；若在 480℃加热则需保温 15min，自然时效后的最高强度也较 500℃淬火时的低（412MPa）。材料的预先处理和原始组织（包括强化相尺寸、分布状态等）对保温时间也有很大影响。通常，铸态合金中的第二相较粗大，溶解速率较小，它所需的保温时间远比变形后的合金长。就同一变形合金来说，变形程度大的要比变形程度小的所需时间短。退火状态合金中，强化相尺寸比已淬火 – 时效后的合金粗大。因此，退火状态合金淬火加热保温时间比重新淬火的保温时间长得多。保温时间还与装炉量、工件厚度、加热方式等因素有关，装炉量越多、工件越厚，保温时间越长；浴炉加热比气体介质加热（包括热风循环炉）速度快、时间短。

为获得细晶粒组织并防止晶粒长大，在保证强化相全部溶解的前提下，可采用快速加热和短的保温时间的加工工艺来实现。

3）淬火冷却速度

冷却速度是重要工艺参数之一，其大小取决于过饱和固溶体的稳定性。过饱和固溶体稳定性可根据 C 曲线位置来估计。若合金从淬火温度下以不同速度 v_1、v_2……进行冷却（见图 1 – 17 – 2），则与 C 曲线相切的冷却速度 v_c 称为临界冷却速度，即可防止固溶体在冷却过程中发生分解的最小冷却速度。当制品中心点的冷却速度大于 v_c 时，整个制品的各个部分就能把高温状态的固溶体保留下来，此种情况就表示这种制品“淬透了”。临界冷却速度与合金系、合金元素含量和淬火

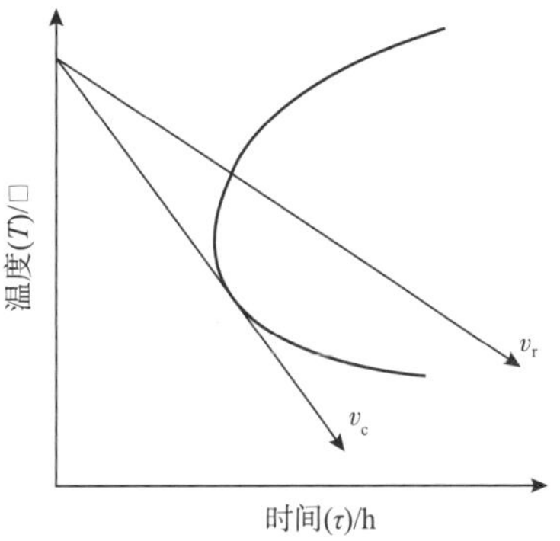

图 1 – 17 – 2　临界冷却速度

前合金组织有关。不同的合金系，其原子扩散速率不同，基体与脱溶时间、表面能以及弹性应变能也不同。因此，不同系中脱溶相形核速率不同，使固溶体稳定性有很大差异。如 Al－Cu－Mg 系合金，其铝基固溶体稳定性低，因而 v_c 大，必须在水中淬火；而中强的 Al－Zn－Mg 系合金，其铝基固溶体稳定性高，可以在静止空气中淬火。同一合金系中，当合金元素浓度增加，基体固溶体过饱和度增大时，固溶体稳定性降低，因而需要更大的冷却速度。

水中淬火所能达到的冷却速度高于大多数铝、镁、铜、镍及铁基合金制件临界冷却速度(尺寸很大的制件除外)。但淬于水中易使制件产生较大残余应力及变形。为克服这一缺点，可把水温适当升高，或在油、空气及其他冷却较缓和的介质中淬火。此外，也可采用一些特殊的淬火方法，如等温淬火、分级淬火等。

在淬火工艺中，淬火转移时间是一个重要问题。对于不能在空气中冷却淬火的合金，自加热炉中取出转移至淬火槽必然要在空气中冷却一段时间，若在这段时间内固溶体发生部分分解，则不仅会降低时效后的强度性能，而且对材料晶间腐蚀抗力也有不利影响。例如，7A04 铝合金在空气中的转移时间由 3～5s 增加至 20s，会使时效后的抗拉强度降低 10～15MPa，屈服强度降低 30～40MPa，因此这类合金应尽量缩短转移时间。

三、实验设备及材料

实验设备：箱式电阻炉、坩埚电阻炉、淬火水槽、硬度计、读数显微镜。

实验材料：2024 铝合金试样。

四、实验步骤与方法

(1)每班分为 3 个小组，每组分别领取一套试样(5 块试样)，每人负责一个淬火温度。

(2)将表面磨好的试样分别放入所需要用的温度(如 480℃和 500℃)坩埚电阻炉的盐浴槽中，其他三种不同温度试样分别放入箱式电阻炉内，保温时间一样，均为 10～15min，然后快速淬入水槽中。

(3)将不同淬火温度试样用细砂纸磨去氧化皮后再测定其硬度，这是淬火态。

(4)将淬火态硬度测定完后，要保存好自己所负责的淬火试样，经过自然时效后(>7 天)再测定其硬度(具体时间由指导老师与同学商定)。

(5)测定硬度时应取三点进行测定(最好选中心部位)，但每两点离压痕中心距离不小于压痕直径的 4 倍，压痕中心距试样边缘的距离不小于压痕直径的 2.5 倍，将所测出的硬度值填入表 1－17－1 中[建议根据实验条件要求，测定试样的布氏硬度值，测定硬度时选用的参数为：负荷为 62.5kgf(612.5 N)，淬火钢球直径为 5mm，负荷保持时间为 30s]。

表 1－17－1　实验数据记录表

加热温度/℃	硬度(HBW)							
	淬火态				时效态(20℃)			
	1	2	3	平均值	1	2	3	平均值
380								

续表

加热温度/℃	硬度(HBW)							
	淬火态				时效态(20℃)			
	1	2	3	平均值	1	2	3	平均值
480								
500								
520								
540								

五、实验报告要求及思考题

(1)将本组所得硬度数据填入表 1 - 17 - 1 中，并绘制淬火温度与硬度关系曲线。

(2)解释实验所获得的曲线，确定最佳淬火温度。

实验 18　钢的珠光体转变及显微组织观察

一、实验目的

(1)掌握珠光体的形成条件和组织特征。

(2)了解珠光体转变中的相及组织组成物的形态及分布特点。

(3)分析珠光体组织形态与性能之间的关系。

二、实验原理

共析碳钢加热奥氏体化后缓慢冷却，在550℃到A_{r_1}点之间过冷奥氏体将发生γ－(α＋Fe_3C)共析转变，生成由铁素体和渗碳体两相组成的珠光体类型组织。根据组成方式的不同，可将珠光体分为片状珠光体和粒状珠光体两大类。

1. 片状珠光体

片状珠光体的片间距S_0取决于奥氏体分解时的过冷度，过冷度越大，共析转变温度越低，形成的珠光体的片间距越小。工业上根据片间距的大小常将层片状珠光体分为珠光体、索氏体和屈氏体。

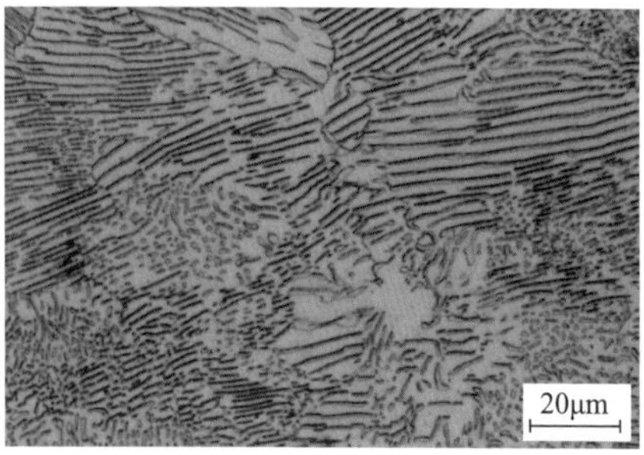

图 1－18－1　珠光体组织

(1)珠光体　珠光体是过冷奥氏体在650℃到A_{r_1}点之间的高温区分解的产物，其片间距为150～450nm，在500倍金相显微镜下清晰可辨，如图1－18－1所示。

(2)索氏体　索氏体是过冷奥氏体在600～650℃之间的分解产物，其片间距为80～150nm，在扫描电子显微镜下可分辨，如图1－18－2所示。

(3)屈氏体　屈氏体是过冷奥氏体在550～600℃之间的分解产物，其片间距为30～80nm，只有用高倍电子显微镜才能分辨，如图1－18－3所示。

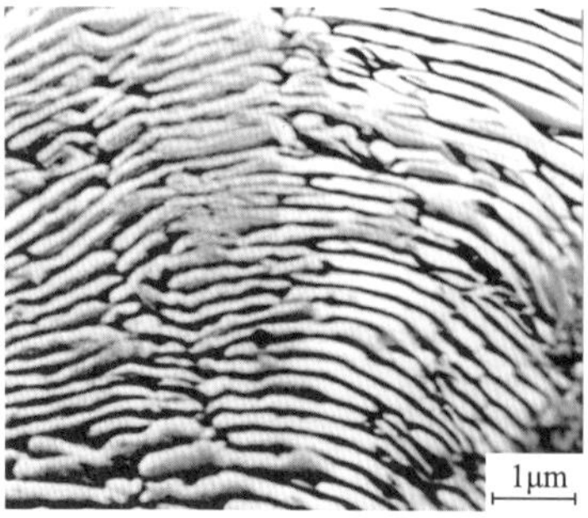

图 1－18－2　索氏体组织

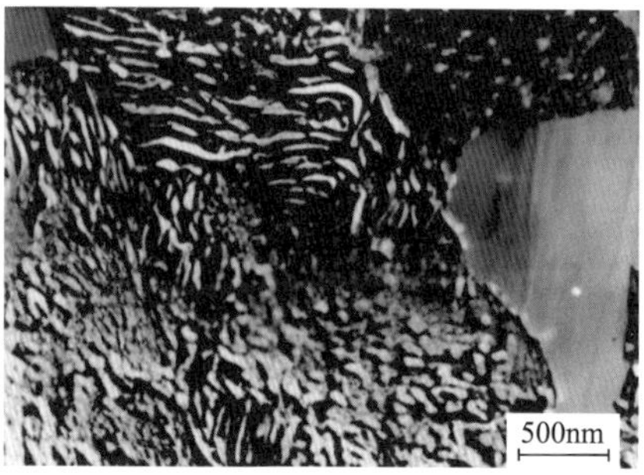

图 1－18－3　屈氏体组织

2. 粒状珠光体

粒状珠光体是铁素体基体上分布着粒状渗碳体，如图 1－18－4 所示。有三种途径可以获得粒状珠光体：

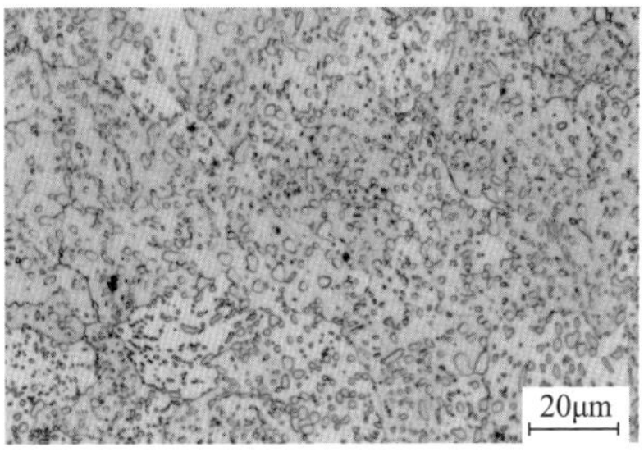

图 1－18－4　T12 钢的粒状珠光体组织

(1)在特定的奥氏体化工艺条件下，即较低的奥氏体化温度和较短的保温时间，还有未溶碳化物颗粒，然后缓冷。

(2)片状珠光体经球化退火处理。对于已形成网状二次渗碳体组织的过共析钢，应先进行正火处理，消除网状组织，然后再进行球化退火。

(3)马氏体或贝氏体组织高温回火。

3. 亚(过)共析钢的珠光体形貌

亚共析钢和过共析钢在发生共析转变之前，先析出先共析铁素体和先共析渗碳体，室温下的组织分别是 F + P 和 Fe_3C_{II} + P。先共析铁素体的形态可分为块状、网状和片状等，如图 1－18－5 所示。当奥氏体成分均匀、晶粒粗大、冷却速度比较适中时，先共析铁素体可能呈片(针)状析出。当奥氏体晶粒粗大、冷却速度较快时，先共析铁素体可能沿过冷奥氏体晶界呈网状分布。

图 1－18－5　先共析铁素体形貌示意图

先共析渗碳体的形态可分为粒状、网状和片状，如图 1－18－6 所示。过共析钢在奥氏体成分均匀、晶粒粗大的情况下，从过冷奥氏体中直接析出粒状渗碳体的可能性是很小的，一般是网状或片状的，这样将显著增大钢的脆性。因此，为避免形成网状渗碳体，过共析钢件的退火加热温度必须在 A_{cm} 以下。

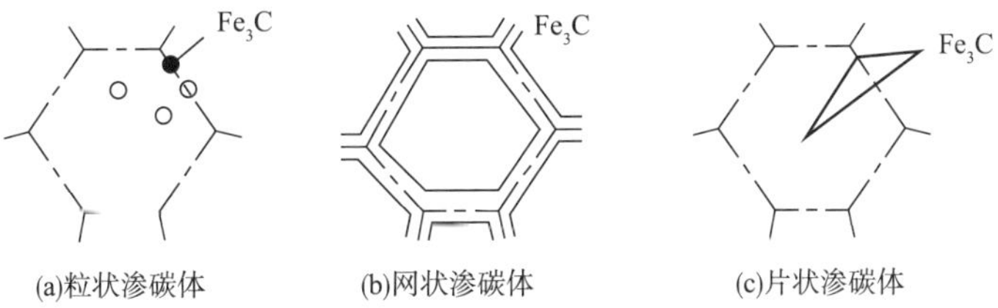

图 1－18－6　先共析渗碳体形貌示意图

工业上将具有片(针)状先共析铁素体加珠光体的组织，或片(针)状先共析渗碳体加珠光体的组织都称为魏氏组织。魏氏组织的出现会导致钢的力学性能恶化，故应避免产生。消除魏氏组织常采用完全退火、正火及锻造等方法。

三、实验设备及材料

实验设备：实验用箱式电炉、试样抛光机、金相显微镜等。

实验材料：20 钢、45 钢、60 钢、T8 钢、T12 钢等。

四、实验步骤及方法

(1)按表 1－18－1 准备材料并进行相应的热处理操作实验。

(2)将热处理后的样品制备成金相试样并在金相显微镜下观察组织。

表 1－18－1　实验用钢和热处理组织

材料名称	处 理 条 件	金 相 组 织
20 钢	890℃炉冷	铁素体和少量珠光体
45 钢	850℃炉冷	珠光体和铁素体
60 钢	820℃炉冷	珠光体和少量铁素体
T8 钢	990℃炉冷	片状珠光体
T8 钢	990℃保温，630℃盐浴等温，空冷	索氏体
T8 钢	990℃保温，560℃等温，水冷	屈氏体和马氏体
T12 钢	920℃，炉冷	片状珠光体和网状渗碳体
20 钢	1000℃加热 30min，空冷	魏氏组织(珠光体和片状铁素体)

五、实验报告要求及思考题

(1)画出所观察样品的显微组织示意图。要求突出显微组织的典型特征，并指出各组织名称。标明试样材料名称、相应的热处理工艺、金相浸蚀剂和放大倍数等。

(2)简单说明亚共析钢中各相的相对量与碳含量及形成温度的关系。

实验 19 钢的马氏体转变及显微组织观察

一、实验目的

(1)掌握钢中板条马氏体和片状马氏体的组织形态特征及形成条件。

(2)了解钢中其他类型的马氏体形态特点及形成条件。

二、实验原理

钢经奥氏体化后，以大于临界淬火速度(v_k)的速度冷却至马氏体开始转变点(M_s点)以下时，将发生非扩散型相变，过冷奥氏体转变成马氏体。钢淬火的目的是获得马氏体，提高钢的力学性能。淬火是钢的最重要的强化方法，也是应用最广泛的热处理工艺之一。

钢的化学成分和热处理条件是影响马氏体形态及其亚结构的重要因素。实践表明，马氏体的强度主要取决于碳含量，而马氏体的韧性主要取决于其亚结构类型。板条状和片状马氏体是两种典型的马氏体组织，此外还有蝶状、薄片状和 ε 马氏体等几种。

1. 板条状马氏体

板条状马氏体是在低碳钢、中碳钢、马氏体时效钢和不锈钢等铁基合金中形成的一种典型的马氏体组织(见图 1 – 19 – 1)，其显微组织是由许多成群的板条组成，板条群的尺寸为 20 ~ 35μm，一个原奥氏体晶粒内可形成 3 ~ 5 个板条群。一个板条群可由一种或几种平行的同位向束组成，每个同位向束又是由若干平行的尺寸约为 0.5μm × 5.0μm × 20μm 的马氏体单晶组成。

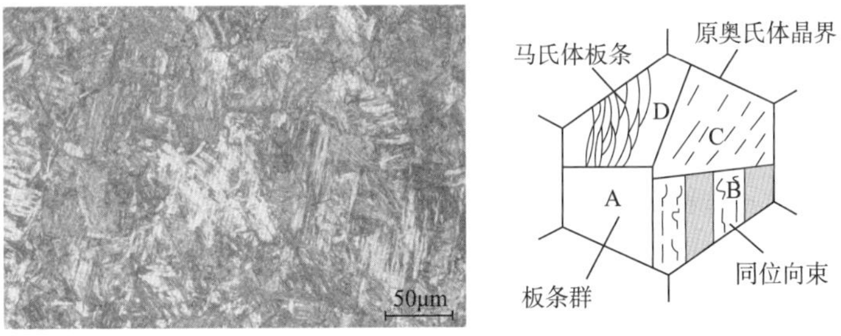

(a)20钢淬火马氏体形态　　(b)板条状马氏体组织结构示意图

图 1 – 19 – 1 板条状马氏体形态及显微组织结构示意图

经透射电子显微镜观察发现，板条状马氏体晶内亚结构为高密度的位错，位错密度为 $(0.3 \sim 0.9) \times 10^{12} cm/cm^3$，因此板条状马氏体又称为位错马氏体。

2. 片状马氏体

片状马氏体是常见于淬火高碳钢、中碳钢及高镍的 Fe – Ni 合金中的另一种典型的马氏体形态。片状马氏体的显微组织特征是马氏体片之间不相互平行，先形成的第一片马氏体贯穿整个奥氏体晶粒，随后形成的马氏体片受限于奥氏体晶粒的其他区域，越是后形成的马氏体片越小。片状马氏体显微组织的另外一个显著特征是，常能见到有明显的中脊。片状马氏体的立体形态呈双凸透镜状，与试样磨面相截呈针状或竹叶状，故又称为针状马氏体或竹叶状马氏体(见图1－19－2)。片状马氏体的亚结构主要为孪晶，因此又称为孪晶马氏体。

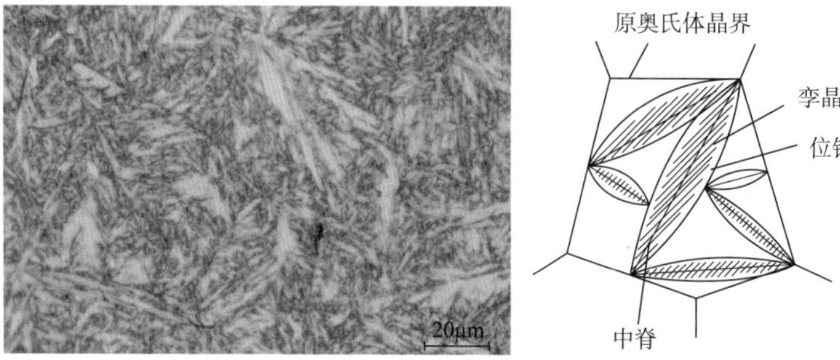

(a)T8钢淬火马氏体形态　　(b)片状马氏体组织结构示意图

图1－19－2　片状马氏体形态及显微组织结构示意图

应当强调指出，上述片状马氏体的形貌特征只有在晶粒足够大时才能在光学显微镜下看到，为了观察片状马氏体的形状及特征，特把加热温度提高到1100℃左右进行加热，让奥氏体晶粒长大，淬火时才能获得粗大片状马氏体。在正常的热处理组织中，由于晶粒细小，因而不易观察到片状马氏体的真实形貌，这时的马氏体通常称为隐晶马氏体。

3. 其他形态的马氏体

(1)蝶状马氏体　在Fe－Ni合金中，当马氏体在某一温度范围内形成时，会出现具有特异形态的马氏体。这种马氏体的立体形态为V形柱状，其断面呈蝴蝶状，故称蝶状马氏体。电镜观察证实其内部亚结构为高密度位错，看不到孪晶。从蝶状马氏体的形状及形成温度看，它是介于板条状马氏体与透镜片状马氏体之间的一种特殊形态，它的性质也介于两者之间。

(2)薄片状马氏体　这种马氏体是在M_s点极低的Fe－Ni－C合金和Fe－Al－C合金中发现的。其立体形态为薄片状，金相显微镜观察呈宽窄一致的平直带状，带与带相互交叉，呈曲折、分枝等形态。薄片状马氏体的亚结构是孪晶，孪晶宽度随碳含量升高而减小。与片状马氏体的不同之处是，薄片状马氏体无中脊。

(3)ε马氏体　上述各种马氏体都是体心立方或体心正方结构的马氏体(α′)，在奥氏体层错能较低的Fe－Mn－C或Fe－Cr－Ni钢中，可能形成密排六方点阵的ε马氏体，ε马氏体呈极薄的片状，厚度仅为100～30nm，其亚结构是高密度的层错。

4. 几种非正常的淬火组织

(1)不完全淬火组织　亚共析钢在A_{c_1}～A_{c_3}之间加热，即不完全奥氏体化，淬火前为A＋F组织，淬火后奥氏体转变为马氏体，而铁素体没有发生变化。由于淬火组织中有铁素体存在，使钢的强度和硬度降低，但韧性可以得到改善，这种淬火称亚温淬火。

(2)冷却不足组织　如果奥氏体化后，冷速速度小于临界冷却速度，则在马氏体相变前将发生其他转变。例如，45 钢正常奥氏体化后不在水中冷却，而是在油中冷却，将得到的组织是马氏体加部分屈氏体。在金相显微镜下，马氏体呈亮白色，屈氏体呈黑色块状分布于晶界处。

(3)过热组织　以 45 钢为例，如果奥氏体化温度过高，奥氏体晶粒粗大，则冷却时得到的显微组织将出现粗大的马氏体组织，并且还含有一定数量的残余奥氏体。

三、实验设备与材料

实验设备：实验用箱式电炉、淬火水槽、试样夹、试样抛光机、金相显微镜。

实验材料：20 钢、45 钢、T8A 钢、W18Cr4V 钢。

四、实验步骤与方法

(1)分组并按照实验预先要求，写好实验方案，各组按表 1－19－1 所列钢号选好材料。

(2)参照表 1－19－1 制定出合理的热处理工艺，并进行热处理实验。

(3)将热处理后的样品制备成金相试样，在放大 500 倍左右的金相显微镜下观察组织。

(4)画出所观察试样的组织形态，并注明组织名称、热处理条件。

(5)各小组观察时，应注意对比不同热处理条件下组织间的特点及差异。

表 1－19－1　实验材料、热处理条件及组织

材料名称	热处理条件	组　织	说　明
20 钢	920℃水冷	板条马氏体	正常组织
20 钢	990℃水冷	板条马氏体	过热淬火
45 钢	860℃水冷	细针状马氏体	正常组织
45 钢	760℃水冷	针状马氏体＋部分铁素体	不完全淬火
45 钢	860℃油冷	针状马氏体＋托氏体	冷却速度不足
45 钢	1000℃水冷	粗针状马氏体＋残余奥氏体	过热淬火
T8A 钢	780℃保温，水冷	细针马氏体	淬火正常组织
T8A 钢	1000℃保温，水冷	粗大片状马氏体	过热组织
W18Cr4V 钢	1280℃保温，油冷	隐晶马氏体＋碳化物＋残余奥氏体	淬火正常组织

五、实验报告要求及思考题

(1)说明钢中马氏体形貌可分为哪几种类型。

(2)绘出所观察到的金相组织图。

(3)分析 45 钢在不同热处理工艺条件下，其组织形成原因、组成成分以及特征。

实验 20　合金钢及铸铁显微组织观察与分析

一、实验目的

(1)观察常见的合金钢、铸铁的金相组织。

(2)了解合金钢、铸铁的组织特征。

(3)分析典型合金钢、铸铁的组织与性能关系及应用。

二、实验原理

1. 合金钢的显微组织

合金钢是在碳钢的基础上，加入适当和适量合金元素而得到的。在合金钢中，由于合金元素对相图及相变的影响，其显微组织比碳钢要复杂得多，组织中除了有合金铁素体、合金奥氏体、合金渗碳体外，还有金属间化合物，其组织形态随合金含量的不同而呈现出不同的特征。按用途不同，可将合金钢分为三大类：合金结构钢、合金工具钢和特殊性能钢。

1)合金结构钢

一般合金结构钢是低合金钢，由于加入合金元素，铁 - 碳相图发生一些变动，但其平衡状态的显微组织与碳钢的显微组织并没有本质的区别。低合金钢热处理后的显微组织与碳钢的显微组织也没有根本的不同，差别只是在于合金元素都使 C 曲线右移(Co 除外)，即以较低的冷却速度就可以获得马氏体组织。例如，40Cr 钢经调质后的显微组织(见图 1 - 20 - 1)和 45 钢经调质处理后的显微组织(见图 1 - 20 - 2)基本相同，都是回火索氏体。

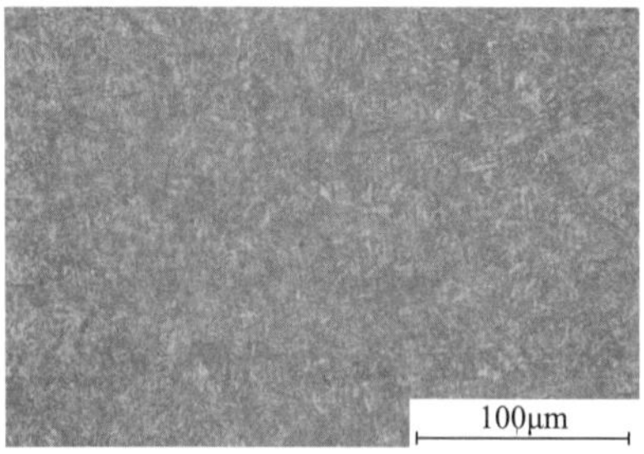

图 1 - 20 - 1　40Cr 钢经调质处理后的组织

图 1 - 20 - 2　45 钢经调质处理后的组织

(1)轴承钢　滚动轴承在工作时，承受着集中和反复的载荷，接触应力大，通常为 14. 7 ~49. 0MPa。其应力交变次数每分钟可高达数万次，所以要求轴承钢具有高的耐磨性及高的抗接触疲劳能力。GCr15 钢是生产中应用最广泛的轴承钢，其热处理工艺主要为球化退火、淬火及低温回火，最终获得回火隐晶马氏体 + 极细颗粒碳化物 + 残余奥氏体，如图 1 - 20 - 3 所示。

（2）渗碳钢　渗碳钢主要用于制造汽车和拖拉机的渗碳件，根据渗碳的温度、渗碳的时间及渗碳介质活性的不同，钢的渗碳厚度与碳含量的分布也不同。一般渗碳层的厚度为0.5～1.7mm。渗碳层的碳含量从表层向中心逐渐下降。渗碳后钢的表面碳含量为0.85%～1.05%。

图1－20－3　GCr15钢淬火＋低温回火态组织

2）合金工具钢

为了获得高的硬度、热稳定性、耐磨性以及足够的强度和韧性，在化学成分上应具有高的碳含量（通常为0.6%～1.3%），以保证淬火后获得高碳马氏体；加入合金元素Cr、W、Wo、V等与碳形成合金碳化物，使钢具有高硬度和高耐磨性，并增加淬透性和回火稳定性。

（1）工具钢　W18Cr4V钢是一种常用的高合金工具钢，因为它含有大量合金元素，使铁碳相图中的*E*点左移较多，以致它虽然碳含量只有0.7%～0.8%，但已含有莱氏体组织，所以称为莱氏体钢。

W18Cr4V钢的铸态组织为共晶莱氏体、屈氏体、马氏体和残余奥氏体。其中，鱼骨状组织是共晶莱氏体（分布在晶界附近），黑色的芯部组织为δ共析相（屈氏体－索氏体混合组织），晶粒外层为马氏体和残余奥氏体，如图1－20－4所示。

由于铸造组织中碳化物的分布极不均匀，具有鱼骨状，必须采用反复锻造、多次锻拔的方法将碳化物击碎，使其分布均匀，然后进行去锻造内应力退火，得到的组织为索氏体和合金碳化物，如图1－20－5所示。

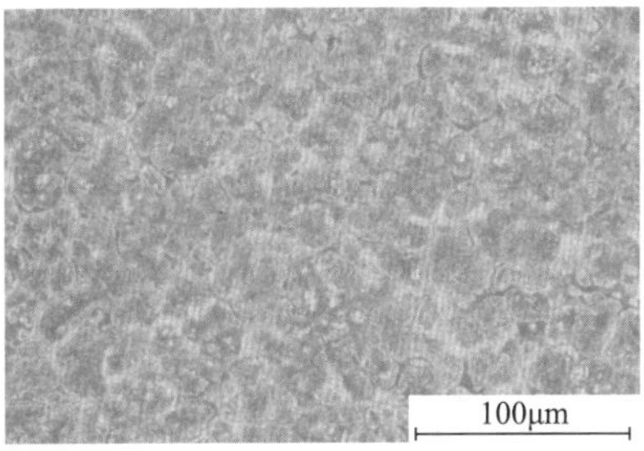

图1－20－4　W18Cr4V钢铸态组织

图1－20－5　W18Cr4V钢锻后退火态组织

（2）高速钢　高速钢只有经过淬火和回火才能获得所要求的高硬度与高的红硬性。W18Cr4V钢是一种常用的高速钢，通常采用的淬火温度较高，为1270～1280℃，可以使奥氏体充分合金化，以保证最终有较高的红硬性，淬火时可在油中或空气中冷却。淬火组织由60%～70%隐晶马氏体、25%～30%残余奥氏体及接近10%的加热时未溶的碳化物组成，如图1－20－6所示，大颗粒为共晶碳化物，小颗粒为二次碳化物，其余为隐晶马氏体及残余奥氏体。

由于淬火组织中存在较多的残余奥氏体，一般都在560℃进行三次回火。经淬火和三次回火后得到的组织为隐晶马氏体 + 合金碳化物 + 残余奥氏体组织，如图 1 - 20 - 7 所示，黑色基体为回火马氏体，白色颗粒为碳化物。

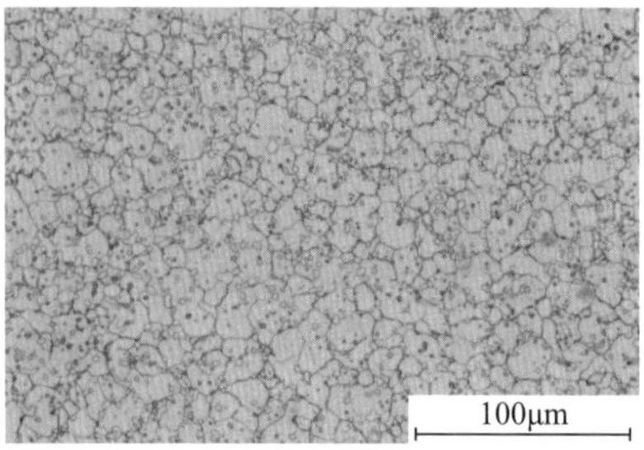

图 1 - 20 - 6　W18Cr4V 钢淬火态组织

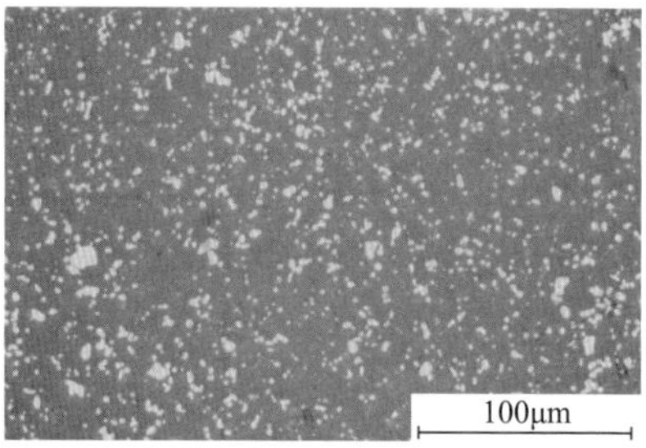

图 1 - 20 - 7　W18Cr4V 钢淬火 + 回火态组织

3)特殊性能钢

不锈钢是一种特殊性能钢，它在大气、海水及其他侵蚀性介质条件下能稳定工作，大都属于高合金钢，其中应用最广泛的是 12Cr18Ni9 钢。12Cr18Ni9 钢在室温下的单一奥氏体状态是过饱和的、不稳定的组织，当钢使用温度达到 400 ~ 800℃ 或者加热到高冷后缓冷，$(CrFe)_{23}C_6$ 会从奥氏体晶界上析出，造成晶间腐蚀，使钢的强度大大降低。目前，防止这种晶间腐蚀的办法有两种：一是尽可能降低碳含量；二是加入与碳亲和力很强的元素，如 Ti、Nb 等。因此，出现了 06Cr18Ni11Ti、06Cr19Ni10Ti 等牌号的奥氏体镍铬不锈钢。06Cr18Ni11Ti 钢室温下单一奥氏体组织如图 1 - 20 - 8 所示，可见无碳白亮色的部分奥氏体晶粒中还呈现出孪晶的形态。

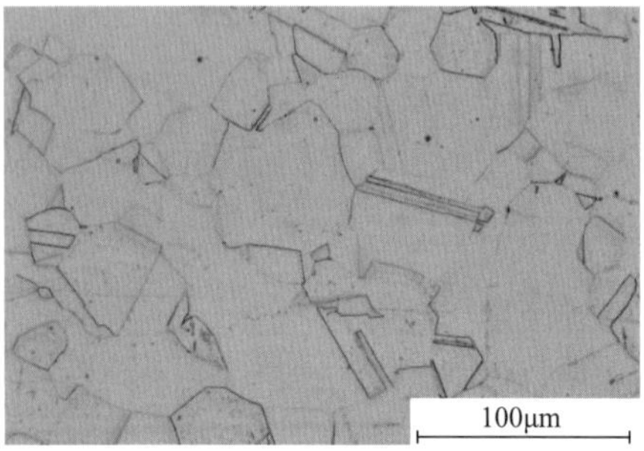

图 1 - 20 - 8　06Cr18Ni11Ti 钢固溶处理组织(奥氏体)

2. 铸铁的显微组织

铸铁是碳含量大于 2.11% 的铁碳合金。根据铸铁中碳存在形式的不同，可分为白口铸铁和灰口铸铁。灰口铸铁与钢相比虽然硬度、塑性和韧性较差，但却有优于钢的许多特性，如优良的减振性、耐磨性、铸造性和可切削性，而且生产工艺和熔化设备简单，因此在工业上得到了广泛应用。

灰口铸铁组织主要是由石墨加基体两部分组成。可以认为是在钢的基体上分布着不同形态、尺寸和数量的石墨，其中石墨的形状及数量变化对性能起着重要作用。

根据石墨形态的不同，铸铁又可分为灰铸铁、球墨铸铁、蠕墨铸铁和可锻铸铁。石墨的强度和塑性几乎等于零，可以把铸铁看成是布满裂纹或孔洞的钢。因此，其抗拉强度和塑性远比钢低，并且石墨数量越多、尺寸越大或分布越不均匀，石墨对基体削弱和割裂作用越大，铸铁的性能越差。

1）灰铸铁

灰铸铁的石墨呈粗大片状，根据石墨化程度的不同，灰铸铁有三种不同的基体组织，即珠光体、珠光体 + 铁素体、铁素体，其中铁素体基体的铸铁韧性最好，而珠光体的铸铁强度最高。图 1 －20 －9 为完全石墨化后铁素体基体的灰铸铁，石墨形态为灰色条状形状，因为基体组织没有浸蚀，只能观察到石墨的形态。

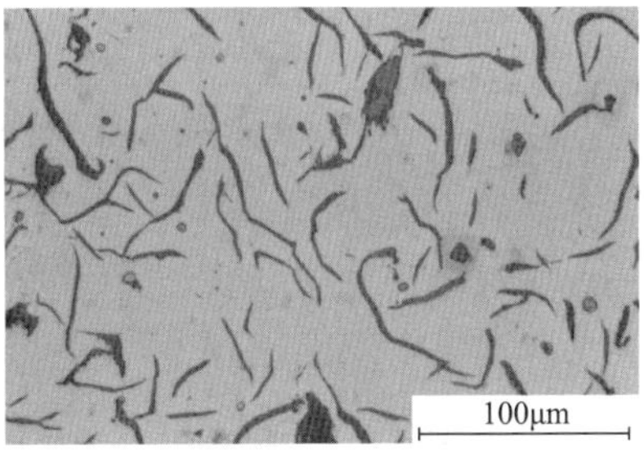

图 1 －20 －9　灰铸铁退火组织
（铁素体 + 片状石墨）

2）球墨铸铁

球墨铸铁是在铁水中加入了球化剂进行球化处理，使石墨变成球状，因而大大削弱了对基体的割裂作用，使其性能显著提高。球墨铸铁也有铁素体、珠光体 + 铁素体、珠光体三种基体。图 1 －20 －10 为以铁素体为基体的球墨铸铁，在铁素体基体上分布着不同大小的球状石墨。

图 1 －20 －11 为以铁素体 + 珠光体为基体的球墨铸铁，在铁素体 + 珠光体的基体上分布着不同大小的石墨球，有时会发现在一个石墨球的周围都包围着白亮色的铁素体，看似牛的一只眼睛一样，因此又有人把它称为牛眼球墨。

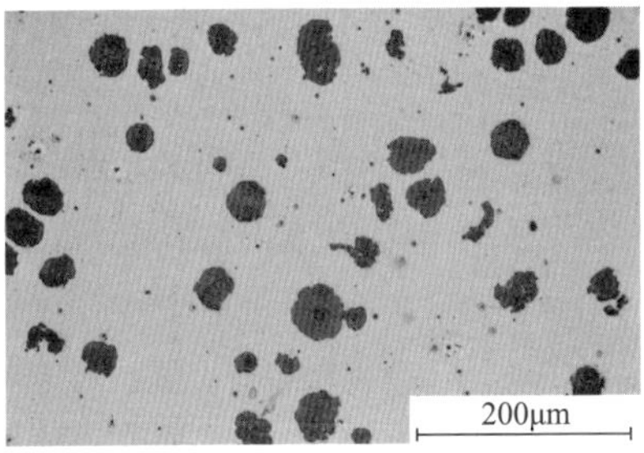

图 1 －20 －10　球墨铸铁铸态组织
（铁素体 + 球状石墨）

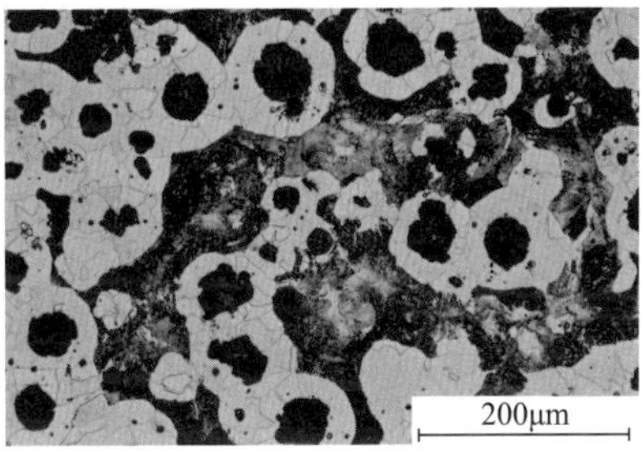

图 1 －20 －11　球墨铸铁铸态组织
（铁素体 + 珠光体 + 球状石墨）

3）蠕墨铸铁

蠕墨铸铁的形态在光学显微镜下看起来像片状，但与片状石墨相比显得更短且更厚，头部也较钝，所以认为蠕虫状石墨是一种过渡型石墨，蠕虫状石墨虽然形状似片，但它们的结构近似于球状石墨的结构。图 1 －20 －12 为铁素体基体的蠕墨铸铁，基本组织没有显示，只能观察蠕虫状石墨的特征和形态。

4）可锻铸铁

可锻铸铁又称马口铁，是由白口铸铁经可锻化退火处理而得到的一种铸铁。其石墨形态是团絮状，由于团絮状石墨显著削弱了对基体的割裂作用，因而使可锻铸铁的力学性能比灰铸铁有明显提高。可锻铸铁分为铁素体基体和珠光体基体两种，铁素体基体的可锻铸铁应用较多，如图 1 －20 －13 所示，基体全是等轴晶粒和晶界的铁素体块，在铁素体基体上分布着团絮状的石墨团。

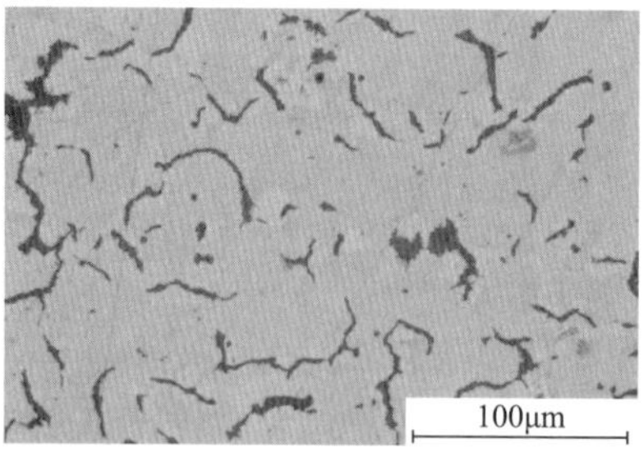

图1－20－12　蠕墨铸铁退火态组织
(铁素体＋蠕虫状石墨)

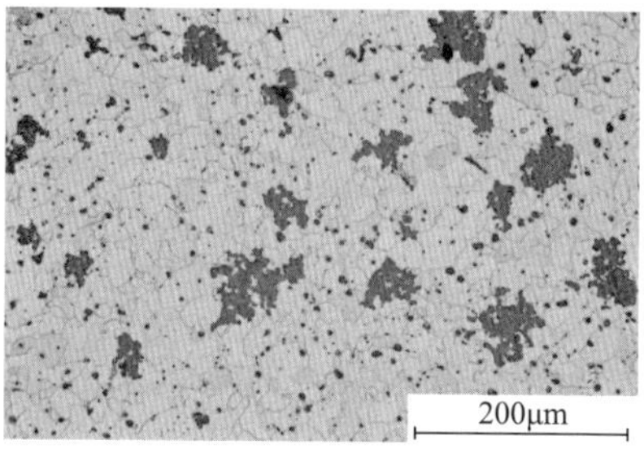

图1－20－13　可锻铸铁组织
(团絮状石墨＋铁素体)

三、实验设备及材料

实验设备：金相显微镜。

实验材料：常用合金钢、铸铁金相试样。

四、实验内容与方法

(1)领取各种类型合金钢、铸铁的金相试样，在显微镜下进行观察，并分析其组织形态特征。

(2)观察各类成分的合金要结合相图及服役环境分析应该具有的组织，着重区别各组织的形态特点。

(3)在认识组织特征的基础上，画出所观察试样的显微组织图。画组织图时应该抓住组织的形态特点，画出典型区域的组织特征，并在组织图外用箭头标明相成分和相组织的名称。

五、实验报告要求及思考题

(1)画出所观察的金相组织示意图，并标出相。

(2)试说明各类石墨的空间形态是怎样的？不同的石墨形态对铸铁性能有何影响？

(3)高速钢(W18Cr4V)热处理工艺是怎样的？有哪些特点？

实验 21　有色金属材料显微组织观察与分析

一、实验目的

(1)观察常见的有色金属的金相组织。

(2)了解常见有色金属的组织特征。

(3)分析典型有色金属的组织与性能关系及应用。

二、实验原理

1. 铝合金

在铸造铝合金中应用最广泛的是含硅 10% ~13% 的铝硅系合金，该成分在共晶点附近，如图 1 –21 –1 所示，其组织为由灰色粗大针状硅晶体与白色 α 固溶体组成的共晶组织加少量的浅灰色多边形的初晶硅晶粒。

为了改善合金的性能，通常采用变质处理。变质处理后，不仅组织细化，还可以得到由枝晶状 α 固溶体和细密共晶体组成的亚共晶组织，如图 1 –21 –2 所示，这种组织的铝合金具有较高的强度和塑性。

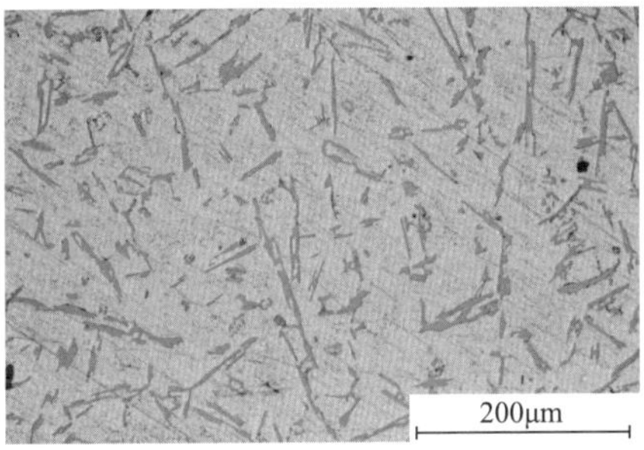

图 1 –21 –1　铝硅合金变质前组织

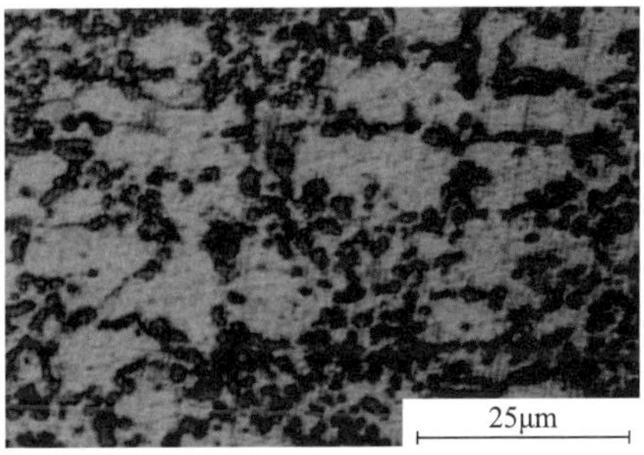

图 1 –21 –2　铝硅合金变质后组织

2. 铜合金

工业上广泛使用的铜合金有黄铜(铜锌合金)、锡青铜(铜锡合金)、铝青铜(铜铝合金)、铍青铜(铜铍合金)、白铜(铜镍合金)等。

常用的黄铜其锌含量均在 45% 以下，由 Cu –Zn 合金相图可知，含量少于 39% 的黄铜是单向 α 固溶体组织，称为 α 黄铜(单相黄铜)，常用的牌号为 H68 黄铜，经形变退火后，其显微组织为多边形 α 晶粒，如图 1 –21 –3 所示。

锌含量为 39% ~45% 的黄铜是双相黄铜，常用的牌号为 H62 黄铜，其显微组织中 α 相呈亮白色，β 相是以 CuZn 电子化合物为基体的固溶体，在低温时硬而脆，高温时则有较好的塑性，故适宜进行热加工，如图 1 –21 –4 所示。

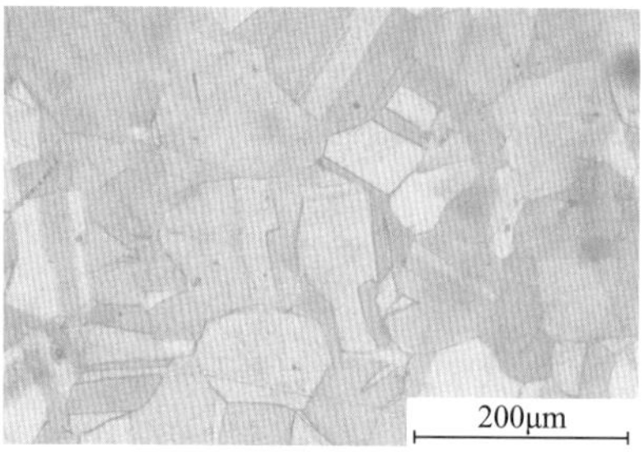

图 1－21－3 H68 黄铜退火态组织

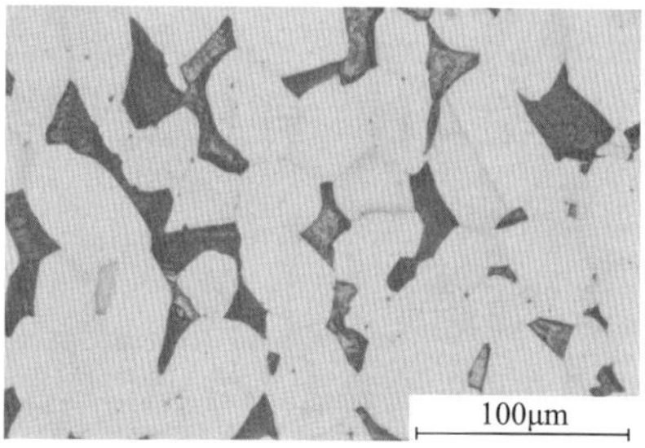

图 1－21－4 H62 黄铜退火态组织

锡青铜是指铜锡合金，典型的铸造锡青铜组织如图 1－21－5 所示，黑色枝晶轴为富铜固溶体(α 相)，白色为富锡固溶体(δ 相)。

铝青铜是指铜铝合金，典型的铸造铝青铜组织如图 1－21－6 所示，白色为 α 相，晶界处暗色为共析体($\alpha+\gamma_2$ 相)，晶内暗色为 $FeAl_3$ 相。

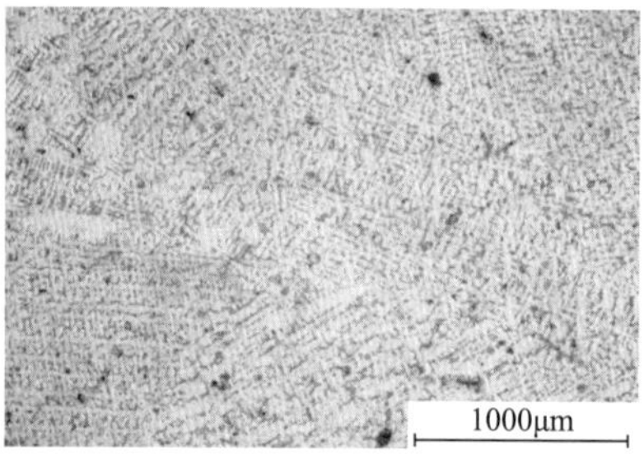

图 1－21－5 锡青铜铸态组织

图 1－21－6 铝青铜铸态组织

典型的铸造铅青铜组织如图 1－21－7 所示，其组织为 $\alpha+(\alpha+\gamma_2)$ 共析体，α 相是以 Cu 为基的固溶体为白色，γ_2 相是以电子化合物 $Cu_{32}Al_{19}$ 为基的固溶体，$(\alpha+\gamma_2)$ 共析体很细小为黑色。

3. 锌合金

纯锌是一种比较软的材质，在制样过程中很容易发生塑性变形，很容易形成孪晶，常利用纯锌试样来观察孪晶的形态特征，由于纯锌的晶粒比较粗大，观察时最好利用低倍镜头观察。典型的铸造纯锌组织如图 1－21－8 所示。

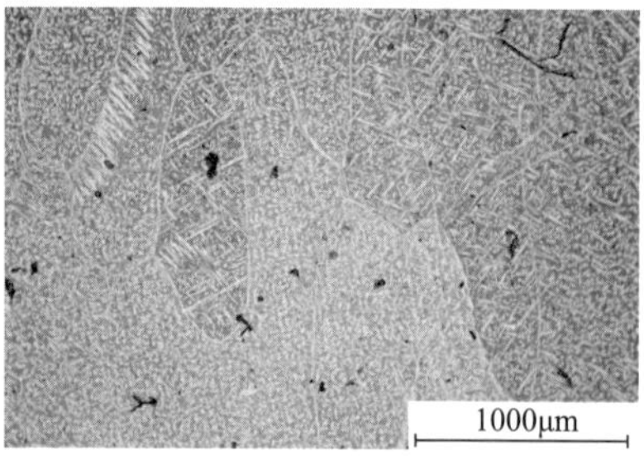

图 1－21－7 铅青铜铸态组织

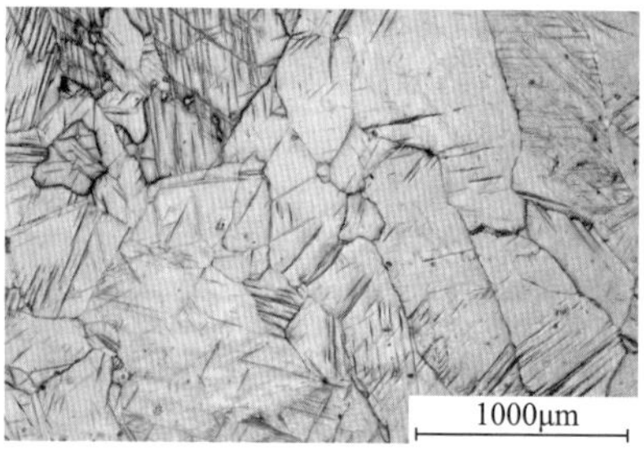

图 1－21－8 纯锌铸态组织

4. 轴承合金

轴承合金是指用来制造滑动轴承的轴瓦及其内衬的合金，轴瓦材料应同时兼有硬和软两种性质。因此，轴承合金理想的组织应该是由软硬不同的组织组成的混合物。例如，在软的基体上分布着硬的质点，以铅和锡为基体的轴承合金具有满足上述条件的组织。

铅基轴承合金是以 Pb－Sb 为基的合金，但二元 Pb－Sb 合金的缺点是：比重偏析严重，同时锑颗粒太硬、基体太软、性能不好。因此铅基轴承合金中通常还加入其他合金元素。加入锡的目的是生成 SnSb 化合物，提高其耐磨性；加入铜的目的是阻止比重偏析；加入砷和镉的目的是形成砷镉化合物，从而可降低脆性锑的含量。

如图 1－21－9 所示，ZChPbSb16 可应用在 Pv 值大于 588MPa · m/s 条件下工作的轴承。ZChPbSb16 的显微组织为：基体 α 为 Pb＋Sn(Sb)的共晶，白色方块为 β(SnSb)相，针状物为 δ(Cu_3Sn)相。

锡基轴承合金是以 Sn－Sb 为基的合金，该合金的成分中除了基体元素 Sn 外，还有 11% 的 Sb 及 6% 的 Cu。由 Sn－Sb 状态图可知，Sb 含量为 90% 的合金室温组织即由 Sb 在 Sn 中的固溶体 α(软基体)相和化合物 β(SnSb)相(硬质点)所组成。由于先结晶出来的 β 相液态合金轻，易产生比重偏析，故加入一定量的 Cu，先结晶出针状的高熔点 Cu_6Sn_5，在溶液中构成乱树枝样骨架，阻止 β 相上浮，从而防止比重偏析。同时该化合物也有进一步提高合金强度和耐磨性的作用。ZChSnSb11－6 常用来浇注电动机、离心泵、蒸汽涡轮机、汽车发动机、柴油机、压气机等高速轴承。ZChSnSb11－6 铸态的显微组织为：暗黑色为软的基体 α 固溶体，白色块状为 β(SnSb)相，白色针状及粒状为 ε(Cu_6Sn_5)相，如图 1－21－10 所示。

图 1－21－9　ZChPbSb16 合金铸态组织

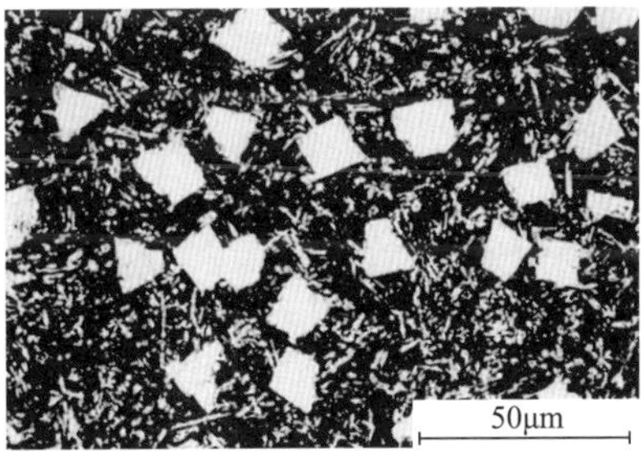

图 1－21－10　ZChSnSb11－6 合金铸态组织

三、实验设备及材料

实验设备：4XB－Ⅱ型金相显微镜。

实验材料：常用有色金属的金相试样。

四、实验内容与方法

(1)领取各种类型有色金属合金材料的金相试样，在显微镜下进行观察，并分析其组织形态特征。

(2)观察各类成分的合金要结合相图及服役环境分析应该具有的组织，着重区别各种组织的形态特点。

(3)在认识组织特征的基础上，画出观察试样的显微组织图。画组织图时应该抓住组织的形态特点，画出典型区域的组织特征，并在组织图外用箭头标明相成分和相组织的名称。

五、实验报告要求及思考题

(1)画出所观察的金相组织示意图，并标出相。

(2)为改善合金的性能，通常采用哪种方式对合金进行处理？简述该种处理方式如何影响金相组织结构的变化。

实验 22 有色金属阳极氧化、着色与封孔

一、实验目的

(1)通过铝及铝合金的阳极氧化和着色了解铝及铝合金表面处理的一般步骤及基本原理。

(2)了解铝及铝合金氧化膜封闭处理的意义。

(3)掌握铝及铝合金阳极氧化、着色及封闭处理的操作方法。

二、实验原理

阳极氧化是指在特定的电解液(如硫酸、草酸等)中,以金属作为阳极,在外加电流作用下,使其表面生成氧化膜的方法。

1. 铝及铝合金的阳极氧化

铝及其合金表面很容易生成一层极薄的致密氧化铝膜(厚度为 0.01 ~0.02μm),在大气中有一定的抗腐蚀能力。但由于这层氧化膜是非晶的,它使铝件表面失去原有的光泽。此外,氧化膜疏松多孔,不均匀,机械强度低,抗蚀能力也不强,且容易沾染污迹,不能有效地保护基体,因此无法满足日益增长的工业和建筑行业对铝及铝合金的各种需要。

铝合金阳极氧化电解着色是铝合金表面处理中重要的方法之一。经过阳极氧化的铝型材,其表面氧化物厚度可达几十到数百微米,它们具有硬度高、耐磨性好、与基体结合牢固、吸附能力强、耐腐蚀等特点,极大拓展了铝及铝合金在建筑、日用、军工、太阳能材料等方面的应用。

经过预处理的铝及铝合金试样作为阳极,在适当的电解质溶液中,在外加电流作用下生成氧化膜(Al_2O_3 层)的过程称为铝的阳极氧化。它是铝的溶解、离子迁移、离子在电极上放电以及其他反应过程进行的结果。其装置中阴极为在电解溶液中化学稳定性高的材料,如铅、不锈钢、铝等,所用的电解液一般为中等溶解能力的酸性溶液,阴极仅起导电作用。

铝阳极氧化的原理实质上就是水电解的原理。当电流通过时,在阴极上,放出氢气;在阳极上,析出的氧不仅是分子态的氧,还包括原子氧(O)和离子氧,通常在反应中以分子氧表示。作为阳极的铝被其表面上析出的氧所氧化,形成无水的氧化铝膜,生成的氧并不是全部与铝作用,其中一部分以气态的形式析出。

阳极氧化膜生长的一个先决条件是,电解液对氧化膜应有溶解作用。常用的电解液有硫酸、草酸、铬酸、混合酸和以磺基有机酸为主溶液的自然着色阳极氧化液。以硫酸为电解液为例,其反应式可写为:

$$Al \longrightarrow Al^{3+} + 3e$$

$$2Al^{3+} + 3O^{2-} \longrightarrow Al_2O_3$$

$$Al + 3H^{+} \longrightarrow Al^{3+} + 3/2H_2$$

$$2Al^{3+} + 3H_2O + 3SO_4^{\ 2-} \longrightarrow Al_2O_3 + 3H_2SO_4$$

$$2Al^{3+} + xH_2O + ySO_4^{\ 2-} \longrightarrow Al(OH)_x(SO_4)_y + xH^{+}$$

在强大外电场力的作用下，来自金属点阵中的 Al^{3+} 逸脱，并越过金属/氧化膜界面进入氧化膜，而电解液/氧化膜界面上形成的 O^{2-} 向相反的方向迁移，也进入氧化膜，当它们相遇时形成氧化膜 Al_2O_3，不过 O^{2-} 来自什么基团还不大清楚，有可能来自 OH^-。OH^- 可按以下方式解离：$6OH^- \longrightarrow 3H_2O + 3O^{2-}$。

阳极氧化膜由两层组成，多孔的厚的外层是在具有介电性质的致密的内层上成长起来的，后者称为阻挡层(也称活性层)。用电子显微镜观察，膜层的纵横面几乎全都呈现与金属表面垂直的管状孔，它们贯穿膜外层直至氧化膜与金属界面的阻挡层。以各孔隙为主轴周围是致密的氧化铝构成一个蜂窝六棱体，称为晶胞，整个膜层是由无数个这样的晶胞组成。阻挡层是由无水的氧化铝所组成，薄而致密，具有高的硬度和阻止电流通过的作用。阻挡层厚度为0.03～0.05μm，为总膜厚的0.5%～2.0%。氧化膜多孔的外层主要是由非晶型的氧化铝及少量的水合氧化铝所组成，此外还含有电解液的阳离子。当电解液为硫酸时，膜层中的硫酸盐含量在正常情况下为13%～17%。氧化膜的大部分优良特性都是由多孔外层的厚度及孔隙率所决定的，它们都与阳极氧化条件密切相关。

在硫酸电解液中阳极氧化，作为阳极的铝制品，在阳极化初始的短暂时间内，其表面受到均匀氧化，生成极薄而又非常致密的膜，由于硫酸溶液的作用，膜的最弱点(如晶界、杂质密集点、晶格缺陷或结构变形处)发生局部溶解，从而出现大量孔隙，即原生氧化中心，使基体金属能与进入孔隙的电解液接触，电流也因此得以继续传导，新生成的氧离子则用来氧化新的金属，并以孔底为中心而展开，最后汇合，在旧膜与金属之间形成一层新膜，使得局部溶解的旧膜得到“修补”。随着氧化时间的延长，膜不断溶解或修补，氧化反应得以向纵深发展，从而使制品表面生成由薄而致密的内层与厚而多孔的外层所组成的氧化膜。其内层(阻挡层、介电层、活性层)厚度在氧化反应结束后基本不变，位置却不断向深处推移，而外层在一定的氧化时间内厚度随时间而增加。

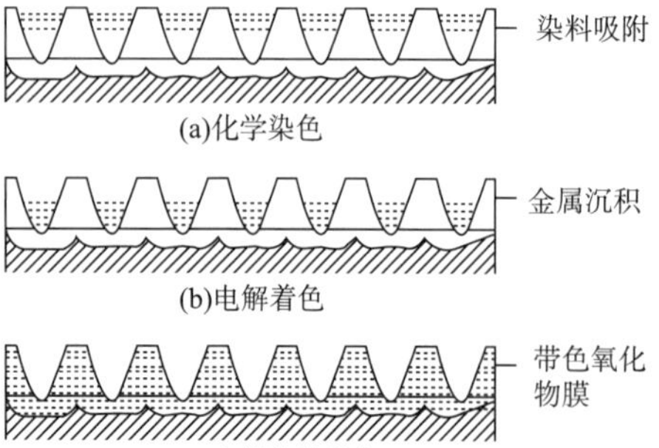

图1-22-1 三种着色阳极氧化膜的特征

2. 铝及铝合金的着色

阳极氧化可显著改善铝合金的耐蚀性能，提高铝合金的表面硬度和耐磨性，经过适当的着色处理后具有良好的装饰性能。铝及其合金阳极氧化膜着色技术可分为三种：化学染色、电解着色及电解整体着色(见图1-22-1)。化学染色是利用氧化膜层的多孔性与化学活性吸附各种色素而使氧化膜着色，根据着色机理和工艺的不同，可分为有机染料着色、无机染料着色、色浆印色、套色染色和消色染色等。此法工艺简单，成本较低，应用较为广泛。

3. 铝及铝合金氧化膜的封闭处理

铝及铝合金进行氧化处理后，一般情况下都要进行封闭处理，其目的是使膜孔缩小甚至闭合，以提高氧化膜的耐蚀性、绝缘性及耐磨性，同时也能提高和保持膜的着色效果。阳极氧化膜的封闭示意图如图 1－22－2 所示。

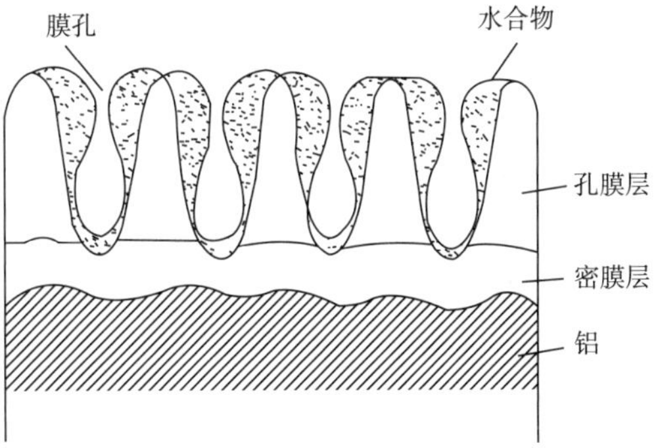

图 1－22－2 阳极氧化膜的封闭示意图

常用的封闭处理方法有热水封闭、水蒸气封闭、镍盐和钴盐中封闭、重铬酸钾溶液中封闭及两步封闭法。本实验采用以下两种方法：

(1) 热水封闭 热水封闭处理采用去离子水或蒸馏水而不采用自来水。这是由于自来水中常含有水垢，封闭时可能沉淀在膜的孔隙中，导致氧化膜透明度降低。热水封闭操作条件如下：温度为 95～100℃，pH 值为 6.7～7.5，修饰时间为 5～7min。注意：用醋酸调节溶液的 pH 值。

(2) 在镍盐和钴盐中封闭 此方法具有很大的实用价值。这种方法不但适用于防护性的阳极氧化膜，而且特别适用于着色阳极氧化膜的封闭处理。其封闭操作条件如下：1% 醋酸镍，1% 醋酸钴，0.1% 硼酸，pH 值为 5～6，温度为 95～100℃，时间为 30～60min。

三、实验设备及材料

实验设备：磁力加热搅拌器、金相显微镜、恒温水浴、恒流源、铝电极、烧杯、茜素红、电吹风、温度计、脱脂棉、pH 试纸、滤纸、100mL 烧杯等。

实验材料：醋酸、醋酸镍、醋酸钴、硼酸、HCl（密度为 1.19kg/m^3）、高纯铝、Al－Zn－Mg－Cu 铝合金、Al－Mg－Si 合金。

四、实验步骤与方法

1. 阳极氧化及着色处理

阳极氧化及着色处理步骤为：试样制备→试样预处理→除油污（脱脂）→水洗→干燥→化学抛光→热水洗→冷水洗→出光→水洗→阳极氧化→水洗→着色处理→水洗→干燥。

(1) 试样制备：用铝丝夹紧试样或用焊好带夹子的导线夹紧试样。

(2) 试样预处理：采用 NaOH 碱性溶液作脱脂剂，碱液除油主要是在高温条件下，用碱将动物油和植物油皂化形成可溶性肥皂而除去油污。具体操作为：将试样放入60～70℃的10% NaOH溶液中浸泡1min。

(3)化学抛光：在合适的溶液中，不使用外接电源对零件进行抛光的过程称为化学抛光，它是一种较方便的零件加工工艺。铝及铝合金的化学抛光采用磷酸基溶液和其他溶液。磷酸基这类溶液在工业中应用最为广泛，大体可分为两种，一种是含磷酸高于700mL/L的溶液，另一种是含磷酸400～600mL/L的溶液，前者能在已机械抛光的表面上获得跟电抛光相当的高光亮度的表面，它能抛光纯铝和含锌量不高于8%的Al－Mg－Zn合金及含铜量不高于4%的Al－Cu－Mg合金，后者抛光较前者差不多，但不适合含铝量高于95%的纯铝。其具体操作为：使用化学抛光液（H_3PO_4、H_2SO_4、$CuSO_4 \cdot 5H_2O$、HNO_3、H_3BO_3）进行抛光，温度为100～150℃，时间为1～3min。

(4)在10% HNO_3溶液中常温浸泡10min，取出后用水冲洗并干燥。

(5)阳极氧化：在10% H_2SO_4溶液中，用铅板作为电极，电压为18～20V，阳极氧化时间为30min，温度为18～20℃，电流密度为1.5～2.0A/dm^2，取出后用冷水冲洗并干燥。

(6)着色处理(化学染色)：在2%～5%的茜素黄(茜素红)、10% NaOH、10% HNO_3溶液中浸泡5～10min，温度为50～65℃，取出后用水冲洗并干燥。

2. 封闭处理

(1)根据实验要求，配制好封闭处理溶液。

(2)用磁力加热搅拌器将封闭处理液加热到指定温度，将阳极氧化后的铝试件用水洗净后马上在封闭溶液中进行封闭处理。

(3)封闭处理完毕，取出试件，用冷水洗净，晾干或用电吹风吹干，用金相显微镜观察试样封闭后的表面形貌。

(4)根据所给的点滴液进行点滴实验以测试氧化膜的厚度及耐蚀性是否合乎标准。将点滴液滴在试件上，同时启动秒表计时，观察试样表面的颜色变化，当滴液变绿时停止计时。点滴液成分为25mL HCl(1.19kg/m^3)、3g $K_2Cr_2O_7$、75mL蒸馏水。

五、实验注意事项

(1)试样需先进行机械抛光。

(2)一般情况下，电解液温度控制比较严格，有的需要保持在±1℃范围内，溶液温度高，氧化膜溶解速度大，生成的速度减小，生成的膜疏松。若温度过低，氧化膜发脆易裂。

(3)硫酸阳极氧化电解液所使用的水质及电解液中的有害杂质必须严格控制。配制硫酸阳极氧化溶液不宜用自来水，应选用软化水、去离子水或蒸馏水。

六、实验报告要求及思考题

(1)观察阳极氧化后的试样，评价其氧化膜的外观质量。

(2)简要叙述铝阳极氧化与着色的工艺过程。

(3)简述氧化膜的封闭处理方法。

(4)通过点滴实验时间，评价氧化膜的厚度及耐蚀性，并将数据填入表1-22-1中。

表1-22-1　实验记录表

试样编号	1	2	3	4
点滴实验时间				
耐蚀性评价				

(5)分析点滴实验的基本原理。

第二章　材料性能测试实验

实验1　金属室温静拉伸力学性能的测定

一、实验目的

(1)掌握低碳钢的屈服强度 R_{eL}、抗拉强度 R_m、断后伸长率 A 和断面收缩率 Z 的测试方法。

(2)测定铸铁的抗拉强度 R_m。

(3)分析比较低碳钢和铸铁的力学性能特点。

二、实验原理

金属拉伸实验是金属材料力学性能测试中最重要的实验方法之一。通过拉伸实验可以揭示材料在静载作用下应力应变及常见的3种失效形式(过量弹性变形、塑性变形和断裂)的特点和基本规律，可以评价材料的基本力学性能指标，如屈服强度、抗拉强度、伸长率、断面收缩率等。这些性能指标是材料的评定和工程设计的主要依据。

根据 GB/T 228.1—2021《金属材料　拉伸试验　第1部分：室温试验方法》的规定，对一定形状的试样施加轴向试验力 F 拉至断裂。

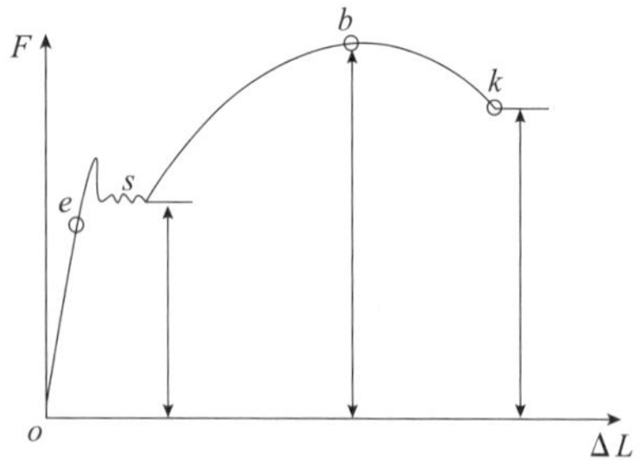

图2-1-1　低碳钢的力-伸长曲线

图2-1-1所示为典型的低碳钢拉伸时的力-伸长曲线。由图2-1-1可见，低碳钢试样在拉伸过程中，材料经历了弹性、屈服、强化与颈缩四个阶段，并存在三个特征点。在线性阶段，材料所发生的变形为弹性变形，弹性变形是指卸去载荷后试样能恢复到原状的变形。在强化阶段材料所发生的变形主要是塑性变形，塑性变形是指卸去载荷后试样不能恢复到原状的变形，即留有残余变形。

图2-1-1所示的低碳钢的拉伸曲线可以分为 oe 段、es 段、sb 段和 bk 段。

oe：弹性变形阶段。线段是直线，变形量与外力成正比，服从胡克定律；载荷去除后，试样恢复原来的初始状态。F_e 是使试样产生弹性变形的最大载荷。

es：屈服阶段。当载荷超过 F_e 时，拉伸曲线出现平台或锯齿，此时载荷不变或变化很小，试样却继续伸长，称为屈服，F_{eL} 称为屈服载荷；去除外力后，试样有部分残余变形不能恢复，称为塑性变形。

sb：强化阶段。试样在屈服时，由于塑性变形使试样的变形抗力增大，只有增加载荷，变形才可以继续进行。在这个阶段，变形与硬化交替进行，随塑性变形增大，试样变形的抗力也逐渐增大，这种现象称为加工硬化。这个阶段试样各处的变形都是均匀的，也称为均匀塑性变形阶段。$F_m(F_b)$为试样拉伸实验时的最大载荷。

bk：缩颈阶段。当载荷超过最大载荷 $F_m(F_b)$时，试样发生局部收缩，这种现象称为“缩颈”。由于变形主要发生在缩颈处，其所需的载荷也随之降低，随着载荷增加，变形加剧，直到试样断裂。

1. 低碳钢力学性能指标(见附录 B)

1)屈服强度

屈服强度是指试样在拉伸实验过程中试验力不增加(保持恒定)仍能继续伸长时的应力。一般将下屈服点作为材料的屈服点，将实验中指针来回摆动力的最小值作为材料的屈服载荷 F_{eL}，若原始面积为 S_0，则屈服强度 R_{eL}为：

$$R_{eL}=F_{eL}/S_0 \tag{2-1-1}$$

2)抗拉强度

抗拉强度是指试样拉伸过程中最大试验力所对应的应力。从拉伸曲线图上的最高点可确定实验过程中的最大力 F_m(见图 2-1-1)，或从试验机的测力度盘上读取最大力 F_m。抗拉强度 R_m 按下式计算：

$$R_m=F_m/S_0 \tag{2-1-2}$$

3)断后伸长率

断后伸长率是在试样拉断后测定的。将拉断后的试样断裂部分在断裂处紧密对接在一起，尽量使其轴线位于同一直线上，测出试样断裂后标距间的长度 L_μ，若试样原始长度为 L_0，则断后伸长率 A 为：

$$A=[(L_\mu-L_0)/L_0]\times 100\% \tag{2-1-3}$$

断口附近塑性变形最大，所以断裂位置对 A 的大小有影响，其中以断在正中的试样的伸长率最大。

因此，断后标距 L_μ 的测量方法根据断裂位置不同而异，有以下两种：

(1)直测法　当断裂处到最邻近标距端点的距离大于 $L_0/3$ 时，可直接测量标距两端点间的距离。

(2)移位法　当断裂处到最邻近标距端点的距离小于或等于 $L_0/3$ 时，则用移位法将断裂处移至试样中部来测量。其方法如图 2-1-2 所示。

在断裂试样的长段上从断裂处 O 取基本等于短段格数，得 B 点(OB 近似等于 OA)。接着取等于长段所余格数[偶数，见图 2-1-2(a)]的一半得 C 点，或取所余格数[奇数，见图 2-1-2(b)]分别减 1 与加 1 的一半得 C 和 C_1 点。移位后的 L_μ 分别为 $AO+OB+2BC$ 和 $AO+OB+BC+BC_1$。

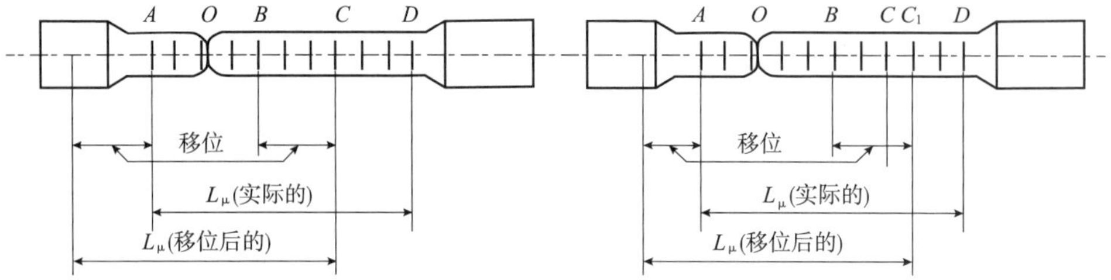

（a）余格为偶数　　（b）余格为奇数

图 2-1-2　用移位法测量 L_{μ}

4）断面收缩率

断面收缩率 Z 也是在试样断裂后测定的。只要测出缩颈处的最小横截面积 S_{μ}，则可按下式计算出 Z 值：

$$Z = [(S_0 - S_{\mu})/S_0] \times 100\% \tag{2-1-4}$$

S_{μ} 的确定方法：将试样断裂部分仔细地配接在一起，使其轴线处于同一直线上；对于圆形横截面试样，在缩颈最小处两个互相垂直的方向上测量其直径，用两者的算术平均值计算出 S_{μ}。

2. 铸铁力学性能指标

试样在拉力不大的情况下会突然拉断，断裂前应变很小，拉断后的伸长率也很小，同时不出现屈服和颈缩现象，拉断时的载荷即为 F_m，它没有屈服点。其抗拉强度按公式（2-1-2）计算。

三、实验设备及材料

实验设备：万能材料试验机、游标卡尺。

实验材料：低碳钢和灰铸铁标准试样至少各两件。

四、实验步骤与方法

（1）测量试样尺寸：分别在低碳钢和灰铸铁标准试样的中段取标距 $L_0 = 5d_0$ 在标距的两端冲眼作为标志，在试样的标距范围内测量 3 个位置的直径，并取 3 个测量值中的最小值计算截面积 S_0。

（2）试验机的准备：估计最大载荷，选择合适的测力范围，选定测力表盘和重锤；调整指针对准零点；装好自动绘图装置系统并安装好试样。

（3）进行实验：慢速加载使测力指针缓慢均匀地转动，自动绘图装置系统可以得到试样的受力与伸长量的关系曲线。

（4）取下试样，测量后计算断后伸长率和断面收缩率。

五、实验报告要求及思考题

（1）记录实验中的原始数据并绘制曲线。

（2）计算两种实验材料的强度和塑性指标。

（3）试比较低碳钢和铸铁的力学性能特点。

实验2　材料的硬度实验

一、实验目的

(1)了解硬度测定的基本原理及常用硬度试验方法的应用范围。

(2)学会正确使用布洛维硬度计。

(3)掌握相应硬度的测试方法。

二、实验原理

硬度是指材料抵抗另一较硬的物体压入其表面的能力，即抵抗局部塑性变形的能力，硬度测量能够给出金属材料软硬程度的数量概念，是重要的力学性能指标之一。由于在金属表面以下不同深度处材料所承受的应力和所发生的变形程度不同，因而硬度值可以综合地反映压痕附近局部体积内金属的弹性、微量塑变抗力、塑变强化能力以及大量形变抗力。硬度值越高，表明金属抵抗塑性变形能力越大，材料产生塑性变形就越困难。与其他力学性能相比，硬度实验简单易行，又无损于工件，在工业生产中被广泛应用。

常用的硬度试验方法有：

(1)布氏硬度试验：主要用于黑色、有色金属原材料检验，也可用于退火、正火钢铁零件的硬度测定。

(2)洛氏硬度试验：主要用于金属材料热处理后产品性能检验。

(3)维氏硬度试验：主要用于薄板材或金属表层硬度测定，以及较精确的硬度测定。

(4)显微硬度试验：主要用于测定金属材料的显微组织组分或相组分的硬度。

1. 布氏硬度

布氏硬度试验是施加一定大小的载荷 F，将直径为 D 的硬质合金球压入被测金属表面（见图2-2-1）后保持一定时间，然后卸除载荷，根据压头球体在金属表面上所压出的压痕面积求出平均应力值，以此作为硬度值的计量指标；也可以根据压痕直径查表得到硬度值。

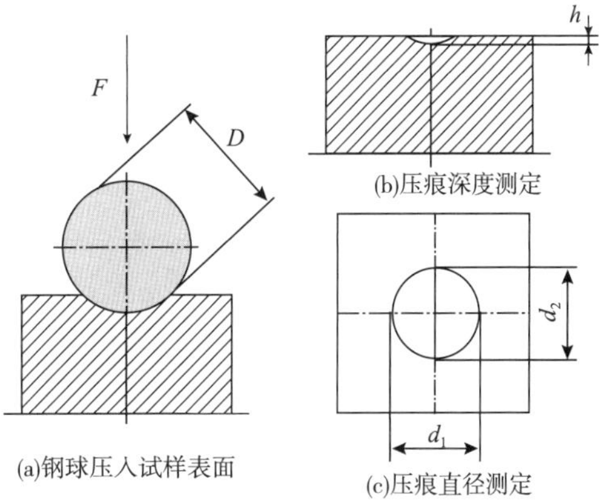

图2-2-1　布氏硬度试验原理图

用硬质合金球压头所测出的硬度值用符号HBW表示。其计算公式为：

$$HBW = 0.102 \times \frac{2F}{\pi D(D - \sqrt{D^2 - d^2})} \tag{2-2-1}$$

式中 F——试验力，N；

D——压头球直径，m；

d——压痕平均直径，$d=\frac{d_1+d_2}{2}$，mm；

0.102——常数。

由于材料有硬有软，工件有厚有薄，若只采用同一种载荷和同一个压头直径，则对有些试样合适，而对另一些试样可能不合适，会发生整个压头球体陷入金属中的现象。若合适于厚的试样，而作用于薄的试样可能会出现压透的可能。所以在测定不同材料的布氏硬度值时要求有不同的载荷(F)或球直径(D)。为了得到统一的、可以进行相互比较的数值，必须使 F 和 D 之间维持某一比值关系，以保证所得到的压痕形状的几何相似关系，其必要条件就是压入角保持不变(见图 2-2-2)。根据相似原理，可得：

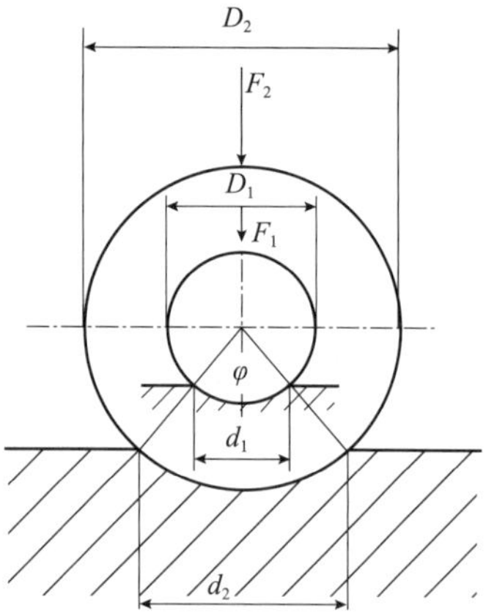

图 2-2-2 压痕相似原理

$$\text{HBW}=\frac{F}{D^2}\left[\frac{2}{\pi\left[1-\sqrt{1-\left(\sin\frac{\varphi}{2}\right)^2}\right]}\right] \quad (2-2-2)$$

式中 φ——压入角。

由式(2-2-2)可知，当 φ 为常数时，为使 HBW 值相同，F/D^2 也应保持为一定值。因此，对同一种材料而言，不论采用何种大小的载荷和钢球直径，当 F/D^2 为常数时，所得到的 HBW 值是一样的；对不同材料来说，得到的 HBW 值也可以进行比较。

按照国际的规定，F/D^2 比值有 30N/mm²、10N/mm² 和 2.5N/mm² 三种，具体布氏硬度试验规范和适用范围可参考表 2-2-1。

表 2-2-1 布氏硬度试验规范和适用范围

材 料	硬度范围(HBW)	试样厚度/mm	(F/D^2)/N·mm^{-2}	钢球直径/mm	(F/D)/N·mm^{-1}	载荷保持时间/s
黑色金属	140~150	6~3	30	10	29400	10
		4~2		5	7350	
		<2		2.5	1837.5	
	<140	>6	10	10	9800	10
		6~3		5	2450	
		<3		2.5	612.5	

续表

材 料	硬度范围(HBW)	试样厚度/mm	$(F/D^2)/$ N·mm^{-2}	钢球直径/mm	$(F/D)/$ N·mm^{-1}	载荷保持时间/s
铜合金及镁合金	36~130	>6	10	10	9800	30
		6~3		5	2450	
		<3		2.5	612.5	
铝合金及轴承合金	8~35	>6	2.5	10	2450	60
		6~3		5	612.5	
		<3		2.5	152.88	

布氏硬度值的表示不标注单位。其表示方法为：在 HBW 前书写硬度值，HBW 后按顺序用数字表示试验条件(依次为球直径/试验力/试验力保持时间，保持时间 10~15s 为标准时间，不用标注)。例如，640HBW1/30/20 表示用直径 1mm 的硬质合金球在 30kgf(294.2N)试验力下保持 20s 测定的布氏硬度值为 640。

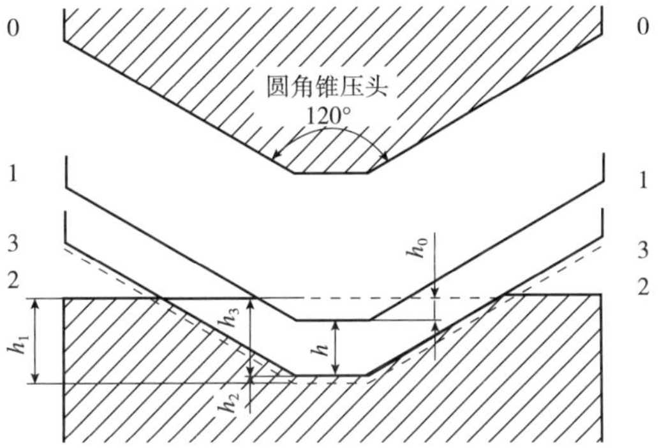

图 2-2-3 洛氏硬度试验原理

2. 洛氏硬度

洛氏硬度试验常用的压头为圆锥角为 120°、顶部曲率半径为 0.2mm 的金刚石圆锥体或直径 $D=1.588$mm 的淬火钢球。如图 2-2-3 所示，试验时，先对试样施加初试验力 F_0，在金属表面得一压痕深度为 h_0，以此作为测量压痕深度的基线。随后再施加主试验力 F_1 后，此时压痕总深度为 h_1。金属在主试验力 F_1 作用下产生的总变形 h_1 中包括了弹性变形和塑性变形。将 F_1 卸除后，总变形中的弹性变形恢复，压痕总深度为 h_3，压头回升的距离为 h_2。此时压头受主试验力 F_1 压入试样的实际深度为 h，h 值的大小可以表征材料的硬度。将此压痕深度 h 表示成 e，其值以 0.002mm 为单位表示，e 值越大表示金属洛氏硬度越低；反之，则表示硬度越高。通常，数值越大硬度越高，故采用一个常数 k 减去 e 来表示洛氏硬度值，并以符号 HR 表示，即

$$HR = k - e/0.002 \qquad (2-2-3)$$

当使用金刚石圆锥体压头时，常数 k 定为 100；当使用淬火钢球压头时，常数 k 定

为 130。

实际测定洛氏硬度时，由于在硬度计的压头上方装有百分表，可直接测出压痕深度，并按式(2－2－3)换算出相应的硬度值。因此，在试验过程中金属的洛氏硬度可以直接读出。

为了测定软硬不同的金属材料的硬度，在洛氏硬度计上可选配不同的压头与试验力，组合成几种不同的洛氏硬度标尺。我国常用的标尺有 A、B、C 三种，其硬度值的符号分别用 HRA、HRB、HRC 表示。洛氏硬度试验规范和适用范围见表 2－2－2。

表 2－2－2　各种洛氏硬度值的符号、试验条件和应用

标尺	压头类型	初始试验力/kgf(N)	主试验力/kgf(N)	测量硬度范围	应用实例
HRA	120°金刚石圆锥体	10(98)	60(588.4)	20～88	高硬度的薄件、表面处理钢件、硬质合金等
HRB	ϕ1.588mm 淬火钢球		100(980.7)	20～70	测较软金属，如低碳钢、铜合金、铁素体可锻铸铁等
HRC	120°金刚石圆锥体		150(1471.1)	20～100	淬火钢、高硬度铸件、珠光体可锻铸铁等

3. 维氏硬度

维氏硬度的试验原理与布氏硬度的试验原理相同，也是根据压痕单位面积所承受的试验力来表示维氏硬度值。所不同的是维氏硬度用的压头不是球体，而是两对面夹角 $\alpha=136°$的金刚石四棱椎体。压头在试验力 F(单位是 kgf 或 N)作用下，将试样表面压出一个四棱椎形压痕，经规定时间保持载荷之后，卸除试验力，由读数显微镜测出压痕对角线平均长度 d，其计算公式为：

$$d=\frac{d_1+d_2}{2} \tag{2-2-4}$$

式中，d_1 和 d_2 分别为两个不同方向的对角线长度，用以计算压痕的表面积。

所以维氏硬度值(HV)就是试验力 F 除以压痕表面积 A 所得的商。当试验力 F 为 1kgf (9.8N)时，可根据下式计算：

$$\mathrm{HV}=\frac{F}{A}=\frac{2F\sin\frac{136°}{2}}{d^2}=1.8544\,\frac{F}{d^2} \tag{2-2-5}$$

当试验力 F 的单位为 N 时，可根据下式计算：

$$\mathrm{HV}=\frac{0.102F}{A}=\frac{0.204F\sin\frac{136°}{2}}{d^2}=1.891\,\frac{F}{d^2} \tag{2-2-6}$$

与布氏硬度一样，维氏硬度值也不标注单位。维氏硬度值的表示方法为：在 HV 前书写硬度值，HV 后按顺序用数字表示实验条件（依次为试验力/试验力保持时间，保持时间 10～15s 为标准时间，不用标注）。例如，640HV30/20 表示用 30kgf（294N）试验力保持 20s 测定的维氏硬度值为 640；如果试验力为 1kgf（9.8N），试验加载保持时间为 10～15s，测得的硬度值为 560，则可表示为 560HV1。

4. 显微硬度

金属显微硬度的试验原理与宏观维氏硬度试验的原理完全相同，只不过试验时所用试验力比小负荷维氏硬度试验力要小。金属显微硬度的符号、硬度值的计算公式和表示方法与宏观维氏硬度试验法完全相同。

5. HBRV－187.5DT 布洛维硬度计

HBRV－187.5DT 布洛维硬度计是具备了布氏、洛氏、维氏三种试验方法以及七级试验力的多功能硬度计，能满足多种硬度测试需求。试验力的加荷、保荷、卸荷可采用自动切换机调节，试验力变换由手轮的旋转而获得。因此，该硬度计操作简便迅速，除表盘对零外，无人工操作误差，具有很高的灵敏度和稳定性，适用于车间和试验室。

三、实验设备及材料

实验设备：HBRV－187.5DT 布洛维硬度计、读数显微镜（硬度计自带）、标准硬度块（不同硬度试验方法的标准硬度块）。

实验材料：45 钢（尺寸为 ϕ50mm×20mm）、T8 钢（尺寸为 ϕ50mm×10mm）、黄铜（尺寸为 ϕ50mm×10mm）。

四、实验步骤与方法

（1）了解硬度计的构造、原理、使用方法、操作规程和安全注意事项。

（2）对各种试样选择合适的实验方法，确定实验条件。根据实验和试样条件选择压头、载荷（砝码）。

（3）用标准硬度块校验硬度计。检验的硬度值不应超过标准硬度块硬度值的 ±3%（布氏硬度）或 ±（1%～1.5%）（洛氏硬度）。

（4）试样支撑面、工作台和压头表面应清洁。试样平稳地放在工作台上，保证试验加载过程中不发生移动和翘曲，试验力平稳地加在试样上，不得造成冲击和振动，施力方向与试样表面垂直。保持载荷规定的时间（对布氏、维氏硬度，卸去载荷后，将试样台平移到读数显微镜下测量压痕尺寸，通过计算或查表，确定硬度值），卸去载荷准确地记录实验数据。

五、实验注意事项

（1）试样两端要平行，表面要平整，若有油污或氧化皮，可用砂纸打磨，以免影响测定。

（2）圆柱形试样应放在带有 V 形槽的工作台上操作，以防试样滚动。

（3）加载时应细心操作，以免损坏压头。

（4）测完硬度值，卸掉载荷后，必须使压头完全离开试样后再取下试样。

(5)金刚石压头系贵重物品，质硬而脆，使用时要小心谨慎，严禁与试样或其他物件碰撞。

(6)应根据硬度试验机的使用范围，按规定合理选用不同的载荷和压头，若超过使用范围，将不能获得准确的硬度值。

(7)样品需具有一定的厚度，测试后背面不应出现可见的变形，测试的试验点之间及其与样品边缘需相隔一定的距离(布氏硬度测试中需大于压痕直径的 3 倍以上)。

六、实验报告要求及思考题

(1)简述布氏硬度和维氏硬度的试验原理、优缺点及应用。

(2)设计实验表格，将实验数据填入表内，对结果进行分析并进行必要的硬度值换算。

(3)分析用布氏硬度试验方法能否直接测量成品或较薄的工件？为什么？

实验 3　冲击试验

一、实验目的

(1)了解冲击韧性的含义。

(2)测定钢材和铸铁的冲击韧性，比较两种材料的抗冲击能力和破坏断口的形貌。

二、实验原理

冲击载荷是指载荷在与承载构件接触的瞬时内速度发生急剧变化的情况。例如，汽动凿岩机械、锻造机械等所承受的载荷即为冲击载荷。

在冲击载荷作用下，若材料尚处于弹性阶段，其力学性能与静载下的性能基本相同。例如，在这种情况下，钢材的弹性模量 E 和泊松比 μ 等都无明显变化。但在冲击载荷作用下材料进入塑性阶段后，其力学性能却与静载下的性能有显著不同。例如，塑性性能良好的材料在冲击载荷下会呈现脆化倾向，发生突然断裂。由于冲击问题的理论分析较为复杂，因而在工程实际中经常以试验手段检验材料的抗冲击性能。

1. 试验原理

材料在冲击载荷作用下，吸收塑性变形和断裂过程能量的能力，定义为材料的冲击韧性。用试验方法测定材料的冲击韧性时，是把材料制成标准试样，置于能实施打击能量的冲击试验机上进行的，并用折断试样的冲击吸收功来衡量。

按照不同的试验温度、试样受力方式、试验打击能量等来区分，冲击试验的类型繁多，有 10 多种。以下介绍常温、简支梁式、大能量一次性冲击试验。依据的是 GB/T 229—2020《金属材料　夏比摆锤冲击试验方法》。

冲击试验机由摆锤、机身、支座、度盘、指针等几部分组成(见图 2－3－1)。试验时，将带有缺口的受弯试样安放于试验机的支座上，举起摆锤使它自由下落将试样冲断。若摆锤重量为 G，冲击中摆速的质心高度由 H_0 变为 H_1，势能的变化为 $G(H_0-H_1)$，它等于冲断试样所消耗的功 W，亦即冲击中试样所吸收的功 K：

$$K = W = G(H_0 - H_1) \tag{2-3-1}$$

设摆锤质心至摆轴的长度为 l(称为摆长)，摆锤的起始下落角为 α，击断试样后最大扬起的角度为 β，式(2－3－1)又可写为：

$$K = Gl(\cos\beta - \cos\alpha) \tag{2-3-2}$$

α 通常设计成固定值；为适应不同打击能量的需要，冲击试验机都配备两种以上不同重量的摆锤；β 值的变化取决于材料抗冲击能力的不同。例如，先用 β 最大可能变化的角度($0 \sim \alpha$)计算出 K 值并制成指标度盘，K 值便可由指针指标的位置从度盘上读出，其单位为 J。

K 值越大，表明材料的抗冲击性能越好。K 值是一个综合性的参数，不能直接用于设计，但可作为抗冲击构件选择材料的重要指标。

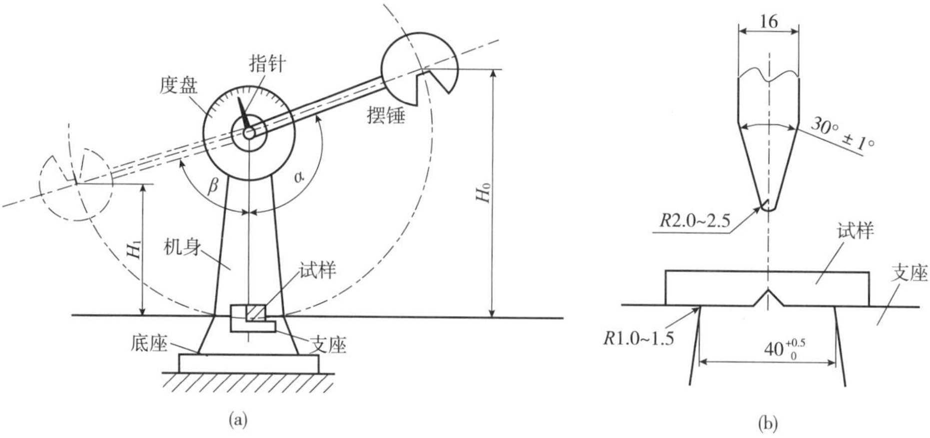

图2-3-1　摆锤冲击试验机示意图

值得指出的是，冲击过程所消耗的能量，除大部分被试样断裂所吸收外，还有一小部分消耗于机座振动等方面，只因这部分能量相对较小，一般可以忽略不计。但它却随实验初始能量的增大而加大，故对 *K* 值原本就较小的脆性材料，宜选用冲击能量较小的试验机，如用大能量的试验机将影响试验结果的真实性。

材料的内部缺陷和晶粒的粗细对 *K* 值有明显影响，因此可用冲击试验来检验材料质量，判定热加工和热处理工艺质量。*K* 值对温度的变化也很敏感，随着温度的降低，在某一狭窄的温度区间内，低碳钢的 *K* 值骤然下降，材料变脆，出现冷脆现象。所以常温冲击试验一般在23℃ ±5℃进行，对于 *K* 值对温度变化很敏感的材料，试验温度应控制在20℃ ±2℃。温度不在规定温度范围内时，应注明试验温度。

2. 试验试样

冲击韧性(实际为冲击吸收功) *K* 值与试样的尺寸、缺口形状和支撑方式有关。为便于比较，国家标准规定了两种形式的试样：①U 型缺口试样，其尺寸形状见图2-3-2；②V 型缺口试样，其尺寸形状见图2-3-3。此外，还有缺口深度为5mm 的 U 型标准试样。当材料不能制备上述标准试样时，允许采用宽度为7.5mm、5mm 或2.5mm 等小尺寸试样，缺口应开在试样的窄面上。V 型缺口与深 U 型缺口适用于韧性较好的材料。用 V 型缺口试样测定的冲击韧性记为 *KV*，用 U 型缺口试样测定的冲击韧性记为 *KU*，摆锤锤刃边缘曲率半径应为2mm 或8mm 两者之一，用它们测得的冲击韧性分别记为 KV_2、KU_2 及 KV_8、KU_8。

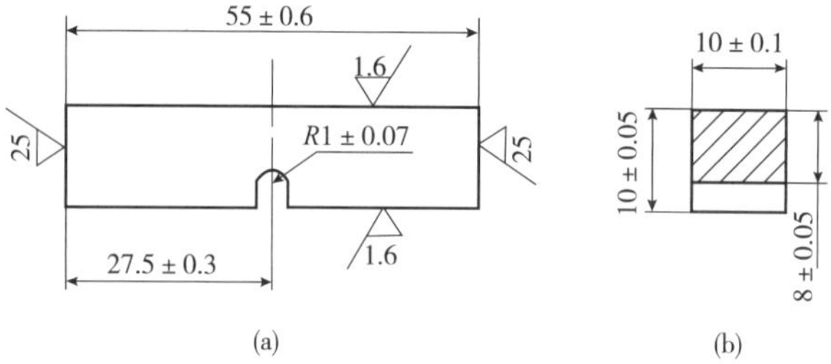

图2-3-2　U 型缺口试样

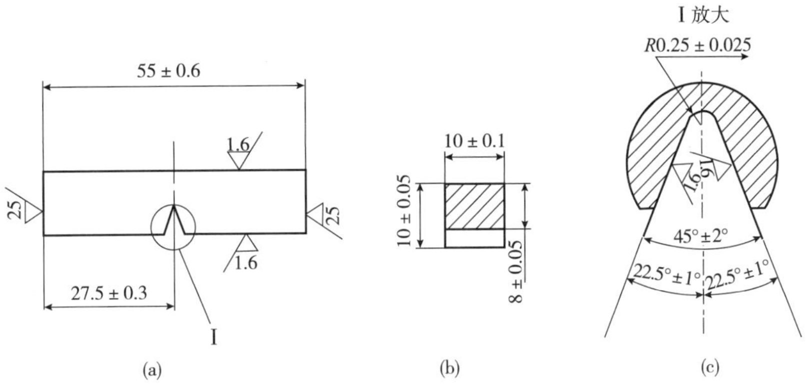

图 2－3－3　V 型缺口试样

冲击时，由于试样缺口根部形成高度应力集中，吸收较多的能，缺口的深度、曲率半径及角度的大小都对试样的冲击吸收功有影响。为保证尺寸准确，缺口应采用铣削、磨削或专用的拉床加工，要求缺口底部光滑，无平行于缺口轴线的刻痕。试样的制备亦应避免由于加工硬化或过热而影响其冲击性能。

三、实验设备及材料

实验设备：冲击试验机、游标卡尺。

实验材料：钢与铸铁的标准冲击试样。

四、实验内容及步骤

1. 实验内容

测定钢与铸铁的冲击韧性，并对这两种材料的抗冲击能力和破坏断口的形貌进行比较。

2. 实验步骤

(1)检查试样的形状、尺寸及缺口质量是否符合标准的要求。

(2)选择合适的摆锤，冲击试验机一般在摆锤最大打击能量的 10% ~ 90% 范围内使用。

(3)空打试验机。举起摆锤，试验机上不放置试样，反映指示针(即从动针)拨至最大冲击能量刻度处(数显冲击机调零)，然后释放摆锤空打，指针偏离零刻度的示值(即回零差)不应超过最小分度值的 1/4。若回零差较大，应调整主动针位置，直到空打从动针指零。

(4)用专用对中块，按图 2－3－4 使试样贴紧支座安放，缺口处于受拉面，并使缺口对称面位于两支座对称面上，其偏差不应大于 0. 5mm。

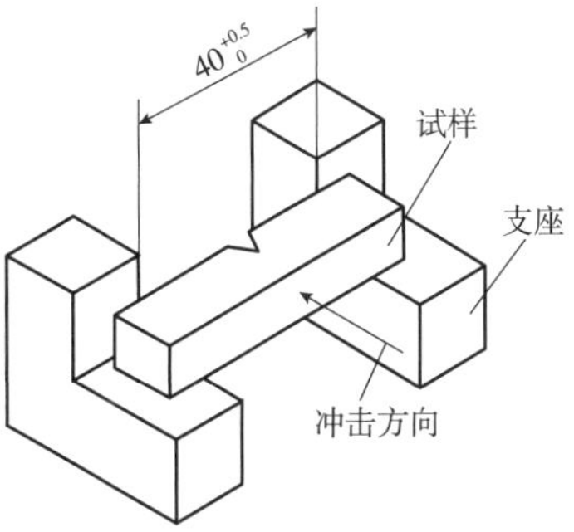

图 2－3－4　冲击试样对中示意图

(5)将摆锤举高挂稳后，把从动针拨至最大刻度处

(极其重要)，然后使摆锤下落冲断试样。待摆锤回落至最低位置时，进行制动。记录从动针在度盘上的指示值(或数显装置的显示值)，即为冲断试样所消耗的功。

五、实验注意事项

(1)对于不带保险销的机动冲击试验机或手动冲击试验机，在安装试样前，最好先把摆锤用木块搁置在支座上，试样安装完毕再举摆。

(2)对于手动冲击试验机，当摆锤举到需要高度时，可听到销钉锁住的声音，为避免断销，应轻轻放摆。在销钉未锁住前切勿放手。摆锤下落尚未冲断试样前，不能将控制杆推向制动位置。

(3)在摆锤摆动范围内，不得有任何人员活动或放置障碍物，以保证安全。

(4)对于带有保险销的机动冲击试验机，冲击前应先退销再释放摆锤进行冲击。

(5)冲击吸收功在100J以上时，取三位有效数；在10~100J时，取二位有效数；小于10J时，保留小数后一位，并修约到0.5J。

(6)若试验机打击能量偏低，试样受冲后未完全折断，应在试验数据之前加大于符号“>”，其他情况则应注明“未折断”。

(7)当试样断口有明显的夹渣、裂纹等缺陷时，应加以注明。

(8)因操作不当(如提早制动等)，试样卡锤，其试验结果无效，应重做。

六、实验报告要求及思考题

(1)写出实验目的及内容(包括试验标准号、材料种类、试样尺寸及类型、试验温度、试验机型号及打击能量、冲击吸收功及备注)。

(2)比较低碳钢和铸铁两种材料的 K 值，绘出两种试样的断口形貌，指出各自的特征，并确定两种材料的韧脆性。

(3)用冲击低碳钢的大能量试验机冲击铸铁试样，能否得到准确结果?

(4)因冲击能量偏低使试样未完全折断，是认为试验无效应重新进行，还是采用“$K>$指标值”的表示方式?

(5)观察冲击试样断口形貌有什么意义?

实验4　金属平面应变断裂韧度 K_{IC} 的测定

一、实验目的

(1)了解金属材料平面应变断裂韧度 K_{IC} 实验的基本原理以及对试样形状和尺寸的要求。

(2)掌握采用三点弯曲试样测试 K_{IC} 的方法及实验结果的处理方法。

二、实验原理

断裂是机械零件服役过程中最严重的和最后的损坏形式。断裂通常可分为韧性断裂和脆性断裂两类。断裂力学认为：造成低应力脆断的主要原因是零件或结构中存在裂纹，在一定的力学条件下，这些裂纹扩展导致零件的断裂。

断裂力学的任务之一就是提出含裂纹零件(裂纹体)受载的合理的力学参量，如应力强度因子 K、裂纹张开位移 COD、J 积分等，以及裂纹体断裂时力学参量达到的临界值，即断裂判据。

1. 断裂韧度 K_{IC} 测定的基本原理

断裂韧度 K_{IC} 是金属材料在平面应变和小范围屈服条件下裂纹失稳扩展时应力场强度因子 K_I 的临界值，它表征金属材料抵抗断裂的能力，是度量材料韧性好坏的一个定量指标。断裂韧度 K_{IC} 的测试过程，就是把实验材料制成一定形状的试样，并预制出相当于缺陷的裂纹，然后把试样加载。加载过程中，连续记录载荷 F 与相应的裂纹尖端张开位移 V。裂纹尖端张开位移 V 的变化表示了裂纹尚未起裂、已经起裂、稳定扩展或失稳扩展的情况。当裂纹失稳扩展时，记录下载荷 F_Q，再将试样压断，测得预制裂纹长度 a，代入裂纹尖端应力强度因子 K 的表达式中得到临界值，记作 K_Q，然后按一些规定判断 K_Q 是不是真正的 K_{IC}；如果不符合判别要求，则 K_Q 仍不是 K_{IC}，需要重做试验。

2. K_{IC} 试验用的试样

GB/T 4161—2007《金属材料　平面应变断裂韧度 K_{IC} 试验方法》规定的主要使用试样为三点弯曲和紧凑拉伸两种，其试样尺寸分别如图 2-4-1(a)和图 2-4-1(b)所示。K 的表达式为：

$$K_I = \frac{FS}{BW^{1/2}} \times \frac{2 + a/W}{1 - a/W^{3/2}} \times \left[0.866 + \frac{4.64a}{W} - 13.32\left(\frac{a}{W}\right)^2 + 14.72\left(\frac{a}{W}\right)^3 - 5.6\left(\frac{a}{W}\right)^4\right] \tag{2-4-1}$$

当 $S = 4W$ 时，式(2-4-1)又可表示为：

$$K_I = \frac{4F}{BW^{-1/2}} \times \frac{2 + a/W}{1 - a/W^{3/2}} \times \left[0.866 + \frac{4.64a}{W} - 13.32\left(\frac{a}{W}\right)^2 + 14.72\left(\frac{a}{W}\right)^3 - 5.6\left(\frac{a}{W}\right)^4\right] \tag{2-4-2}$$

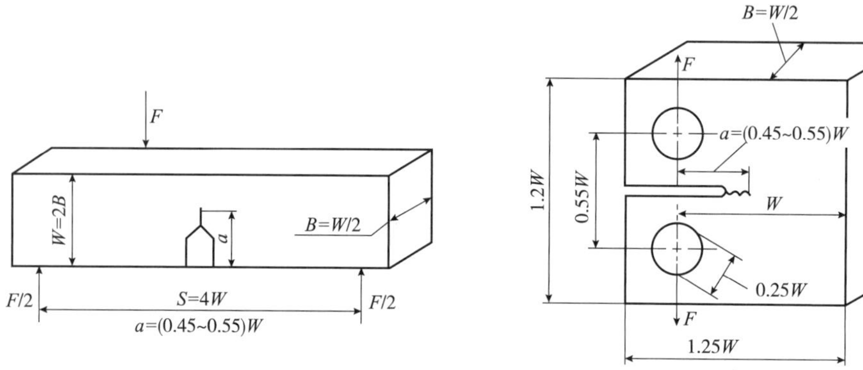

(a)三点弯曲试样　　(b)紧凑拉伸试样

图2-4-1　三点弯曲试样和紧凑拉伸试样

1)试样尺寸的确定

标准规定，测得的 K_Q 是否有效，要看是否满足以下两个条件：

(1) $B \geqslant 2.5\left(\frac{K_{IC}}{W}\right)^2$；

(2) $F_{max}/F_Q \leqslant 1.1$。

如果符合上述两个条件，K_Q 即为 K_{IC}；如不符合，则 K_Q 不是 K_{IC}，须加大试样尺寸，重做试验。

当 K_{IC} 无法预估时，可参考类似钢种的数据，标准中还规定了试样尺寸选择的办法。B 确定后，可依据试样图确定试样其他尺寸和裂纹长度 a 及韧带尺寸 $W-a$。

2)试样制备

试样可以从机件实物上切取，也可以从铸、锻件毛坯或轧材上切取。由于材料的断裂韧度与裂纹取向和裂纹扩展方向有关，所以在切取试样时应予以注明。

试样毛坯粗加工后，进行热处理和磨削加工(不需热处理的试样粗加工后直接进行磨削加工)，随后进行开缺口和预制疲劳裂纹。试样上的缺口一般用线切割加工。为了后面预制的裂纹平直，缺口应尽可能尖锐，一般要求尖端半径为0.08~0.1mm。

开好缺口的试样，在高频疲劳试验机上预制疲劳裂纹。试样表面上的裂纹长度应不小于0.025W或1.3mm，取其中较大值。a/W 应控制在0.45~0.55范围内。预制疲劳裂纹时，先在试样的两个侧面上垂直于裂纹扩展方向用铅笔或其他工具画两条标线(见图2-4-2)，其中标线 AB 与0.5W 相对应，标线 CD 在靠近缺口一侧，两条标线间的距离应不小于缺口加疲劳裂纹总长度的2.5%，即0.0125W。预制疲劳裂纹开始时的载荷可大一点，但最大交变载荷也不应使 $K_{f,max}$(预制疲劳裂纹时的最大应力场强度因子)超过材料 K_{IC} 估计值的80%。交变载荷的最低值应使最小载荷与最大载荷在裂纹扩展最后阶段(即在裂纹总长度最后的2.5%的距离内)，应使 $K_{f,max} \leqslant 60\% K_{IC}$，并且 $K_{f,max}/E < 0.01\text{mm}^{1/2}$，同时调整最小载荷使载荷比为-1~0.1。预制疲劳裂纹过程中，要用放大镜

或计数显微镜仔细监视裂纹的发展，遇有试样两侧裂纹发展深度相差较大时，可将试样调转方向继续加载。

3）断裂实验

将制备好的试样用专门制作的夹持装置在万能材料试验机或电子拉伸试验机上进行实验，图2－4－3所示的是三点弯曲试样断裂韧度实验装置的示意图。试样2放在支座上，机器油缸下边装载荷传感器1，下连压头，试样2下边装夹式引伸计3。加载过程中，载荷传感器传出载荷F的信号，夹式引伸计传出裂纹尖端张开位移V的信号，将信号F、V通过放大器4输入X－Y函数记录仪5，记录下$F-V$曲线，然后依据$F-V$曲线确定裂纹失稳扩展临界载荷F_Q，将F_Q和试样压断后实测的裂纹长度a代入式(2－4－1)、式(2－4－2)，以求K_Q。

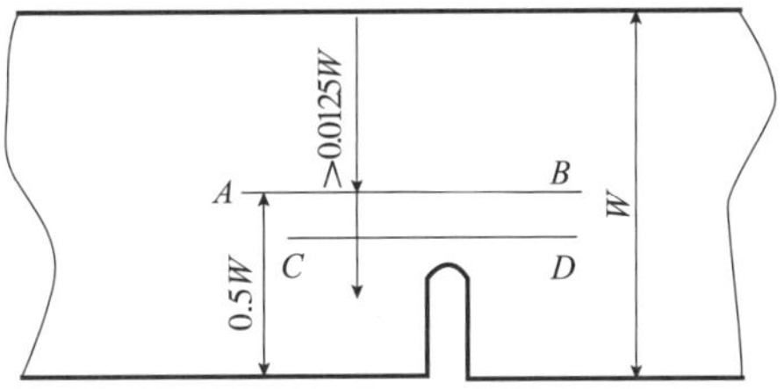

图2－4－2　预制疲劳裂纹时两条标线的位置图

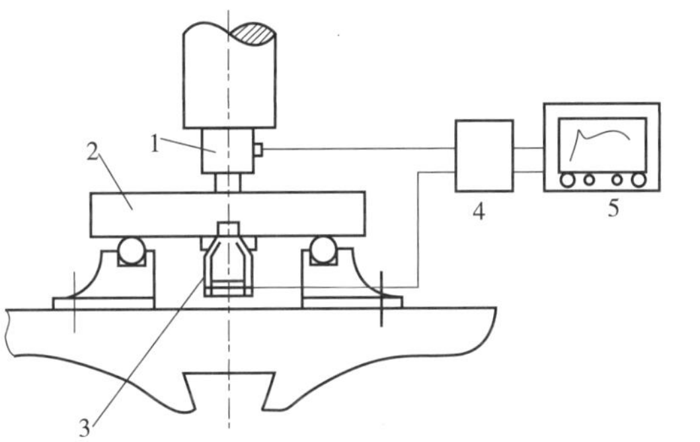

图2－4－3　三点弯曲试样断裂韧度实验装置

1—载荷传感器；2—试样；3—夹式引伸计；4—放大器；5—X－Y函数记录仪

三、实验设备及材料

实验设备：万能材料试验机（最大试验力为100kN或300kN，配备专用支座）、动态应变仪、X－Y函数记录仪、压力传感器（100kN或300kN）、夹式引伸计、位移标定器、工具显微镜等。

实验材料：本实验采用图2－4－1(a)所示的标准三点弯曲试样。对于强度较高而韧性较差的材料，即使试样尺寸较小也能满足平面应变和小范围屈服的条件。对强度低、韧性好的材料，则要很大尺寸的试样才能满足上述条件。为了保证用较小尺寸的试样测得有效的K_{IC}值，试样材料和热处理工艺的选择应保证$\sigma_{0.2}$较高而K_{IC}较低。试样材料及其热处理工艺可在以下推荐的材料中任选一种，也可根据上述原则另外选取：

(1)40Cr 钢：淬火 +200℃回火。

(2)GCr15 钢：淬火 +200℃回火。

(3)珠光体球墨铸铁。

(4)2024 铝合金：T6 态。

每组学生领取同一种材料及热处理工艺的试样 1 ~3 个。

此外，还需准备游标卡尺 1 把、支持引伸计用的刀口 6 块和“502”快干胶水 1 瓶。

四、实验步骤和方法

(1)测量试样尺寸。在缺口附近至少 3 个位置上测量试样宽度 W，准确到 0.025mm 或 0.1%δ(取其中较大者)，取其平均值。

(2)安装弯曲试样支座，使加力线通过跨距 S 的中点，偏差在 S 的 1% 以内。放置试样时应使裂纹顶端位于跨距的正中，偏差不得超过 S 的 1%，而且试样与支承辊的轴线应成直角，偏差在 ±2°以内。

(3)标定引伸计。

(4)试样上粘贴刀口，安装引伸计，使刀口与引伸计两臂前端的凹槽密切配合。

(5)将压力传感器和夹式引伸计的接线分别按“全桥法”接入动态应变仪，并进行平衡调节。用动态输出挡，将压力 F 及裂纹尖端张开位移 V 的输出信号分别接到函数记录仪的“Y”和“X”接线柱上。调整好函数记录仪的放大比例，使记录的曲线线性部分的斜率为 0.7 ~1.5，最好为 1 左右；再调整动态应变仪和 X – Y 记录仪的放大倍数使画出的图形大小适中。

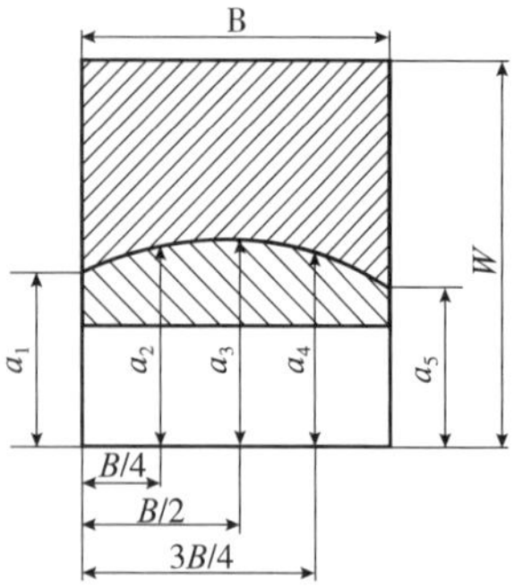

图 2 –4 –4 裂纹长度的测量位置

(6)开动试验机，对试样缓慢而均匀地加力，加力速率的选择应使应力场强度因子的增加速度在 17.4 ~87.0N/(mm$^{3/2}$/s)范围内。在加力的同时记录 $F-V$ 曲线，直至试样所能承受的最大力后停止。此外，在加力过程中，还应在 $F-V$ 曲线上记录任一初始力和最大力的数值(由试验机表盘读出)，以便对 $F-V$ 曲线上的力值进行标定。

(7)实验结束后，取下引伸计，压断试样。将压断后的试样在工具显微镜或其他精密测量仪器下测量裂纹长度 a。由于裂纹前沿不平直，规定在 $B/4$、$B/2$、3$B/4$ 的位置上测量裂纹长度 a_2、a_3 及 a_4(见图 2 –4 –4)，各测量值准确到裂纹长度 a 的 0.5%，取其平均长度 $a=(a_2+a_3+a_4)/3$ 作为裂纹长度。a_2、a_3、a_4 中任意两个测量值之差以及 a_1 与 a_5 之差都不得大于 a 的 10%。

五、实验结果的分析及处理

1)确定裂纹失稳扩展时的条件临界力值 F_Q

测得的 $F-V$ 曲线有如图 2 –4 –5 所示的三种形式，对于强度高、塑性低的材料，在加载初始阶段，$F-V$ 呈直线关系，当载荷达到一定程度时，试样突然断裂，曲线突然下降，得到曲线Ⅲ，这时曲线最大载荷就是计算 K_{IC} 的 F_Q；对于韧性较好的材料，曲线首先依直线关系上升到一定值后，突然下降，出现“突进”点，随后又上升，直到某一更大载荷，试样才完全断裂，如曲线Ⅱ；对于韧性更好的材料，得到曲线Ⅰ。对于Ⅰ、Ⅱ两种曲线，标准规定从坐标原点作比试验曲线斜率小5%的斜线与试验曲线相交，得点 F_5，如 F_5 以左曲线上有载荷点高于 F_5，即以 F_5 以左的最高载荷为 F_Q；如 F_5 以左无载荷点高于 F_5，即以 F_5 为 F_Q，以计算 K_Q。

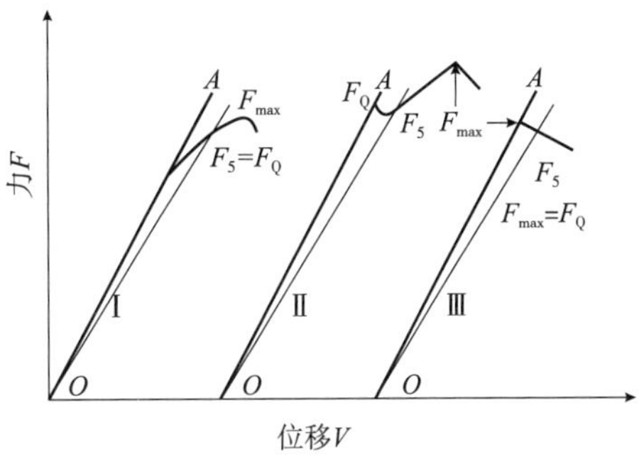

图2-4-5 $F-V$ 曲线的三种基本形式

2)计算条件断裂韧性 K_Q

F_Q 确定后，将试样压断，测量预制裂纹长度 a，将 F_Q、a、B、W、S 等代入式(2-4-1)和式(2-4-2)以计算 K_Q。注意断口上预测裂纹线并不是一条平直的线，而是一条弧形线，标准中规定了裂纹长度 a 值的计算方法。

3)K_{IC}有效性判别

标准规定，测得的 K_Q 是否有效，要看是否满足以下两个条件：

(1)$B \geqslant 2.5\left(\dfrac{K_{IC}}{W}\right)^2$；

(2)$F_{max}/F_Q \leqslant 1.1$。

如果符合上述两个条件，K_Q 即为 K_{IC}；如不符合，则 K_Q 不是 K_{IC}。

六、实验报告要求及思考题

(1)简述用三点弯曲试样测试 K_{IC}的原理、实验装备及实验过程。

(2)将所测试样的实验数据填入表2-4-1，并对实验数据进行分析计算。

表2-4-1 断裂韧度实验记录表

试样材料	热处理	试样尺寸/mm	缺口形状	缺口宽度/mm	缺口深度/mm	断裂韧度/MPa·$m^{1/2}$

实验5　材料摩擦实验

一、实验目的

(1)了解万能摩擦磨损试验机的工作原理、构造及使用。

(2)了解各种摩擦副的形式及其摩擦系数测定。

(3)通过实验了解不同润滑情况下、不同材料配副时摩擦系数的变化及磨损量的不同。

二、实验原理

1. 摩擦磨损概述

摩擦是接触物体相对运动时产生阻碍运动的现象。这种阻力称为摩擦力(F)，它与接触时的法向压力(p)及摩擦系数(μ)成正比：

$$F=\mu \cdot p \qquad (2-5-1)$$

按照两接触面运动方式的不同，可以将摩擦分为滑动摩擦和滚动摩擦，前者指的是一个物体在另一个物体上滑动时产生的摩擦，后者指的是物体在力矩作用下沿接触表面滚动时产生的摩擦。

摩擦表面上的物质由于表面相对运动而不断损失的现象称为磨损。一般在正常工作状态下，磨损可分为三个阶段(见图2-5-1)：

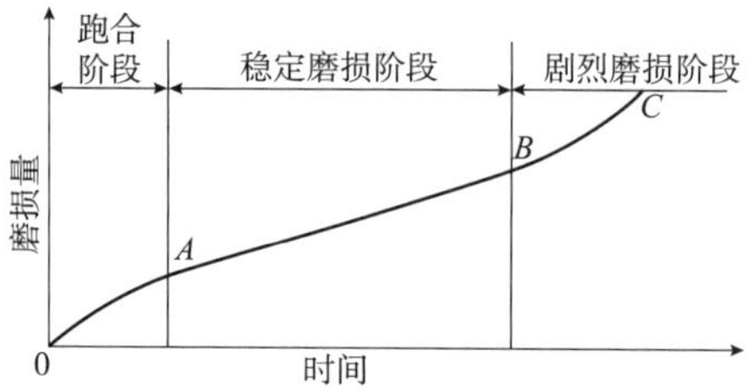

图2-5-1　磨损量与时间的关系示意图(代表磨损的三个阶段)

(1)跑合(磨合)阶段：轻微的磨损，跑合是为正常运行创造条件。

(2)稳定磨损阶段：磨损更轻微，磨损率低而稳定。

(3)剧烈磨损阶段：磨损速度急剧增长，零件精度丧失，发生噪声和振动，摩擦温度迅速升高，说明零件即将失效。

机件磨损是无法避免的，但是如何缩短跑合期、延长稳定磨损阶段和推迟剧烈磨损的到来，是研究者致力的方向。伯韦尔根据磨损机理的不同，把黏着磨损、磨粒磨损、腐蚀磨损和表面疲劳磨损列为磨损的主要类型，而把表面浸蚀、冲蚀等列为次要类型。这些不同类型的磨损，可以单独发生、相继发生或同时发生(称为复合磨损形式)。

从磨损原因看，对材料磨损的主要影响因素有：

(1)摩擦的方式：滑动、滚动或混合方式等。

(2)材质：包括材料种类以及金属的组织结构、硬度、疲劳强度等。

(3)表面粗糙度与其他表面特性(如残余应力、加工变质层等)、载荷与速度、润滑状态、温度和湿度等。

2. 摩擦磨损的检测与评定

研究磨损要通过各种摩擦磨损试验设备，检测摩擦过程中的摩擦系数及磨损量(或磨损率)。摩擦过程中从表面脱落的材料(磨屑)，记录了磨损的发展历程，反映了磨损机理，描述了表面磨损的程度。发生磨损后的表面，同样有着磨损机理、磨损严重程度及其发展过程的记载。因此研究磨屑和磨损后表面上的信息是研究磨损的重要一环。

耐磨性是指材料抵抗磨损的性能，通过磨损量表示，磨损量越小，耐磨性越高。磨损量的测量有称重法和尺寸法两种。称重法是用精密分析天平称量试样实验前后的质量变化来确定磨损量。尺寸法是根据表面法向尺寸在实验前后的变化来确定磨损量。

常用磨损量的倒数或用相对耐磨性 ε 表征材料的耐磨性：

$$\varepsilon = \text{标准试验的磨损量/被测试样的磨损量}$$

3. 摩擦磨损试验机

摩擦磨损试验的目的在于研究各种因素对摩擦磨损的影响，从而合理地选择摩擦材料，采用有效措施降低摩擦磨损，正确设计摩擦副的结构尺寸及冷却设施等。实验室设备主要用于摩擦磨损的基础研究，研究工作状态(载荷、速度等)对摩擦磨损的影响。可以得到单一参量变化与摩擦磨损过程之间的关系，还可控制试验环境(如加润滑剂或材料、剂量、组分及润滑方式)及周围气氛(如惰性气氛、真空、温度、特殊介质)，求得特定环境条件下的结果。

MMW－1A 万能摩擦磨损试验机可在一定的接触压力下，以滚动、滑动及滚动/滑动的摩擦形式，在点接触、线接触和面接触的形式下，在较宽的转速范围内，用来评定润滑剂、金属、塑料、涂层、橡胶、陶瓷等材料的摩擦磨损性能。该机具有多种摩擦副，如低速销盘(大盘、三针)摩擦副、四球长时抗磨损性能摩擦副、球－青铜三片润滑性能摩擦副以及止推圈、球－盘、泥浆磨损、橡胶密封圈的唇封力矩和黏滑摩擦副。同时可自动通过传感器，读出力的数值，测定材料的摩擦系数，能定量地显示实验条件(载荷和速度)。实验室常用的摩擦副形式及其应用范围，详见附录 C。

三、实验设备及材料

实验设备：MMW－1A 万能摩擦磨损试验机、销盘摩擦副、球盘摩擦副、止推圈摩擦副和四球摩擦副。

实验材料：铸铁试环、45 钢试环、40Cr 钢试环、铝合金试环、各式机油、石墨粉等。

四、实验步骤与方法

(1)准备试样，试样表面应干净、光滑、均匀，不应有缺陷、裂痕、杂质等。

(2)打开试验机专用测控程序，根据试验要求设置试验参数，单击启动键，调节主机面板上的调速旋钮，使主轴低速空运转，检查主轴转身及转速是否正确。该机的旋转方向从主轴上端看应为顺时针旋转。

(3)将试样平稳地装卡在试验台上，并与安装上试样的卡具进行接触，保证运行中试样的接触情况相同。

(4)根据试验力确定砝码组合及杠杆比。安装上、下摩擦副与试样，将砝码托盘挂在杠杆相应沟槽内，调整配重块，使杠杆平衡，使用定位块，调节滚花螺钉的长度，使杠杆水平，并拧紧锁紧螺母，再将待定的砝码旋转在砝码托盘上。

(5)输入实验条件，如摩擦力矩、时间及温度。

(6)启动实验，开始进行摩擦磨损实验，观察试样运行情况及摩擦系数的变化。

(7)实验结束后，卸掉砝码，取下摩擦副，观察摩擦副试样的摩擦表面的形貌及磨损情况。

五、实验注意事项

(1)试样两端要平行，表面要平整光滑，若有油污或氧化皮，可用砂纸打磨，以免影响测定。

(2)装摩擦副前，应当调节加载杠杆，使其平衡。

(3)摩擦磨损试验过程中不应随意停机，不应接触或碰撞摩擦力传感器和试验台。

(4)若是在润滑条件下进行摩擦磨损试验，在开机前须对试样进行润滑。

六、实验报告要求及思考题

(1)根据实验数据，绘制出各种材料的摩擦系数－时间变化曲线。

(2)比较不同材料及不同润滑条件下的摩擦磨损性能。

(3)为什么说材料的摩擦磨损性能并不是材料固有的，而是摩擦条件与材料性能的综合特征？

(4)常用哪些方法测量材料的磨损量？如何表征材料的耐磨性？

实验6　金属磨粒磨损实验

一、实验目的

(1)深入理解磨粒磨损的产生机理和影响因素，掌握金属材料改善耐磨粒磨损性能的方法。

(2)了解磨粒磨损试验机的工作原理、构造及使用。

(3)掌握金属材料耐磨性能的检测方法。

二、实验原理

1. 磨粒磨损的含义

磨粒磨损又称磨料磨损或研磨磨损，是摩擦副一方表面存在坚硬的细微凸起或在接触面间存在硬质粒子时产生的一种磨损。

磨粒磨损的主要特征是摩擦面上有擦伤或因明显犁皱形成的沟槽。

根据磨粒所受应力大小不同，磨粒磨损可分为凿削式、高应力碾碎式和低应力擦伤式三类。

磨粒磨损量的计算，可根据式(2－6－1)计算：

$$W = K\frac{PL\tan\theta}{H} \tag{2-6-1}$$

式中，K为系数。可见磨粒磨损量W与接触压力P、滑动距离L成正比，与材料硬度H成反比，并与硬材料凸出部分或磨粒形状θ有关。

磨粒磨损机理主要有以下几种：

(1)微观切削磨损机理：在法向力下，磨粒压入表面，而切向力使磨粒向前推进，磨粒如同刀具一样，在表面进行切削而形成切屑。

(2)多次塑变磨损机理：犁沟—犁皱—反复塑性变形，最后因材料产生加工硬化或其他强化作用最终剥落而成为磨屑。

(3)微观断裂(剥落)磨损机理：磨粒与脆性材料表面接触时，材料表面因受到磨粒的压入而形成裂纹，当裂纹互相交叉或扩展到表面上时就发生剥落形成磨屑，断裂机理造成的材料损失率最大。

(4)疲劳磨损机理：摩擦表面在磨粒产生的循环接触应力作用下，表面材料因疲劳而剥落。

在实际磨粒磨损过程中，往往有几种机理同时存在，但以某种机理为主。当工作条件发生变化时，磨损机理也随之变化。

2. 影响因素

(1)材料硬度：未热处理钢及纯金属的抗磨粒磨损的耐磨性与其自然硬度成正比；经

过热处理的钢，其耐磨性随硬度增加而增加；钢中碳及碳化物形成元素的含量越高，耐磨性越好。

(2)显微组织：由铁素体逐步变为珠光体、贝氏体、马氏体，则耐磨性提高。在软基体中增加碳化物的数量及弥散度，可改善耐磨性；在硬基体中，如碳化物硬度与基体硬度相近，则使耐磨性受到损害；摩擦条件一定时，如果碳化物硬度比磨粒硬度低，那么提高碳化物硬度，将增加耐磨性。

(3)加工硬化：低应力磨损时，加工硬化不能提高表面的耐磨性；高应力磨损时，表面加工硬化后硬度越高，耐磨性越好。

另外，磨粒硬度和大小也影响磨粒磨损耐磨性。

3. 材料的耐磨性

耐磨性是指材料抵抗磨损的性能。通常用磨损量表示，磨损量越小，耐磨性越好。

磨损量的测量有称重法和尺寸法两种。称重法是用精密分析天平称量试样实验前后的质量变化来确定磨损量。尺寸法是根据表面法向尺寸在实验前后的变化来确定磨损量。

常用磨损量的倒数或用相对耐磨性 ε 表征材料的耐磨性：

$$\varepsilon = \text{标准试验的磨损量/被测验的磨损量}$$

相对耐磨性 ε 的倒数也称磨损系数。

三、实验设备及材料

(1)实验设备：ML－100 销盘式磨粒磨损试验机、布洛氏硬度计、精密分析天平。

ML－100 销盘式磨粒磨损试验机可进行与砂石等固体发生摩擦情况下金属材料的耐磨性能实验，得出测试材料抵抗磨粒磨损性能的测试结果，以便选择合理的材料和工艺。图 2－6－1为 ML－100 销盘式磨粒磨损试验机原理图。

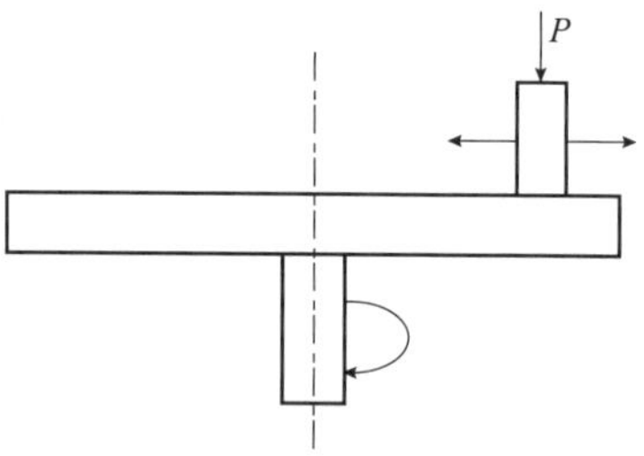

图 2－6－1　ML－100 销盘式磨粒磨损试验机原理图

ML－100 销盘式磨粒磨损的基本构造为：主机包括机身、转动圆盘、试样进给及加载部分；电控柜包括转速调节、自/手动调节、计数器、正反向启动停止等。其技术指标如下：

①载荷：2～100N(试样夹头自重 2N)；

②圆盘转速：60r/min、120r/min；

③试样行程刻度：10～110mm；

④试样进给量：1mm/r、2mm/r、3mm/r、4mm/r；

⑤试样直径：ϕ2mm、ϕ3mm、ϕ4mm；

⑥磨料砂纸：ϕ260mm。

销盘式磨粒磨损试验机的使用方法为：

①准备合格的试样、标样、砂纸。

②将试样分别装入弹性夹头内，跑合一次。

③选取试样行程范围(如20～110mm)，并固定微动限位开关的碰块位置(起始点确定后，机座“0”标尺对应的圆盘上某一刻度，作为每次开始点)。

④选定圆盘转速(如高速120r/min)、试样径向进给量(如2mm/r)。

⑤使用计数表设置实验总转数(如500r)，计算试样在圆盘上摩擦的阿基米德螺旋线轨迹总长度 L。当工作起止点为行程起止位置时，L 可根据下式计算：

$$L=\pi N(r_1^{\ 2}-r_2^{\ 2})/(r_1-r_2) \tag{2-6-2}$$

式中　N——总转数；

r_1，r_2——摩擦起止半径。

⑥安装试样，选定载荷，选择自/手动挡位，启动电机，进行磨损实验。

⑦实验结束，关闭电源。

(2)实验材料：45钢(退火态、调质态)、T12钢(淬火+低温回火态)。

四、实验内容与步骤

(1)熟悉销盘式磨损试验机的使用，并进行试样磨损量的测定。

(2)学生分组，每组取三件试样，分别为45钢退火态、45钢调质态、T12钢淬火回火态。

(3)分别测定试样的硬度值、质量。

(4)按照设定好的参数进行实验，实验结束后检测磨损后试样的质量，并记录实验数据。

(5)取下试样，将试验机恢复原状。

五、实验注意事项

(1)实验前必须熟悉设备的结构特点和操作要求。

(2)检测时，先将试样装入夹头跑合一次，确保试样的端面与轴心线垂直。

(3)每测试一个试样，需更换一次砂纸。

(4)实验中不要用手转动圆盘，防止破坏锥度连接的可靠性。

六、实验数据处理与结果分析

根据实验数据分别计算试样的磨损量、线磨损量(单位摩擦距离的磨损量)、比磨损量(单位摩擦距离及单位负荷下的磨损量)，填入表2-6-1，并进行数据综合分析。

表 2-6-1　45 钢、T12 钢磨粒磨损实验数据

材料名称	热处理状态	硬度	质量/mg		磨损量/mg	圆盘转速/$r \cdot min^{-1}$	试样给进量/$mm \cdot r^{-1}$	行程起止点/mm		总转数/r	总摩擦距离/m	线磨损量/$mg \cdot m^{-1}$	载荷/N	比磨损量/$mg \cdot (N \cdot m)^{-1}$
			起始	结束				r_1	r_2					

七、实验报告要求及思考题

(1)简述实验目的及实验原理。

(2)总结实验内容、步骤及实验数据。

(3)结合实验数据分析各种因素对材料耐磨性的影响规律，并总结出提高材料耐磨粒磨损性能的方法。

实验 7 材料热膨胀系数测定

一、实验目的

(1)了解石英热膨胀仪的结构。

(2)掌握示差法测定热膨胀系数的原理和方法。

二、实验原理

对于一般的金属材料，通常所说的热膨胀系数是指线热膨胀系数，其意义是温度升高1℃时单位长度上所增加的长度，其单位为1/℃(即℃$^{-1}$)。

假设物体原来的长度为 L_0，温度升高后长度的增加量为 ΔL，则

$$\Delta L/L_0 = \alpha_1 \Delta T \tag{2-7-1}$$

式中 α_1——线热膨胀系数，也就是温度每升高1℃时物体的相对伸长。

当物体的温度从 T_1 上升到 T_2 时，其体积也从 V_1 变化为 V_2，则该物体在 $T_1 \sim T_2$ 的温度范围内，温度每上升一个单位，单位体积物体的平均增长量可根据下式计算：

$$\beta = (V_1 - V_2)/V_1(T_1 - T_2) \tag{2-7-2}$$

式中 β——平均体热膨胀系数。

从测试技术来说，测体膨胀系数较为复杂。因此，在讨论材料的热膨胀系数时，常采用线热膨胀系数：

$$\alpha = (L_2 - L_1)/L_1(T_2 - T_1) \tag{2-7-3}$$

式中 α——材料的平均线热膨胀系数；

L_1——在温度为 T_1 时试样的长度；

L_2——在温度为 T_2 时试样的长度。

α 与 β 的关系可用下式表示：

$$\beta = 3\alpha + 3\alpha^2\Delta T^2 + \alpha^3\Delta T^3 \tag{2-7-4}$$

式(2-7-4)中的 $3\alpha^2\Delta T^2$ 和 $\alpha^3\Delta T^3$ 非常小，在实际应用中一般略去不计，则 α 与 β 的关系为：

$$\beta = 3\alpha \tag{2-7-5}$$

热膨胀系数实际上并不是一个恒定的值，而是随温度变化的。所以，上述热膨胀系数都是在一定温度范围 ΔT 内的平均值，故使用时要注意它适用的温度范围，一些典型钢铁材料的热膨胀系数，详见附录 D。

示差法是基于采用热稳定性较好的材料，如石英玻璃(棒和管)在较高温度下，其线热膨胀系数随温度变化而改变很小的性质。当温度升高时，石英玻璃管与其中的待测试样及石英玻璃棒都会发生膨胀，但是待测试样的膨胀比石英玻璃同样长度的部分膨胀要大，因而使得与待测试样相接触的石英玻璃棒发生移动。这个移动就是石英玻璃管、石英玻璃棒

和待测试样三者的同时伸长或部分抵消后在千分表上所显示的 ΔL 值，它包括试样与石英玻璃管和石英玻璃棒的热膨胀之差值，测定出这个系统的伸长之差值及加热前后温度的差数，并根据已知石英玻璃的热膨胀系数，便可算出待测试样的热膨胀系数。

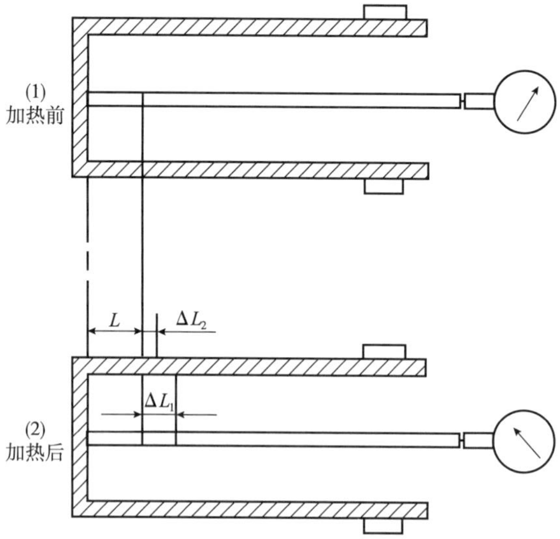

图 2-7-1 石英膨胀仪的工作原理示意图

图 2-7-1 是石英热膨胀仪的工作原理示意图，由图可见，热膨胀仪上千分表的读数为：

$$\Delta L = \Delta L_1 - \Delta L_2；\ \Delta L_1 = \Delta L + \Delta L_2$$

根据定义，待测试样的线热膨胀系数为：

$$\alpha = (\Delta L + \Delta L_2)/(L\Delta T) = \Delta L/(L\Delta T) + \Delta L_2/(L\Delta T) \tag{2-7-6}$$

其中，$\Delta L_2/(L\Delta T) = \alpha_{石}$，所以

$$\alpha = \alpha_{石} + \Delta L/(L\Delta T) \tag{2-7-7}$$

若温度差 $\Delta T = T_2 - T_1$，则可代入式(2-7-7)计算待测试样的平均线热膨胀系数 α。

上述各式中：

$\alpha_{石}$——石英玻璃的平均线热膨胀系数，不同温度下具有不同的取值；

T_1——开始测定时的温度；

T_2——一般定为 300℃（若需要，也可定为其他温度）；

ΔL——试样的伸长值，即对应于温度 T_2 与 T_1 时千分表读数之差值，单位以 mm 记录；

L——试样的原始长度，mm。

这样，根据实验数据在直角坐标系上绘制出热膨胀曲线，即可确定试样的线热膨胀系数。

示差法测定材料热膨胀系数的装置示意图如图 2-7-2 所示。

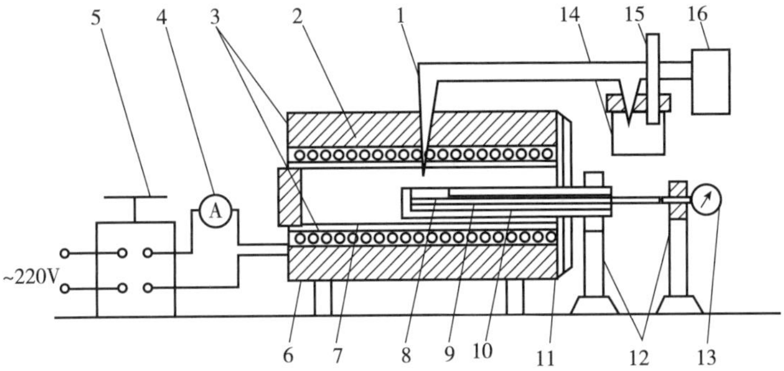

图 2-7-2　示差法测定材料热膨胀系数的装置示意图

1—测温热电偶；2—膨胀仪电炉；3—热电丝；4—电流表；5—调压器；6—电炉铁壳；7—铜柱电炉芯；8—待测试棒；9—石英玻璃棒；10—石英玻璃管；11—遮热板；12—铁制支撑架；13—千分表；14—水瓶；15—水银温度计；16—电位差计

三、实验设备及材料

实验设备：ZRPY-1000 型高温卧式膨胀仪，仪器由加载传感器装置、电炉、小车、基座、电器控制五部分组成，并配有相应的电脑和测控软件。

实验材料：石英棒、碳钢及其他金属材料、砂纸、游标卡尺、镊子等。

四、实验步骤与方法

1. 试样的准备

(1) 取无缺陷材料作为测定热膨胀系数的试样。

(2) 试样尺寸依据仪器而定。

(3) 将试棒两端磨平，用千分卡尺精确量出长度。

2. 测试操作要点

(1) 被测试样、石英玻璃棒和千分表顶杆三者应先在炉外调整成平直相接，并保持在石英玻璃管的中心轴区，以消除偏斜造成的误差。

(2) 试样与石英玻璃棒要紧密接触，使试样的膨胀增量及时传递给千分表，在加热测定前要使千分表顶杆紧至指针转动 2~3 圈，确定一个初读数。

(3) 升温速度不宜过快，以 2~3℃/min 为宜，并使整个测试过程均匀升温。

(4) 热电偶的热端尽量靠近试样中部，但不应与试样接触。测试过程中不要触动仪器，也不要振动实验台。

3. 测试步骤

(1) 将试样磨平并精确测定其长度。

(2) 将试样放入膨胀仪器中，并设定好各项参数。

(3) 开始实验，记录好各项数据。

(4) 实验完毕，关闭仪器电源，将各项参数调至初始值。

五、操作步骤说明

(1) 打开膨胀仪的电源开关和千分表数据转换器开关，千分表清零。如千分表被锁定，则解除锁定。

(2)将已测量好长度的试样，慢慢放入试样管中，再将刚玉片插入，使试样一端顶在测试杆上，另一端顶在石英管上；这时查看千分表的读数是否在2.0～3.0mm范围内，否则要松开千分表的固定螺丝，使千分表前后移动，达到该范围后，再固定，然后再次清零。

(3)将电炉慢慢推入试管中(防止手指夹伤)，使试样定位在电炉中部并固定好，开始试验。

(4)打开电脑，双击“材料膨胀系数测试系统”图标，进入通信设置，查看温度和位移的串行口端口号、温度和位移的通信协议(9600，e，7，1.9600，n，8，1)、温度地址(0055)，全部正常后，点击“测试”，查看电脑上显示数据是否和仪表一致。最后点击“确定”，进入试验主界面。

(5)在试验主界面设置温控表参数：点击“仪表参数”，进入仪表参数设置界面，先点击“温度表参数设置”，再点击“PAR编程”，这时按下列步骤进行参数设置。

①双击“曲线程序循环次数L_C”，输入数字“1”，按回车键确认；

②双击“斜坡1斜率值r_1”，输入第一段升温速度值(℃/min)，按回车确认；

③双击“平台1设定值”，输入第一段温度值(试验温度值)，按回车确认；

④双击“平台1运行时间”，输入第一段温度值的保温时间(1min)，按回车确认。

⑤设置完后，点击“退出温度设定”，再点击“退出系统试验”，可返回操作主界面。

(6)热膨胀系数测试：在操作主界面点击“热膨胀系数”，进入常规热膨胀系数测试界面，输入试样长度，输入设定温度值(40℃)和温度打印间隔(10℃)，在坐标栏输入温度、线变量、线膨胀系数、膨胀百分率坐标值，点击“绘制坐标轴”，然后点击“实验开始”，电炉开始自动升温，电脑自动显示各温度下的测试数据，如果温度没有同步(误差10℃以上)，可先点击“停止升温”，然后再点击“启动升温”，到达设定温度后，先点击“试验结束”，然后点击“重绘曲线”，待曲线形态符合预期后，再点击“输出Excel”，生成数据文件，保存、打印相关数据和曲线。

(7)系统补偿值标定：先量好石英标样(膨胀系数值为0.55)的长度，按前面所述试验方法放好标样，千分表清零，室温下放炉膛，在设置好升温参数后，在操作主界面点击“系统补偿值”，进入系统补偿值标定界面，输入标样长度，在坐标栏输入温度、线变量(-50，50)的坐标值，点击“绘制坐标轴”，然后点击“实验开始”，电炉开始自动升温，电脑自动显示各温度下的测试数据，到达设定温度后，点击“实验结束”，再点击“结果分析”，电脑自动进入系统补偿值计算。点击“数据处理”“数据保存”，点击“返回”，在测试界面，点击“查看补偿值”，将0～30℃的补偿值人工修改为“0”即可。系统补偿值标定好后，不必再次标定。

(8)仪表调节温度操作：

①自动升温：在PV显示温度时，按住PAR键3s，PV显示PROG时松手。按▲键选

择 run，再按 PAR 键确认，即进入自动升温，一般用此方式升温。

②关自动升温：在 PV 显示温度时，按住 PAR 键 3s，PV 显示 PROG 时松手。按▲键选择 IDLE，再按 PAR 键确认。

③手动升温：按面板上的“A/M”键，启动手动指示灯“MAN”，这时 SV 行显示功率值，如不为“0”按▼调为 0，然后点动▲，下行显示器 SV 显示功率增加，电流表计数也随之增加，电流一般保持在 5A，再按面板上的“A/M”键即可关闭手动升温。

智能 AL810 温控表设置：

①确定自动状态已关闭；

②在 PV 口显示温度情况下，先按下温控表面板上的 PAR 不松手，再按▼(3s)，上行测量值 PV 显示 L_C 时松手；

③然后按▲或▼键将其设置为 1；

④再依次按 PAR 键 PV 可以分别显示 r_1、L_1、d_1……，下行 SV 显示其设定值，按▲或▼键可修改显示参数的设定值；

⑤r_1 为第一段升温速率(℃/min)，L_1 为第一段温度值(实验温度)，d_1 为第一段保温时间(min)；

⑥如果只用第一段，则第二段 r_2 要按▼设为 END。

六、实验报告要求及思考题

(1)绘制出被测材料的线热膨胀曲线，计算线热膨胀系数并填入下表。

试样编号	试样长度/mm	试样温度/℃	线热膨胀系数/10^{-6}℃$^{-1}$
1			
2			

(2)分析不同材料线热膨胀系数的差异。

(3)简述示差法测定热膨胀系数的原理。

(4)本实验中哪些操作可能会影响实验结果？

实验 8 材料导热系数测定

一、实验目的

(1)了解热传导定律、热传导物理机制和热传导的应用。

(2)掌握稳态法测定材料导热系数。

二、实验原理

1. 热传导定律

物体(固、液、气)如存在温差，热量就可以从高温向低温传递下去，这种现象称为热传导现象。

1882 年，法国著名物理学家傅里叶(Fourier)提出了热传导定律：如果在垂直于热传导方向上作一截面 ΔS，以$(\mathrm{d}\theta/\mathrm{d}x)_{x0}$表示 x_0 处的温度梯度，那么在时间 Δt 内通过截面积 ΔS 所传递的热量 ΔQ 为：

$$\frac{\Delta Q}{\Delta t}=-\lambda\left[\frac{\mathrm{d}\theta}{\mathrm{d}x}\right]_{x_0}\Delta S \tag{2-8-1}$$

式中 $\frac{\Delta Q}{\Delta t}$——传热速率；

λ——比例系数，称为导热系数，W/(m·K)；

-——热流方向与温度梯度的方向相反。

2. 热传导的物理机制

热传导过程就是材料内部的能量传输过程。在固体中能量的载体可以为自由电子、声子(点阵波)和光子(电磁辐射)。因此，固体的导热包括电子导热、声子导热和光子导热。对纯金属而言，以电子导热为主；在合金中，声子导热的作用增强；在半金属或半导体内，声子导热与电子导热相仿；在绝缘体内，几乎只存在声子导热一种形式。通常可以不考虑光子导热，主要是由于只有在极高温度下才可能有光子导热存在。

根据不同导热机制的贡献，固体材料的导热系数可用下式表示：

$$\lambda=\lambda_e+\lambda_1 \tag{2-8-2}$$

式中 λ_e——电子导热系数；

λ_1——声子(点阵波)导热系数。

按照气体分子运动论，并取某种近似，可得到气体导热系数：

$$\lambda=\frac{1}{3}cv\bar{l} \tag{2-8-3}$$

式中 c——单位体积气体的热容；

v——分子的速度；

$\bar{l}$——分子的平均自由程。

借用气体的导热系数公式来近似地描述固体材料中电子、声子和光子的导热机制，则有：

$$\lambda = \frac{1}{3}\sum c_j v_j \bar{l}_j \qquad (2-8-4)$$

式中，带下角标 j 的参数表示不同类型载热体的相应物理量。电子的导热系数可写成：

$$\lambda = \frac{1}{3}\sum c_e v_e \bar{l}_e \qquad (2-8-5)$$

3. 稳态法测定传热速率

稳态法是一种应用一维稳态导热过程的基本原理来测定材料导热系数的方法。实验设备是根据在一维稳态情况下通过平板的导热量 Q 与平板两面的温度差 Δt、平板的厚度以及导热系数分别成正比的关系来设计的，如图 2-8-1 所示，将厚度一定的样品插入两个平板间，在其垂直方向通入一个恒定的单向的热流，当冷板和热板的温度稳定后，测得样品厚度、样品上下表面的温度并计算出通过样品的热流，根据傅里叶定律即可确定样品的导热系数。在温度梯度和几何形状固定（稳态）的情况下，导热系数代表了维持该温度梯度所需的能量。

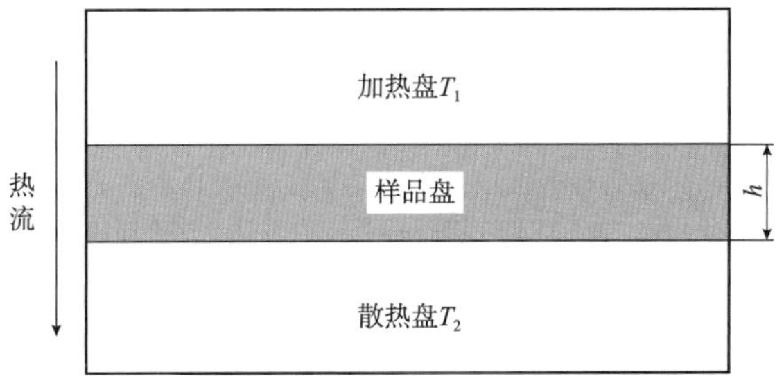

图 2-8-1　导热系数实验装置示意图

加热黄铜盘的温度为 T_1，位于样品下面的散热黄铜盘的温度为 T_2，即样品中的热量通过下表面向散热盘散发。样品上、下表面温度可以认为是均匀分布的，在 h 不是很大的情况下，可忽略样品侧面散热的影响，则热传导定律可表示为：

$$\frac{\Delta Q}{\Delta t} = -\lambda \frac{\theta_1 - \theta_2}{h} S \qquad (2-8-6)$$

式中　S——样品单个底面面积。

三、实验设备及材料

实验设备：DRPL 型导热系数测定仪，由电源、测温仪表、加热器、热流传感器及冷板组成，在热板和冷板中分别放置测温热电偶。

实验材料：泡沫板材或金属板材。

四、实验步骤与方法

1. 试件的放置条件

（1）一组试件必须为同一配比，其容重差应小于 5%。

（2）试样两表面应平行，且厚度均匀，接触平面度优于 0.025%。各试件的接触面应平整且结合紧密。

（3）考虑材料的不均匀性，每种材料应取样 3～5 组。

2. 试件的预处理

(1)测量干燥条件下的导热系数时，试件应根据材料本身的技术规定在不同温度条件下进行干燥处理至恒重。

(2)一次试验结束后，拆卸试件，并装入密闭容器中，待4h后，按上述步骤进行第二次试验。

3. 操作方法

(1)测量试样厚度，将热流传感器放在试样上面，旋转转轮使冷板压紧试样，且热流传感器与试样紧密接触，接通冷却水，打开电源开关和加热开关。

(2)打开电脑程序，点击“测试”，检查数据通信是否正常，然后点击“确定”，进入测试界面。

(3)输入试样厚度值和三次测试的时间间隔值(10s)，再点击“确定”。

(4)设置温度，在温度设定栏输入设定好的加热恒定温度及升温速率，然后点击“确定”。

(5)当电脑显示“已准备好，可启动升温”时，点击“启动升温”。

(6)当达到设置温度，热板和冷板的温度稳定一段时间后，且热流计显示值长时间不变，点击“实验开始”，电脑开始自动测试。

(7)通过三次测定热流传感器的输出值，即可计算出三次的平均导热系数，点击“结果保存”，输入试样名称、编号，点击“确定”进行保存。

4. 系统标定

(1)在系统完全冷却到室温后，按上述方法，把已知导热系数的标样放置好，修正三个温度表的修正值“SC”，都显示为室温。

(2)然后启动升温，当达到设置温度，热板和冷板的温度稳定一段时间后，且热流计显示长时间不变，点击“实验开始”，电脑开始自动测试。

(3)当电脑显示结果后，点击“标定”，然后输入标样的导热系数值，点击“校正”“应用”“退出”。

(4)点击厚度的“确定”、温度的“确定”，当电脑显示“已准备好，可启动升温”时，点击“启动升温”。当热流计显示值长时间不变后，点击“实验开始”，电脑开始自动测试，显示结果后，检查是否与标定值相同。

五、实验报告要求及思考题

(1)测定记录不同厚度、温度、材质泡沫板材的导热系数，填入下表。

试样编号	厚度	温度	导热系数
1			
2			

(2)分析实验中可能影响结果的因素。

(3)热传导的物理机制是什么?

实验9　双电桥法测量金属及合金的电阻

一、实验目的

(1)了解双电桥测量金属及合金电阻的原理。

(2)掌握双电桥测量低电阻的方法。

二、实验原理

1. 电阻率和电阻温度系数

电阻率 ρ 表示单位长度、单位截面积的导体的电阻。它与材料的化学成分、组织状态及温度有关，而与材料的几何尺寸无关，其单位为 Ω · cm，用公式可表示为：

$$\rho = R\frac{S}{L} \tag{2-9-1}$$

式中　S——横截面积，cm^2；

L——长度，cm；

R——电阻，Ω。

电阻温度系数 α 是指温度升高1℃时1Ω导体电阻增加的电阻值，用公式可表示为：

$$\alpha = \frac{R_t - R_0}{\Delta t R_0} \tag{2-9-2}$$

式中　R_t——温度 t℃时的电阻；

R_0——温度 t_0℃时的电阻；

Δt——温度 t℃与 t_0℃时的温度差。

电阻温度系数与金属的成分和组织状态有关，通过测量电阻温度系数 α 的变化，可研究金属材料的结构变化。

2. 双电桥的结构及原理

双电桥用于测量 $10^{-5} \sim 10^2 \Omega$ 的电阻，精度可达0.05%，其测量电阻的电路如图2-9-1所示。当接通电源后，分别以三个路线通电，调节 $R_{外}$、R_p、R_1、R_2 使检流计 G 指示数为零，即无电流通过检流计 G，此时电桥平衡。

按照欧姆定律：

$$V_A - V_B = I_1 R_{外} \tag{2-9-3}$$

$$V_C - V_D = I_2 R_{内} \tag{2-9-4}$$

$$V_B - V_F = I_1 R_1 \tag{2-9-5}$$

$$V_D - V_E = I_2 R_2 \tag{2-9-6}$$

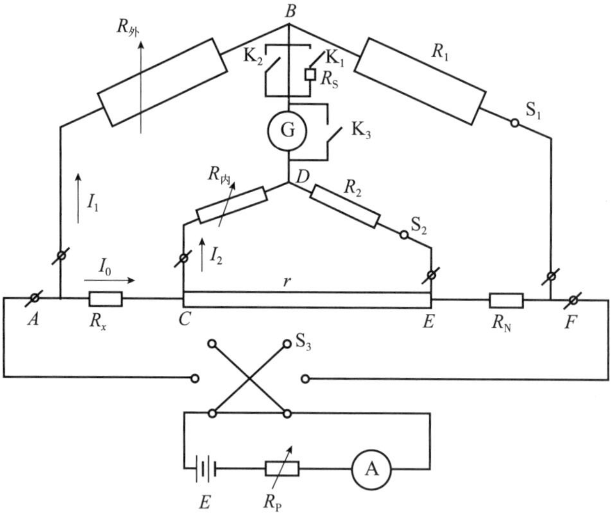

图2－9－1 测量电路示意图

$R_内$，$R_外$—转换开关测定臂电阻箱；R_1，R_2—转变开关式比例电阻箱；R_S—检流计保护电阻；

K_1，K_2，K_3—按钮开关；S_1，S_2—转换开关；S_3—外接转换开关；R_p—外接可变电阻；

B—晶体管稳流器供给电流；G—检流计（电流常数小于 5×10^{-9} A/mm，临界电阻约为 300Ω）；

r—跨线电阻（电阻小于 0.001Ω 的导线）；R_x—未知电阻；

R_N—标准电阻 0.02 级（10Ω、0.1Ω、0.01Ω、0.001Ω）

用式（2－9－3）除以式（2－9－5），则有$\dfrac{V_A-V_B}{V_B-V_F}=\dfrac{I_1R_外}{I_1R_1}$，经转换变形可得：

$$\frac{V_A-V_B}{R_外}=\frac{V_B-V_F}{R_1} \tag{2-9-7}$$

同理用式（2－9－4）除以式（2－9－6），则有$\dfrac{V_C-V_D}{V_D-V_E}=\dfrac{I_2R_内}{I_2R_2}$，经转换变形可得：

$$\frac{V_C-V_D}{R_内}=\frac{V_D-V_E}{R_2} \tag{2-9-8}$$

在实际测量时，可使 $R_1=R_2$，$R_内=R_外$，且 $V_B=V_D$，用式（2－9－7）减去式（2－9－8）得：

$$\frac{V_A-V_B-V_C+V_D}{R}=\frac{V_B-V_F-V_D+V_E}{R_1} \qquad (R=R_内 \text{ 或 } R_外)$$

即

$$\frac{V_A-V_C}{R}=\frac{V_E-V_F}{R_1} \tag{2-9-9}$$

因为 $V_A-V_C=I_0R_x$，$V_E-V_F=I_0R_N$，于是式（2－9－9）可写为$\dfrac{R_x}{R}=\dfrac{R_N}{R_1}$，则有：

$$R_x=\frac{R}{R_1}R_N \text{ 或 } R_x=\frac{R}{R_2}R_N \tag{2-9-10}$$

由于 $R_1=R_2$，R_N 是已知的，则只要测出 R 值，然后代入式(2－9－10)，即可求出电阻 R_x 值。

三、实验设备及材料

(1) QJ19 型单双臂两用电桥接线图：如图 2－9－2 所示。

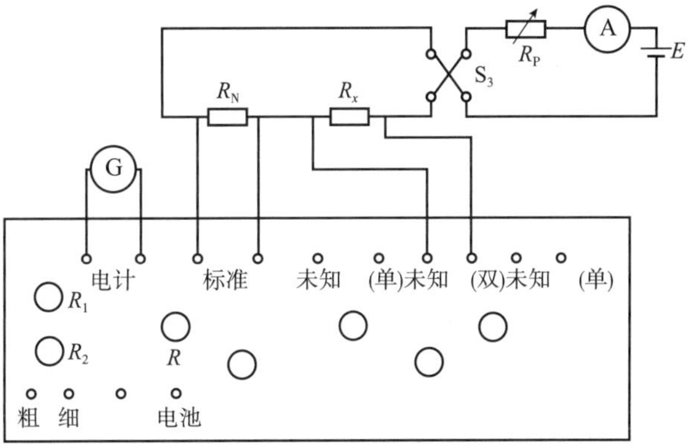

图 2－9－2　QJ19 型单双臂两用电桥接线图

(2) 试样的要求：必须是断面均匀的线材、带材或条材。线材、带材和条材应加工成宽 5～10mm，沿试样全长宽度不应有 1% 的变化，试样的长度可根据材料的规格、软硬特性而定。

四、实验步骤与方法

1. 标准电阻的选择

标准电阻的选择参照表 2－9－1。标准电阻与被测电阻的连接导线电阻(r)应小于 0.001Ω，导线两头应有可以夹紧的接头，并具有良好的清洁表面，被测电阻和标准电阻的电位端的接线电阻应小于 0.005Ω。

表 2－9－1　标准电阻选择表

R_x/Ω		R_N/Ω	$(R_1=R_2)$/Ω
初始	终止		
10	100	10	100
1	10	1	100
0.1	1	0.1	100
0.01	0.1	0.01	100
0.001	0.01	0.001	100
0.0001	0.001	0.001	1000
0.00001	0.0001	0.001	1000

2. 电阻率的测量

把可变电阻 R_P 放在电阻最大位置，把正反向开关 S_3 合在任意一方，然后接通电路，再调节可变电阻。使电路中的电流为标准电阻和被测电阻可允许通过的电流数值(由电流表指示)，按照表2-9-1来选择 $R_1=R_2$ 的数值，接通“电计按钮粗”，调节电阻 R，使检流计指零。再接通“电计按钮细”，调节电阻 R 使检流计再次指零。此时的 R 值代入式(2-9-10)就可求出被测电阻 R_x。

3. 电阻温度系数的测量

将试样置于不同的温度中，按电阻率的测量方法进行测定，测出各个温度点的 R_x 值，然后代入下式，求出 α 值：

$$\alpha=\frac{R_t-R_0}{\Delta tR_0} \tag{2-9-11}$$

五、实验注意事项

(1)选用的 R_N 应接近 R_x 的电阻值。

(2)增大工作电流可提高灵敏度，但必须考虑所通过的电流不能引起试样和回路的温度升高，为了验证通过的试验电流是否合适，可把试验电流适当增加到1.4倍，测量其电阻并与未加电流前所测的电阻值相比较，若差值小于0.5%，表明电流合格，否则应降低工作电流。

(3)为了消除回路中热电势的影响，可用正向和反向通电流进行测量，然后再取平均值。

六、实验报告要求及思考题

(1)简述实验目的及实验原理。

(2)将实验数据填入表2-9-2和表2-9-3中。

表2-9-2 电阻率测量实验数据表

试样名称	D	S	L	A	R_1 或 R_2	R_N	$R_{平}$	ρ

表2-9-3 电阻温度系数测量实验数据表

试样名称	室温时的电阻/Ω	100℃时的电阻/Ω	电阻温度系数 $\alpha/10^{-6}℃^{-1}$

实验 10　金属及合金电阻温度系数测试

一、实验目的

(1)了解金属及合金的电阻温度特性。

(2)掌握 DZW 型电阻温度特性测试仪的使用。

二、实验原理

电阻率 ρ 表示单位长度、单位截面积的导体的电阻。它与材料的化学成分、组织状态及温度有关，而与材料的几何尺寸无关，其单位为 $\Omega \cdot cm$，可用以下公式表示：

$$\rho = R\frac{S}{L} \tag{2-10-1}$$

式中　S——横截面积，cm^2；

L——长度，cm；

R——电阻，Ω。

电阻温度系数 α 是指当温度升高 1℃时 1Ω 导体电阻增加的电阻值，用公式可表示为：

$$\alpha = \frac{R_t - R_0}{\Delta t R_0} \tag{2-10-2}$$

式中　R_t——温度 t℃时的电阻；

R_0——温度 t_0℃时的电阻；

Δt——温度 t℃与 t_0℃的温度差。

电阻温度系数与金属的成分和组织状态有关，通过测量电阻温度系数 α 的变化，可研究金属材料的结构变化。

三、实验设备及材料

实验设备：DZW 型电阻温度特性测试仪，由加热系统及电阻测量系统组成。

实验材料：普通金属材料、热敏感电阻材料、镊子、螺丝刀等。

四、实验步骤与方法

(1)试样安装：将试样两引线端与两测试探头连接好，用螺丝连接牢固，然后将盖板盖上(温度较高时注意安全，不要用手接触到加热电阻及其旁边)。

(2)智能 AL810 温控表设置：

①确定自动状态已关闭；

②在 PV 口显示温度情况下，先按下温控表面板上的 PAR 不松手，再按▼(3s)，上行测量值 PV 显示 L_C 时松手；

③然后，按▲或▼键将其设置为 1；

④再依次按 PAR 键 PV 可以分别显示 r_1、L_1、d_1……，下行 SV 显示其设定值，按▲

或▼键可修改显示参数的设定值；

⑤r_1 为第一段升温速率(℃/min)，L_1 为第一段温度值(实验温度)，d_1 为第一段保温时间(min)。

⑥如果只用第一段，则第二段 r_2 要按▼设为 END。

(3)升温操作：手动升温或者自动升温。

①自动升温：在 PV 显示温度时，按住 PAR 键 3s，PV 显示 PROG 时松手，按▲键选择 run，再按 PAR 键确认，即进入自动升温，一般用此方式升温。

②关自动升温：在 PV 显示温度时，按住 PAR 键 3s，PV 显示 PROG 时松手，按▲键选择 IDLE，再按 PAR 键确认。

③手动升温：按面板上的"A/M"键，启动手动指示灯"MAN"，这时 SV 行显示功率值，如不为"0"按▼调为 0，然后点动▲，显示器 SV 显示功率增加，电流表计数也随之增加，电流一般保持在 5A，再按面板上的"A/M"键即可关闭手动升温。

(4)电阻值测试：达到设定温度且保温一定时间后，根据试样电阻值，选择好电阻量程挡位，打开试验开关，仪表显示值即为该温度下的电阻值，记录不同温度下的电阻值。

五、实验报告要求及思考题

(1)记录不同温度下的电阻并填入下表，计算不同材料的电阻温度系数。

材料编号	20℃	30℃	40℃	50℃	……
1					
2					

电阻温度系数 α_1 = __________；α_2 = __________。

(2)试分析为什么不同材料具有截然相反的电阻温度系数特性。

实验 11 永磁材料的磁滞回线测定

一、实验目的

(1)了解磁性材料基本磁性参数的物理意义及性能指标。

(2)掌握使用 TYU－2000H 型永磁材料自动测量装置测量磁滞回线。

二、实验原理

1. 磁性材料分类

磁性是物质的一种基本属性，其存在范围广，从微观粒子到宏观物体以及宇宙的天体都存在磁的现象。磁性不只是一个宏观的物理量，而且与物质的微观结构密切相关，它不仅取决于物质的原子结构，还取决于原子间的相互作用、晶体结构等。因此，研究材料的磁性是研究物质内部微观结构和相变的重要方法之一。材料在磁场强度为 H 的外加磁场(直流、交变或脉冲磁场)作用下，会在材料内部产生一定的磁通量密度，称其为磁感应强度 B，单位为特斯拉(T)或韦伯/平方米(Wb/m^2)。B 和 H 是既有大小又有方向的矢量，两者的关系为：

$$B=\mu H \tag{2-11-1}$$

式中 μ——磁导率，是材料的本征参数，表示材料在单位磁场强度的外加场作用下，材料内部的磁通量密度。

在真空中：

$$B_0=\mu_0 H \tag{2-11-2}$$

式中 μ_0——真空磁导率，$\mu_0=4\pi\times10^{-7}\,H/m$。

表征磁性材料的参数还有相对磁导率 μ_r(无量纲参数)、磁化率 χ(无量纲参数)和磁化强度 M(单位为 A/m)，分别定义如下：

相对磁导率：

$$\mu_r=\frac{\mu}{\mu_0} \tag{2-11-3}$$

磁化率：

$$\chi=\mu_r-1 \tag{2-11-4}$$

磁化强度：

$$M=\chi H \tag{2-11-5}$$

当 M、B、H 相互平行时，χ 与 μ_r 为标量，否则，它们为多阶张量。

按照磁化率 χ 的数值不同，固体的磁性可分成以下几类：

逆磁体：这类固体的磁化率是数值很小的负数，它几乎不随温度变化，$|\chi|$ 的数值约为 10^{-5}，实际上所有简单的绝缘体及大约一半的简单金属都是逆磁体。

顺磁体：这类固体的磁化率是数值较小的正数，它与温度 T 成反比关系，$\chi=\mu_0 C/T$，称为居里定律，式中 C 是常数。含有顺磁性离子的绝缘体，除了铁磁金属以外，许多金属都是顺磁体。

铁磁体：这类固体的磁化率是特别大的正数，在某个临界温度 T_C 以下，纵使没有外磁场，材料中也会出现自发的磁化强度；在高于 T_C 的温度下，它变成顺磁体，其磁化率服从居里－外斯定律：

$$\chi=\frac{\mu_0 C}{T-T_C} \tag{2-11-6}$$

铁、钴、镍及其合金都是铁磁体。

亚铁磁体：这类固体当温度低于居里点 T_C 时像铁磁体，但其磁化率不如铁磁体那么大，自发磁化强度也没有铁磁体的大；当高于居里点温度时，它的特性逐渐变得像顺磁体。

反铁磁体：这类固体的磁化率是小的正数，当温度低于尼尔温度 T_N 时，它的磁化率同磁场的取向有关；当高于尼尔温度时，它的行为像顺磁体，其磁化率随温度的变化关系为：

$$\chi=\frac{\mu_0 C}{T+T_N} \tag{2-11-7}$$

2. 铁磁体材料性能表征

铁磁体在一定温度以下表现出很大的磁化率，并随着磁场的增强而出现非线性关系，在磁场强度周期性变化的磁化过程中，由于出现磁滞现象而产生闭合的磁滞回线。铁磁性物质可以是导体(如金属或合金的磁性材料)，也可以是电介质(如铁氧体)。从电导的角度来说，它与其他导体或电介质没有什么质的区别。铁磁性物质的每一个原子或分子都具有磁矩，从这一点上来看，它与顺磁性物质也没有什么区别。铁磁性物质具有自己的特点，这就是自发磁化和磁畴。

3. 磁化曲线与磁滞回线

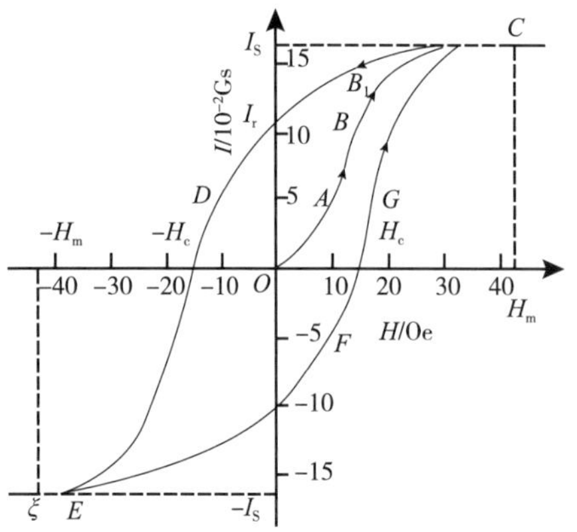

图 2－11－1　铁磁体的磁化曲线与磁滞回线图

典型的铁磁材料的磁化曲线与磁滞回线如图 2－11－1 所示。磁化曲线 $OABC$ 经过最初的直线部分以后迅速上升，如 AB；过 B 点后又转慢，到 C 点以后逐渐达到饱和磁化 I_S(技术饱和)，例如纯铁达到技术饱和时的磁场约为 500Oe，在 500～1000Oe 内 I 实际上无变化。

如果从磁化曲线的 C 点($H \approx H_m$)逐渐减弱磁场，则 I 沿另一曲线 CD 下降，到 $H=0$ 时，I 并不等于零而等于 I_r，称为剩余磁化强度。如将磁场反向增加，则 I 沿 DE 下降，到 $I=0$ 时，此时的磁场强度 $-H$ 称为矫顽力。当磁场反向增加到 $-H_m$ 时，I 将达到 $-I_S$。以后磁场由 $-H_m$ 回升到 H_m 时，曲线沿 EFG 回到 C 点，完成磁滞回线。H_m 相当于磁化达到技术饱和的磁场，此时，磁滞回线称为饱和磁滞回线。

三、实验设备及材料

实验设备：TYU－2000H 型永磁材料自动测量装置(按照 IEC 404－5 和 GB/T 3217 的测量标准设计和制备)。它适用于块状永磁材料(如铝镍钴和铁氧体)的测量，也可以对高矫顽力类永磁材料(如钕铁硼)进行测量。

实验材料：铝镍钴、铁氧体、钕铁硼。

四、实验步骤与方法

1. 开机

(1)将励磁电源的“TEST/STOP”开关弹起至“STOP”挡。

(2)打开永磁电源(即使电源开关处于“开”的位置)，打开电脑。

2. 进入测试程序

(1)双击桌面的“永磁测量”图标，打开测量软件，进入永磁测量主界面。

(2)将励磁电源的“TEST/STOP”开关弹起至“TEST”挡。

3. 磁通计(即积分器)调零

(1)根据被测样品的尺寸选择合适的磁通计量程，量程选择用鼠标单击即可。

(2)观察磁通计表头读数的变化，调节磁通计“调零”键，使磁通计读数的变化尽可能慢(小)。

4. 高斯计调零

将霍尔探头从电磁铁中移开，远离有磁体，单击“设置菜单/高斯计零点校正”菜单条，在出现的高斯计零点校正框中单击“零点校正”旋钮，即可自动校正零点(注：每次开机预热 5min，高斯计零点校正可 1 次/周)。

5. 测量线圈与霍尔探头的放置

(1)被测样品放在电磁铁极头的中心位置，套入测量线圈，再使电磁铁极头紧挨被测样品。

(2)将霍尔探头尽可能靠近被测样品的中心位置，并使它与被测样品垂直。

6. 测量操作

(1)输入样品的尺寸：单击“样品参数”菜单，出现下拉式菜单，然后根据样品的形状(长方体、圆柱体、圆环)单击相应的菜单条目；在随后出现的尺寸输入框中输入被测样品的尺寸(以 mm 为单位)。

(2)输入线圈参数：单击“材料与线圈”菜单，出现下拉式菜单；对应测量时所用的线圈(有 J 线圈、缠绕 B 线圈等)，单击相应的菜单条目，然后在输入框内输入相应线圈匝数、线径(B 线圈，单位为 mm)或残余面积(J 线圈，单位为 mm^2)。

(3)测量材料的选择：根据测量的样品，相应单击“一般永磁材料”或“稀土永磁材料”条目。

(4)选择合适的控制电压及时间：单击“励磁波形”菜单，出现下拉式菜单，单击相应的菜单条目，然后在输入框内输入相应的数字；峰值电压正比于励磁电源输出电流的大小，根据电磁电极头的大小及被测样品的厚度，选择合适的峰值电压以使被测样品饱和磁化；测量时间一般选择为60～90s，延迟时间一般选择为10s左右；单击“环境参数”菜单，出现下拉式菜单，单击相应的菜单条目，然后在输入框内输入相应的字母。

(5)正式测量：单击“测试(T)”按钮，就开始了测量(注：在测试中，会出现“退出测试”按钮，点击它则中途退出测量)；测量完毕，将绘出退磁曲线及结果，弹出询问框，如果单击“确定”按钮，则将此次测量结果(不包括曲线)保存在内存中，并在主界面显示已保存该结果；通过“打印菜单/打印结果”可把保存的测试结果打印出来。

注：如果“设置菜单/用户设置”的“测试完后显示”/“打印数据对话框”条目没有选中，则不出现上述询问框。

(6)在屏幕上观察各种曲线：单击相应的圆形按钮，可以看到“$\phi H-t$曲线”、样品的整个“磁化曲线”、第二象限的“退磁曲线”和“退磁曲线及结果”。

(7)打印：单击“打印菜单”，出现下拉式菜单。

(8)存取数据：单击“存取数据”，出现下拉式菜单。

保存数据：单击“保存数据”，出现“保存数据”对话框，输入文件名然后单击“保存”按钮。

取出数据：单击“取出数据”，出现“打开文件”对话框，选择相应的文件然后单击“打开”按钮。

保存图片：单击相应的保存图片菜单，可相应地保存图片及结果。

在“设置菜单/用户设置”菜单下，有“每次测量完后以样品编号为文件名自动存盘”条目，如果选中，则每次测量完就自动以该测试样品的“样品编号”为文件名存盘。

(9)数据处理：如果测量完一组数据，由于开始输入的样品尺寸或测量线圈匝数有误，高斯计及磁通计实际选取的量程挡与测量界面的不一致，因而测量数据不准确，这时只要将错误项改正，然后单击“重新计算”按钮即可。

7. 退出测量程序与关机

(1)单击主界面上“退出”按钮。

(2)将励磁电源的开关弹起至“STOP”挡。

(3)关计算机、励磁电源、打印机等。

8. 注意事项

(1)磁通计的选挡：磁通计共有4挡量程(25、50、100、150)，分别代表满量程为25×10^4Mx等。

(2)高斯计的选挡：高斯计共有4挡量程(5、10、20、25)，分别代表满量程为

5000Oe 等。一般来说，高斯计选取量程挡的规则为：所选挡的满量程 >3 ~5 倍 H_{cj}。

9. 稀土材料测量

稀土材料测量与一般永磁材料测量在方法上有一定的区别，一般永磁材料由于矫顽力较低，电磁铁可将其饱和磁化，可以测量它的整个饱和磁化曲线。而稀土材料的矫顽力很高，电磁铁无法将其饱和磁化。因此，对稀土材料的测量只能采用抛移法。该方法简述如下：

(1)在程序主界面上，单击“材料与线圈”菜单，出现下拉式菜单，选择“稀土永磁材料”。

(2)“励磁波形”菜单下，“测量时间”一般为100s。

(3)将“稀土样品”在脉冲充磁机上饱和充磁后，把“稀土样品”靠近“对比磁块”，与“对比磁块”相吸引的端面朝下放到电磁铁底部的那个极头面的中间，留好两个极头的空隙，旋转好霍尔探头，以便测量时放进线圈。

(4)选好高斯计、磁通计的量程挡，调节好磁通计的零漂并清零，输入各项参数。

(5)把测量线圈放到远离电磁铁和磁块的地方，单击“测试”按钮，屏幕上出现“请把线圈放进电磁内”等文字。然后，将测量线圈放进电磁铁内，套住稀土样品，并迅速拧紧电磁铁。

(6)然后点击屏幕上的“已放好线圈”按钮，等待测量完成，出现结果。

(7)其他打印、存取等功能与一般永磁测量相同。

五、实验报告要求及思考题

(1)测定不同材料的磁滞回线，打印实验结果。

(2)简述磁滞回线中各参数(B_m、B_r、H_c 等)的含义。

实验 12　材料电磁屏蔽性能测试

一、实验目的

(1)理解材料电磁屏蔽测试的原理。

(2)掌握电磁屏蔽测试的方法。

二、实验原理

电磁波是一种由互相垂直的电场和磁场周期性变化而产生的能量波，凡是高于绝对零度的物体自身都会释放电磁波。电磁波按照频率的不同，可以分为无线电波、微波、红外线、可见光、紫外线、X 射线及 γ 射线(见图 2 - 12 - 1)。电磁辐射污染产生的危害主要包括对人体健康的负面影响、对环境的不利影响及对电子设备的干扰三大方面。

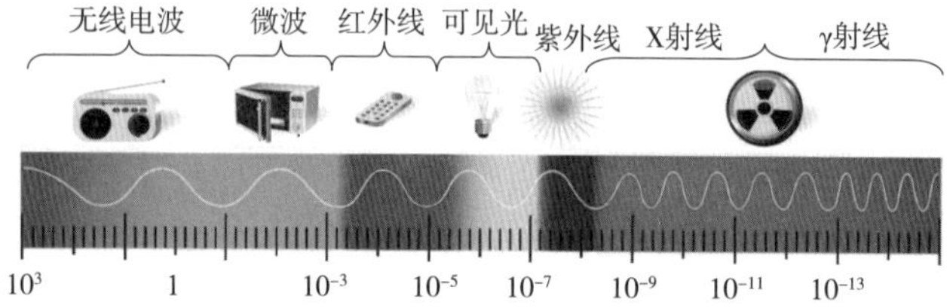

图 2 - 12 - 1　电磁波谱

在电磁学中，通常采用屏蔽效能(Shielding Effectiveness，SE)参数来对材料的屏蔽性能进行量化。屏蔽效能定义为不存在屏蔽体时某点的电磁场强度与存在屏蔽体时同一处的电磁场强度的比值，单位为分贝(dB)，如图 2 - 12 - 2 所示。

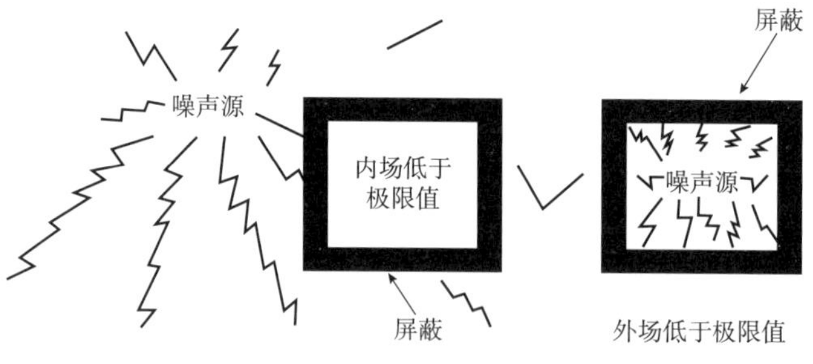

图 2 - 12 - 2　电磁屏蔽概念示意图

屏蔽效能 SE 值越大，表明屏蔽体对入射电磁波的屏蔽效果越好。电磁波屏蔽效果的分级标准如表 2 - 12 - 1 所示。

表 2 - 12 - 1　电磁波屏蔽效果的分级标准

屏蔽效能/dB	<10	10～30	30～60	60～90	>90
评价效果	差	较差	中等	良好	优

对平面波电磁场单层金属屏蔽体而言(见图 2-12-3)，屏蔽效能 SE 值可根据下式计算：

$$SE = A + R + B \qquad (2-12-1)$$

式中　A——电磁波在屏蔽层中传输时的衰减损耗，称为吸收损耗；

B——电磁波在屏蔽层中的多次反射效应；

R——电磁波在两个界面处的反射效应，称为反射损耗。

式(2-12-1)中的各参数可通过以下公式进行近似计算：

$$A = 1.314L(f\mu_r\sigma_r)^{1/2} \qquad (2-12-2)$$

$$R = 168 - 10\lg(f\mu_r/\sigma_r) \qquad (2-12-3)$$

$$B = 20\lg(1 - e^{-2L/\delta}) \qquad (2-12-4)$$

式中，$\delta = (\pi\mu\sigma f)^{-\frac{1}{2}}$为趋肤深度，$L$、$\mu_r$、$\sigma_r$、$f$、$\mu$、$\sigma$ 分别为屏蔽材料厚度、相对磁导率、相对电导率、入射电磁波频率、磁导率和电导率。

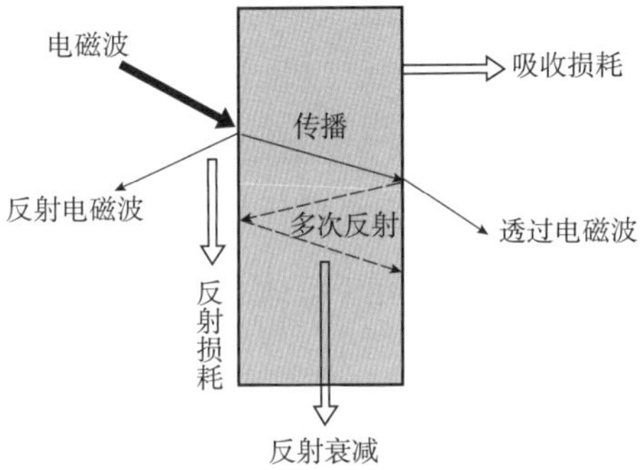

图 2-12-3　单层屏蔽体屏蔽机理

三、实验设备及材料

实验设备：测试装置由 TA7300-A 矢量网络分析仪、RD-S02 屏蔽效能测试仪、程控计算机组成，如图 2-12-4 所示。

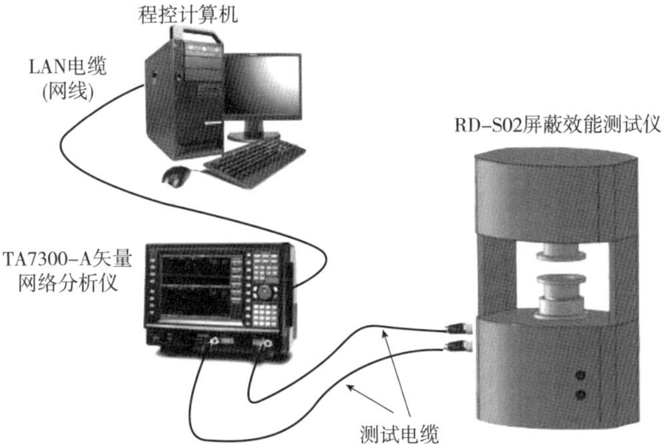

图 2-12-4　电磁屏蔽性能测试装置示意图

实验材料：塑料、纤维、玻璃和金属等材料。

四、实验步骤与方法

实验步骤与方法详见使用说明书。

测试结果如图 2 - 12 - 5 所示。

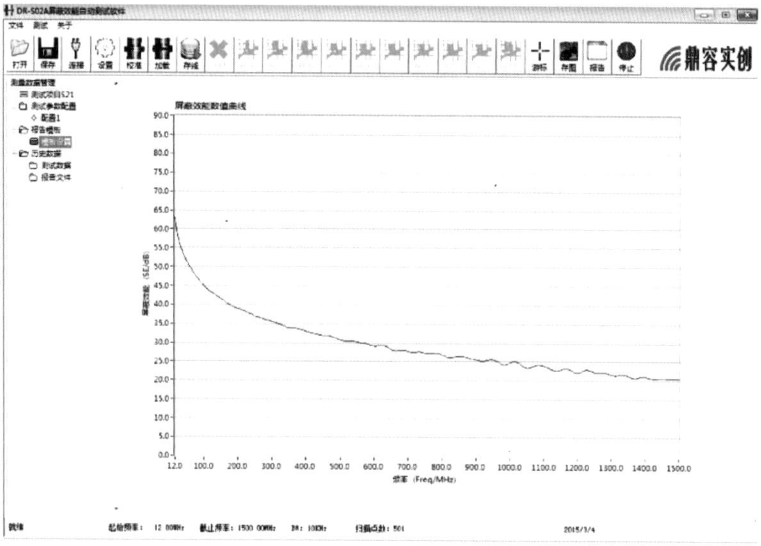

图 2 - 12 - 5　测试结果

五、实验报告要求及思考题

(1) 对比不同材料不同频率下的电磁屏蔽性能，并对数据进行相应处理。

(2) 分析影响电磁屏蔽性能的因素。

实验 13　金属及合金盐雾腐蚀实验

一、实验目的

(1)了解盐雾腐蚀的基本原理以及盐雾腐蚀箱的结构与使用。

(2)掌握盐雾气氛中金属腐蚀的实验方法。

二、实验原理

盐雾试验是评价金属材料的耐蚀性以及涂层对基体金属保护程度的加速实验方法。该方法已广泛用于确定各种保护涂层的厚度均匀性和孔隙度，作为评定批量产品或筛选涂层的实验方法。近年来，某些循环酸性盐雾试验已被用来检验铝合金的剥落腐蚀敏感性。盐雾试验亦被认为是模拟海洋大气对不同金属(有保护涂层或无保护涂层)最有用的实验室加速腐蚀实验方法。盐雾试验一般包括中性盐雾(NSS)试验、醋酸盐雾腐蚀(ASS)试验及铜加速的醋酸盐雾(CASS)试验。中性盐雾试验是最常用的加速腐蚀试验方法。

1. 中性盐雾试验

该试验适用于很多金属和电镀层的质量控制。有孔隙的镀层可做极短的盐雾喷雾，以免由于腐蚀而产生新的孔隙。根据美国材料试验协会标准，中性盐雾试验条件为：5%(质量分数)NaCl，95%(质量分数)蒸馏水，喷雾溶液的 pH 值为 6.5 ~ 7.2，雾化压缩空气的压力为 0.7 ~ 1.8kgf/cm^2，喷雾箱的温度为 35℃ ±1℃，盐雾的降落速度为 1.6 ~ 2.5mL/(h · dm^2)。

2. 醋酸盐雾试验

为了缩短试验时间，在盐溶液中加入醋酸即为醋酸盐雾试验。它适用于无机及有机镀层和涂层(黑色及有色金属)的检验。根据美国材料试验协会标准，醋酸盐雾试验条件为：5%(质量分数)NaCl，95%(质量分数)蒸馏水，冰醋酸(CH_3COOH)的 pH 值按雾液的 pH 值加溶液的 pH 值为 3.1 ~ 3.3(25℃)，溶液容器的温度为 54 ~ 57℃，喷雾箱的温度为 35℃ ± 1℃，雾化压缩空气压力为 0.7 ~ 1.8kgf/cm^2，盐雾降落速度为 0.7 ~ 2.0mL/(h · dm^2)。

3. 铜加速的醋酸盐雾试验

该实验适用于工作条件相当苛刻的钢铁表面的装饰镀层铜/镍/铬或镍/铬及锌压铸件等的快速检验，也适用于阳极氧化的铝。其方法的可靠性和准确性依赖于下列因素的严格控制：试样的清洗、试验箱内试样的位置、试验箱内的凝聚速度。根据金属表面工业国际标准，醋酸盐雾试验条件为：5%(质量分数)NaCl，95%(质量分数)蒸馏水，$CuCl_2 \cdot 2H_2O$(0.246g/L)，冰醋酸(用来调整 pH 值)，喷雾液的 pH 值为 3.1 ~ 3.3(25℃)，喷雾箱的温度为 50℃ ±1℃，雾化压缩空气压力为 0.9 ~ 1.8kgf/cm^2，盐雾降落速度为 1.0 ~ 2.0mL/(h · dm^2)。

盐雾腐蚀的基本原理实际就是失重或增重试验的原理，只不过是做成一定形状和大小的金属试样处于一定浓度的盐雾中，金属试样经过一定的时间加速腐蚀后，取出并测量其质量和尺寸的变化，计算其腐蚀速度。对于失重法，可由下式计算腐蚀速度：

$$V_{失} = \frac{m_0 - m_1}{St} \tag{2-13-1}$$

式中 $V_{失}$——金属的腐蚀速度，g/(m^2 · h)；

m_0——试件腐蚀前的质量，g；

m_1——腐蚀并经除去腐蚀产物后试件的质量，g；

S——试件暴露在腐蚀环境中的表面积，m^2；

t——腐蚀的时间，h。

对于增重法，即当金属表面的腐蚀产物全部附着在上面，或者腐蚀产物脱落下来可以全部被收集起来时，可由下式计算腐蚀速度。

$$V_{增} = \frac{m_2 - m_0}{St} \tag{2-13-2}$$

式中 $V_{增}$——金属的腐蚀速度，g/(m^2 · h)；

m_2——带有腐蚀产物后试件的质量，g。

对于密度相同的金属，可以用上述方法比较其耐蚀性能。对于密度不同的金属，尽管单位表面积的质量变化相同，但其腐蚀深度却不一样，对此，用腐蚀深度表示腐蚀速度更合适，其换算公式如下：

$$V_{深} = 8.76 \times \frac{V_{失}}{\rho} \tag{2-13-3}$$

式中 $V_{深}$——用腐蚀深度表示的腐蚀速度，mm/a；

$V_{失}$——腐蚀的失重指标，g/(m^2 · h)；

ρ——金属密度，g/cm^3。

试样放入盐雾箱时，应使受检验的主要表面与垂直方向呈 15°~30°。试样间的距离应使盐雾能自由沉降在所有试样上，且试样表面的盐水溶液不应滴在任何其他试样上。试样彼此互不接触，也不得和其他金属或吸水的材料接触。

三、实验设备及材料

实验设备：盐雾腐蚀试验箱、金相试样抛光机、分析天平、游标卡尺、电吹风。

实验材料：铝试片或镁合金、盐酸、氯化钠、冰醋酸(CH_3COOH)、$CuCl_2 \cdot 2H_2O$、酒精、尼龙丝、精密 pH 试纸等。

四、实验步骤与方法

(1)试液的制备：将氯化钠溶于蒸馏水，并调节 pH 值为 6.5~7.2。

(2)试验前，试片应彻底洗净并去除污垢，对于不需喷雾的地方应用油漆、石蜡、环氧树脂等加以保护。

(3)在光学分析天平上称重，用游标卡尺测量试片的长、宽、高，计算腐蚀表面积。

(4)将试样放入腐蚀箱中，进行腐蚀实验。

(5)观察和记录试样腐蚀情况，清除腐蚀产物，干燥后再称重。

五、实验步骤与方法

1. 实验前的准备(见图2－13－1)

(1)工作室底部加入蒸馏水或去离子水，加至不高于箱体底部溢水口即可，以防加热时造成箱体干裂老化。

(2)箱体与箱盖之间凹槽周围的水密封槽中应加入适量的蒸馏水或去离子水，加到2/3高度即可。

(3)空气饱和桶内加入蒸馏水或去离子水，在加水前先打开饱和桶加水阀、饱和桶放气阀(放气阀打开可以使加水速度加快)，待水位加至饱和桶水位管高度4/5位置为宜，当加到规定水位时，必须关闭加水阀和放气阀。由于长时间试验，饱和器水分蒸发消耗，当水位降低至水位管高度2/5位置时应该及时补水，防止因缺水导致加热管空烧，烤坏饱和器及内部加热元件。

(4)检查盐水箱和工作室内喷雾器之间的水管是否连接完好，把配制好的盐溶液(一般按5%的浓度配制)加入盐水箱内，使盐水自动注入喷雾器内恰当的位置，以免影响喷雾试验效果。

(5)检查箱体后部的排气管、排雾口：排气管与排水管是否连接，出口处是否通至下水道，管路是否堵塞，以免影响盐雾的排放。

(6)检查漏斗与集雾器之间的连接管是否通畅完好，千万不能影响盐雾沉降量的收集。

(7)检查气源与饱和器的连接管：气源与喷雾器的连接管是否脱落，阻止气体外溢或供气不足的弊端。

(8)开启箱盖，将样品正确放置在工作室内的样品架上(离周围室壁至少为工作室边长的10%)，样品与样品之间保持一定的距离，使样品暴露的表面积>98%，再盖上箱盖。

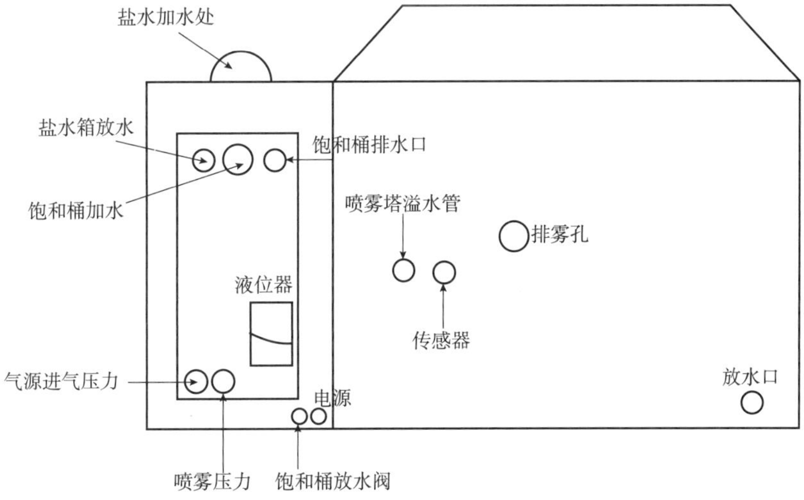

图2－13－1　盐雾箱剖面示意图

2. 操作程序

(1)先开启电源开关，此时仪表开始工作。

(2)分别按试验要求设定好工作室内温度及饱和器温度所规定的值，设定好后，不宜经常改变。一般工作室温度为 35℃ ±2℃，饱和器温度为 37℃ ±2℃(出厂前已设定好 35℃)。

(3)当工作室和饱和器的温度升至设定温度时，开启气源阀，调整好两个气阀的压力(进气压力为 3.0～4.0kgf/cm^2，喷雾压力为 1.0～1.5kgf/cm^2)。

(4)根据试验要求，调整好所需连续时间或间隙时间，一般只需设定连续时间，设定好后，选择开关拨至"连续"或"间隙"挡，试验箱各系统开始全面运行，此时标志试验开始(计算时间)。

(5)按试验要求，做好必要的试验记录。

(6)巡视检查试验箱运行情况，特别要注意查看盐雾沉降量是否正常(每小时平均 1～2mL 为正常)。若沉降量偏大或偏小，随时调节挡板的角度位置或喷雾压力，直至正常为止(此时计算测试时间应当减去调试时间)。

(7)试验按规定的时间自然停机后，应当及时关闭气源和电源，使试验箱各个系统均为静止状态。

(8)试验结束时，应当先打开试验室的排气窗，再打开试验箱的箱盖，让盐雾尽量外溢消失。最后取出样品，晾在箱外的样品架上，定时察看样品的变化。

(9)试验结束时应及时关闭总电源。

(10)打开箱盖将密封水槽内的积水及时除去，排去集雾器中的盐水，同时旋开箱体内的挡水圈，放掉箱体内的水。

(11)擦去试验箱体内外的水渍及污垢，防止时间长后会发酵长霉，最后盖上箱盖。

(12)根据试验规定的要求编写测试报告。

六、实验报告要求及思考题

(1)记录实验数据并填入下表，计算腐蚀速度。

项目名称	试样 1	试样 2
长/mm		
宽/mm		
高/mm		
腐蚀表面积/mm^2		
腐蚀前质量/g		
腐蚀后质量/g		
腐蚀速度/[g/(m^2·h)]		

(2)分析可能影响实验结果的因素，并提出避免方法。

(3)比较 $V_{失}$ 与 $V_{深}$ 的优缺点。

实验 14 极化曲线的测定与分析

一、实验目的

(1)掌握恒电位法测定阳极极化曲线的原理和方法。

(2)通过阳极极化曲线的测定，判定实施阳极保护的可能性，初步选取阳极保护的技术参数。

(3)掌握恒电位仪的使用方法。

二、实验原理

阳极电位和电流的关系曲线称为阳极极化曲线。为了判定金属在电解质溶液中采取阳极保护的可能性，选择阳极保护的致钝电流密度、维钝电流密度和钝化区的电位范围 3 个主要技术参数作为判据，需要测定阳极极化曲线。阳极极化曲线可以用恒电位法和恒电流法测定。

图 2－14－1 是较典型的阳极极化曲线。曲线 *ABCDE* 是采用恒电位法(即维持电位恒定，测定相对应的电流值)测得的阳极极化曲线。当电位从 *A* 点逐渐正向移动到 *B* 点时，电流也随之增加到 *B* 点；当电位过 *B* 点以后，电流反而急剧减小，这是因为在金属表面上生成了一层高电阻耐腐蚀的钝化膜，钝化开始发生。人为控制电位的增高，电流逐渐衰减到 *C* 点。在 *C* 点之后，电位若继续增高，由于金属完全进入钝态，电流维持在一个基本不变的很小的值——维钝电流 i_p。当电位增高到 *D* 点以后，金属进入了过钝化状态，电流又重新增大。从 *A* 点到 *B* 点的范围称为活化区，从 *B* 点到 *C* 点称为活化－钝化过渡区，从 *C* 点到 *D* 点称为钝化区，过 *D* 点以后称为过钝化区。对应于 *B* 点的电流密度称为致钝电流密度 i_{pp}，对应于 *C* 点或 *D* 点的电流密度称为维钝电流密度 i_p。

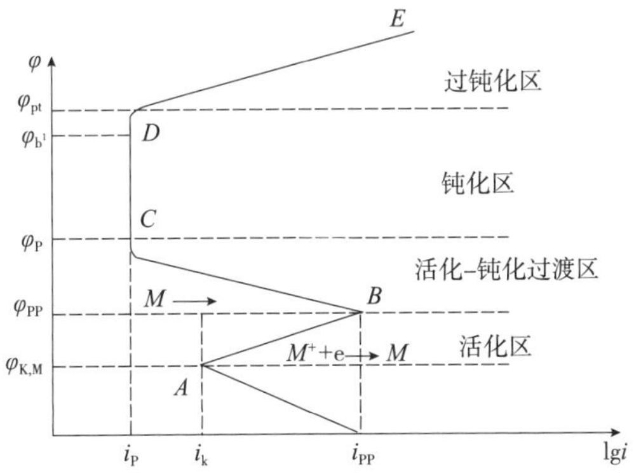

图 2－14－1 可钝化金属的阳极极化曲线

若把金属作为阳极，通过致钝电流使之钝化，再用维钝电流去保护其表面的钝化膜，可使金属的腐蚀速度大大降低，这就是阳极保护的原理。

用恒电流法测不出上述曲线的 $BCDE$ 段。在金属受到阳极极化时，其表面发生了复杂的变化，电极电位成为电流密度的多值函数。因此，当电流增加到 B 点时，电位即由 B 点跃增到 E 点，金属进入了过钝化状态，反映不出金属进入钝化区的情况。由此可见，只有用恒电位法才能测量出完整的阳极极化曲线。

本实验采用恒电位仪逐点恒定阳极电位，同时测定对应的电流值，并在半对数坐标系上绘制 $\varphi - \lg i$ 曲线，即为恒电位阳极极化曲线。反之，用恒电位仪中的恒电流挡逐点恒定电流值，测定对应的阳极电位，在半对数坐标系上绘制 $\varphi - \lg i$ 曲线，即为恒电流阳极极化曲线。

三、实验设备及材料

MCP－1 型恒电位仪、电吹风、饱和甘汞电极、铂电极、氨水(20%)800mL、盐桥(如饱和氯化钾溶液)、试件固定夹具、电解池(1000mL)、铁夹、铁架、游标卡尺、金相试样磨光机、碳钢试件(如 ϕ8mm×20mm)等。

四、实验步骤与方法

(1)将加工到一定粗糙度的试件依次用 400 号、600 号及 800 号水磨砂纸打磨，用游标卡尺测量试件的尺寸，把试件安装在夹具上分别用丙酮和乙醇脱除表面的油脂，用电吹风吹干待用。

(2)按图 2－14－2 接好测试线路，检查各接头是否正确，盐桥是否导通。

(3)测量碳钢在氨水中的自腐蚀电位(相对于饱和甘汞电极约为－0.8V)。若电位偏正，可先用很小的阴极电流($50\mu A/mm^2$ 左右)活化 1～2min，然后再测定。

(4)调节恒电位仪进行阳极极化。每隔 2～3min 调一次电位。在电流变化幅度较大的活化区和钝化过渡区，每次可调 20mV 左右；在电流变化幅度较小的钝化区每次可调 50～100mV。记录下对应的电位与电流值，观察其变化规律及电极表面的现象。

(5)换一个新处理的碳钢试件进行恒电流极化测量。先测定其自腐蚀电位，再进行阳极极化，调定一个电流值，读取相应的电位值，调节幅度参照步骤(4)。

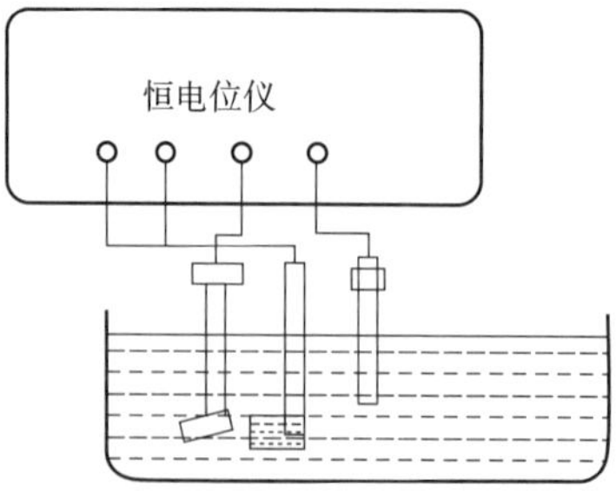

图 2－14－2 实验装置示意图

五、实验报告要求及思考题

(1)将实验数据记录在表 2－14－1 中。

表 2-14-1 实验数据记录表

序号	电极电位 φ/mV	电流强度 I/μA	现象

如果由计算机控制恒电位仪，则直接在打印出的阳极极化曲线上确定各电流密度和电极电位值。

(2)在半对数坐标纸上绘制恒电位法和恒电流法测出的 $\varphi - \lg i$ 关系曲线。

(3)分析阳极极化曲线各线段和各拐点的意义。

(4)初步确定碳钢在氨水中进行阳极保护的 3 个基本参数。

实验 15 线性极化法测定金属的腐蚀速度

一、实验目的

(1)了解线性极化法测量金属腐蚀速度的基本原理。

(2)掌握电化学工作站的使用方法。

二、实验原理

线性极化法也称极化电阻法，是基于金属腐蚀过程的电化学本质而建立起来的一种快速测定腐蚀速度的电化学方法。腐蚀金属极化方程式为：

$$i = i_k\left\{\exp\left[\frac{2.3(E-E_k)}{b_a}\right]-\exp\left[\frac{2.3(E_k-E)}{b_c}\right]\right\} \tag{2-15-1}$$

通过微分和适当的数学处理可导出：

$$R_P = \left(\frac{\Delta E}{\Delta i}\right)E_k = \frac{1}{i_k}\frac{b_a b_c}{2.3(b_a+b_c)} \tag{2-15-2}$$

式中 R_P——极化电阻，$\Omega \cdot cm^2$；

ΔE——极化电位，V；

Δi——极化电流密度，A/cm^2；

E_k——金属的自腐蚀电位，V；

i_k——金属自腐蚀电流密度，A/cm^2；

b_a，b_c——常用对数条件下的阳极、阴极塔菲尔(Tafel)常数，V。

式(2-15-1)是根据斯特恩(Stern)和盖里(Geary)的理论推导的，对于活化极化控制的腐蚀体系导出的极化阻力与腐蚀电流之间存在的关系式。在电化学测量的每一个时刻，i_k、b_a、b_c 都是定值。显然在 $E-I$ 极化曲线上，在腐蚀电位附近(<10mV)存在一段近似线性区，ΔE 与 Δi 成正比关系，此直线的斜率$(\Delta E/\Delta i)E_k$ 就是极化阻力，从而引入了“线性极化”一词。即有：

$$R_P = \left(\frac{\Delta E}{\Delta i}\right)E_k$$

R_P 恒等于腐蚀电位附近极化曲线线性段的斜率。

令 $B=\dfrac{b_a b_c}{2.3(b_a+b_c)}$，则有：

$$R_P = \frac{B}{i_k} \tag{2-15-3}$$

$$i_k = \frac{B}{R_P} \tag{2-15-4}$$

式(2-15-4)为线性极化方程式，很显然极化阻力 R_P 与腐蚀电流 i_k 成反比。但要计算腐蚀电流，还必须知道体系的塔菲尔常数 b_a 和 b_c，再从实验中测得 R_P 代入式(2-15-2)中得到。对于大多数体系可以认为腐蚀过程中 b_a 和 b_c 总是不变的。确定 b_a 和 b_c 的方法有以下几种：

(1)极化曲线法。在极化曲线的塔菲尔直线段，求直线斜率 b_a、b_c。

(2)根据电极过程动力学基本原理，由 $b_a=\dfrac{2.3RT}{(1-a)n_aF}$和 $b_c=\dfrac{2.3RT}{an_cF}$求 b_a、b_c。

(3)查表或估计 b_a 和 b_c。对于活化极化控制体系，b 值范围很宽，一般为 0.03～0.18V，大多数体系为 0.06～0.12V，如果不要求精确测定体系的腐蚀速度，而只是进行大量筛选材料和缓蚀剂以及现场监控时求其相对腐蚀速度，这还是一个可用的方法。对于一些常见的腐蚀体系，已有许多文献资料介绍了其 b 值，可以查表获取，关键是要注意使用相同的腐蚀体系、相同的实验条件和相同的测量方法的数据，才能尽量减小误差。

金属腐蚀速度的电流表示法，可按以下公式进行计算：

$$v=\frac{i_{corr}}{F}\frac{W}{n}=\frac{i_{corr}}{F}N=3.73\times10^{-4}i_{corr}N \tag{2-15-5}$$

式中 v——腐蚀速度，g/(m²·h)；

i_{corr}——腐蚀电流密度，A/m²；

F——法拉第常数，96500C/mol；

W——金属的原子质量，g；

n——金属离子的价数；

N——化学克当量，g。

金属腐蚀速度的深度表示法，可按以下公式进行计算：

$$D_{深}=8.76\frac{v^-}{\rho} \tag{2-15-6}$$

式中 $D_{深}$——腐蚀深度，mm/a；

v^-——失重腐蚀速度，g/(m²·h)；

ρ——金属密度，g/cm³。

三、实验设备及材料

实验设备：恒电位仪、电解槽、参比电极(饱和的甘汞电极)、辅助电极(Pt 电极)。

实验材料：黄铜、金属镍或不锈钢试样、3.5% NaCl 溶液、砂纸、乙醇。

四、实验内容与步骤

(1)试样准备。本实验用黄铜、金属镍或不锈钢电极，其电极为三电极系统。

(2)试样处理。实验前应将试样的工作面积用 400 号砂纸打磨至光亮，除油(丙酮擦洗)，清洗(蒸馏水)，用电吹风吹干，留出工作面积为 1cm²，其余封蜡(透明胶带纸封或 AB 胶封)。

(3)接上三电极体系，并用 SII287 恒电位仪分别测出黄铜、金属镍或不锈钢在 3.5%

NaCl 溶液中的极化曲线，用腐蚀分析软件 C_{view} 系统求出腐蚀电流，最后计算出金属的腐蚀速度。

五、实验报告要求及思考题

(1)根据实验所得数据填写表 2－15－1，并计算腐蚀速度。

表 2－15－1　实验数据记录表

项 目 名 称	黄铜	金属镍	不锈钢
极化电阻值/$\Omega \cdot cm^2$			
腐蚀速度/[$g/(cm^2 \cdot h)$]			

(2)简述用线性极化法测金属腐蚀速度的基本原理。

(3)在应用线性极化技术测定金属腐蚀速度时，分析讨论影响测量准确性的因素。

第三章　材料结构与成分分析实验

实验1　X射线衍射仪的结构、原理与使用

一、实验目的

(1)了解X射线衍射仪的构造与操作原理。

(2)了解X射线衍射仪的操作过程及步骤。

(3)掌握X射线衍射样品的制备方法。

(4)了解X射线的安全防护规定和措施。

二、实验原理

1. X射线衍射仪的基本构造与原理

X射线衍射仪是记录、研究物质X射线衍射图谱的仪器，其基本组成包括X射线源、样品及样品位置取向的调整机构或系统、衍射线方向和强度的测量系统、衍射图的处理分析系统四部分，如图3－1－1所示。对于多晶X射线衍射仪，主要由X射线发生器、测角仪、X射线探测器、X射线数据采集系统和各种电气系统、保护系统组成。

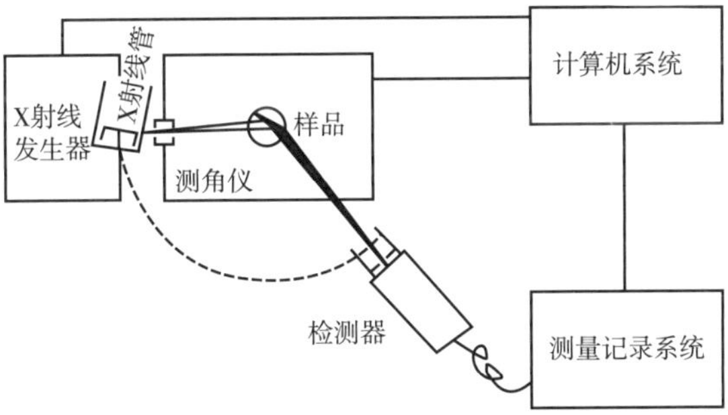

图3－1－1　X射线衍射仪的结构图

多晶X射线衍射仪中的X射线发生器是高稳定度的，它由X射线管、高压发生器、管压和管流稳定电路以及各种保护电路等部分组成。

现代衍射用的X射线管都属于热电子二极管，有密封式和转靶式两种。前者最大功率在2.5kW以内，视靶材料的不同而异；后者是为获得高强度X射线而设计的，一般功率在10kW以上，目前常用的有9kW、12kW、18kW等几种。

密封式 X 射线管的结构如图 3－1－2 所示。阴极接负高压，阳极接地。灯丝罩起着控制栅的作用，使灯丝发出的热电子在电场的作用下聚焦轰击到靶面上。阳极靶面上受电子束轰击的焦点便成为 X 射线源，向四周发射 X 射线。在阳极一端的金属管壁上一般开有四个射线出射窗，X 射线就从这些窗口往管外发射。密封式 X 射线管中除了阳极一端外，其余部分都是由玻璃或陶瓷制成的。管内真空度达 10^{-6} ～ 10^{-5} Torr（1Torr = 1mmHg = 133.322Pa），高真空可以延长发射热电子的钨灯丝的寿命，阻止阳极表面污染的发展。现代的衍射用射线管窗口一般使用 Be 片（厚 0.25～0.3mm）作为密封材料，对 MoK_{α}、CuK_{α}、CrK_{α} 分别具有 99%、93%、80% 左右的透过率。

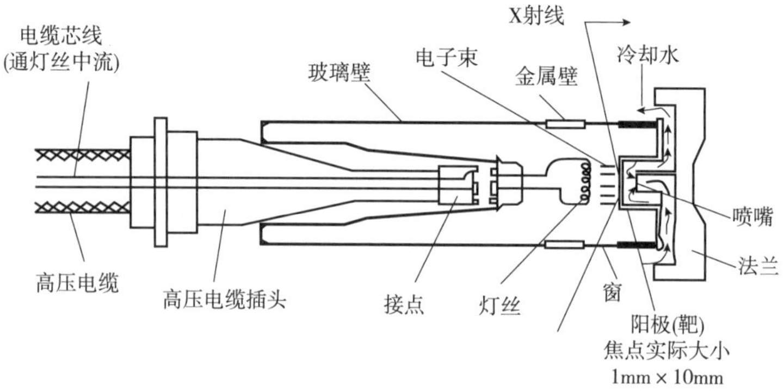

图 3－1－2　密封式衍射用 X 射线管结构示意图

阳极靶面上受电子束轰击的焦点呈细长的矩形状（称线焦点或线焦斑），从射线出射窗中心射出的 X 射线与靶面的掠射角为 3°～6°。因此，从出射方向相互垂直的两个出射窗观察靶面的焦斑，看到的焦斑的形状是不一样的（见图 3－1－3）。从出射方向垂直焦斑长边的两个出射窗口观察，焦斑成线状称为线光源；从另外两个出射窗口观察，焦斑如点状称为点光源。粉末衍射仪要求使用线光源，因此，在衍射仪每次安装管子的时候，必须辨别所使用的 X 射线出射窗是否为线焦点方向（管子上有标记）。此外，还要求测角仪相对于靶面平面要有适当的倾斜角。

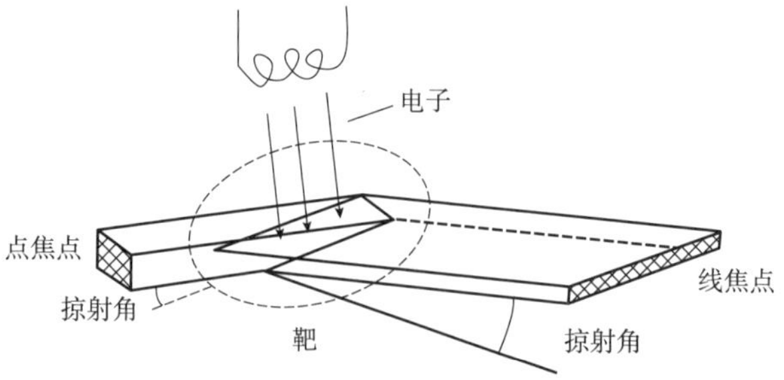

图 3－1－3　线焦点与点焦点的方向

X 射线管的额定功率因靶材的种类及厂家而异。表 3－1－1 给出了各种靶材的密封 X 射线管可达到的额定功率。长时间连续运行时，使用功率建议在额定值的 80% 以下，这样有利于管子寿命的延长。

表 3－1－1　密封式 X 射线管的额定功率　　kW

靶材种类	W	Mo	Cu	Co	Fe	Cr
细焦点 0.4mm×8mm	2.0	2.0	1.5	1.3	0.9	1.3
普通焦点 1mm×10mm	2.4	2.4	2.0	1.8	1.5	1.8
大焦点 2mm×12mm	2.7	2.7	2.7	2.7	2.2	2.7

X 射线管消耗的功率只有很少部分转化为 X 射线的功率，99% 以上都转化为热而消耗掉。因此，X 射线管工作时必须用水流从靶面背面冷却，以免靶面熔化毁坏。为提高靶面与水的热交换效率，冷却水流是用喷嘴喷射在电子焦点的背面上的，流量要求大于 3.5L/min。X 射线发生器的停水报警保护电路必须可靠。

2. 测角仪的构造及光路系统

1）测角仪的构造

测角仪是衍射仪最精密的机械部件，是 X 射线衍射仪测量中最核心部分，用来精确测量衍射角。测角仪的结构如图 3－1－4 所示。

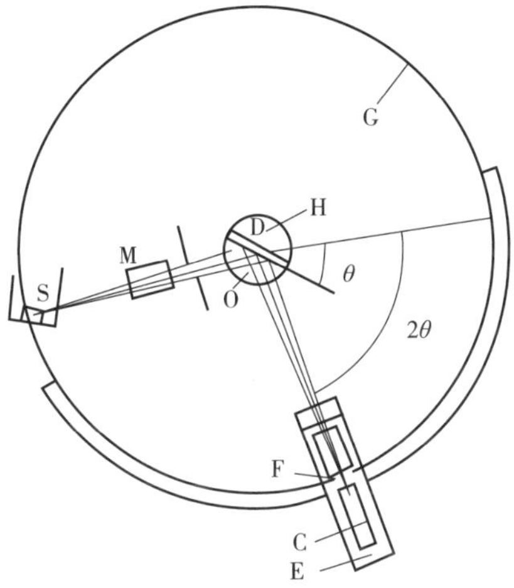

图 3－1－4　X 射线测角仪结构示意图

C—计数管；D—样品；E—支架；F—接收（狭缝）光阑；G—大转盘（测角仪圈）；H—样品台；M—入射光阑；O—测角仪中心；S—管靶焦

样品台（小转盘 H）与测角仪圈（大转盘 G）同轴（中心轴 O 与盘面垂直）；X 射线管靶面上的线状焦斑（S）与 O 轴平行；接收光阑（F）与计数管（C）共同安装在可围绕 O 轴转动的支架上；处于入射线与样品（D）之间的入射光阑（M）包括梭拉狭缝（S_1）与发散狭缝（K）（图中未画出），S_1 与 K 分别限制入射线的垂直（方向）与水平（方向）发散度；样品与接收光阑间有防散射狭缝（L）与梭拉狭缝（S_2）（图中未画出），S_2 限制衍射线的垂直发散度，而 L 与 F 限制衍射线的水平发散度；S、S_1、K、D，L、S_2 及 F 构成测角仪的光学布置，S 发出的具有一定发散度的 X 射线经 S_1 与 K 后照射到样品 D 上，产生的衍射线经 L 与 S_2 后在光阑 F 处聚焦，然后进入计数管 C；衍射实验过程中，安装在 H 上的样品（其表面应与 O

轴重合)随 H 与支架 E 以 1∶2 的角速度关系联合转动，以保证入射角等于反射角；连动扫描过程中，当 2θ 满足布拉格方程(且样品无系统消光时)，样品将产生衍射线并被计数管接收转换成电脉冲信号，经放大处理后通过记录仪描绘成衍射图。

2)测角仪的光路系统

衍射仪的测角仪的光路系统如图 3－1－5 所示。

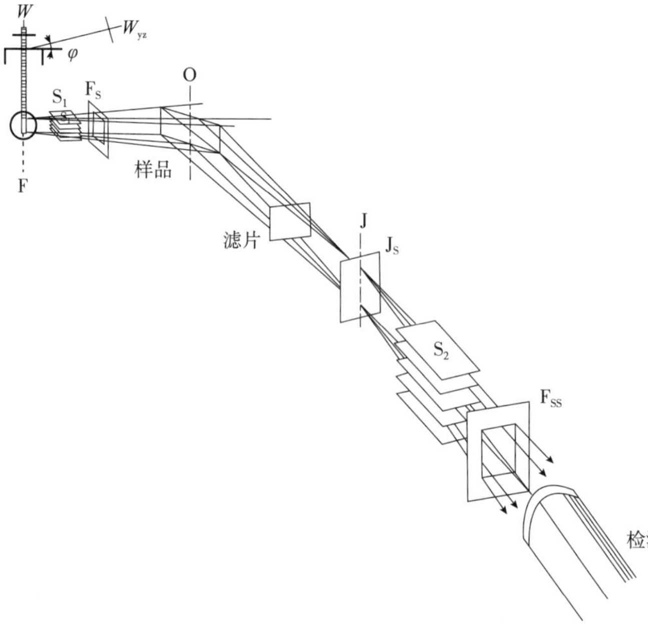

图 3－1－5　测角仪的光路系统

F—X 射线源焦线；S_1，S_2—第一、第二平行箔片光阑；F_S—发散狭缝；J—接收狭缝中线；J_S—接收狭缝；F_{SS}—防散射狭缝；O—测角仪转轴线

测角仪光路上配有一套狭缝系统，具体包含以下几个方面：

(1)Sllar 狭缝：即图 3－1－5 中的 S_1、S_2，分别设在射线源与样品以及样品与检测器之间。Sollar 狭缝是一组平行薄片光阑，由一组平行等距离的、平面与射线源焦线垂直的金属薄片组成，用来限制 X 射线在测角仪轴向方向的发散，使 X 射线束可以近似地看作仅在扫描圆平面上发散的发散束。衍射仪的 Sollar 狭缝的全发射角(2×薄片间距/薄片长度)为 3.50°左右，因此，轴向发散引起的衍射角测量误差较小，峰形畸变也较小，可以获得较佳的峰形，有较佳的衍射角分辨率。

(2)发散狭缝：即 F_S，用来限制入射光束的宽度。

(3)接收狭缝：即 J_S，用来限制所接收的衍射光束的宽度。

(4)防散射狭缝：即 F_{SS}，用来防止一些附加散射(如各狭缝光阑边缘的散射、光路上其他金属附件的散射)进入检测器，有助于减低背景。

后三种狭缝都有多种宽度的插片可供使用时选择。滤波片一般设置在样品与接收狭缝之间。

3）光路系统的要求

整个光路系统应满足以下要求：

（1）发散、接收、防散射等各狭缝的中线、X 射线源焦线以及 Sllar 狭缝的平行箔片的法线等均应与衍射仪轴平行，并且它们的高度的中点以及检测器的窗口中心、样品的中心、滤片的中心等均应同在衍射仪的扫描平面上。发散、接收、防放射等狭缝的中线位置不因更换狭缝插片（改变狭缝的宽度）而改变。

（2）自 X 射线源焦线 F 到衍射仪轴 O 的距离和 O 到接收狭缝中线 J 的距离相等，即 FO = OJ。以 F、O、J 三者严格共平面时的位置作为 2θ 等于零度的位置，发散狭缝的中线也应在这个平面上。

（3）样品表面平面以轴 O 转动，且恒与 O 重合。当 J 做连续扫描时，其转动的角速度与样品表面转动的角速度之比为 2∶1，以样品表面平面与 F 及 J 严格共平面时的位置为接收狭缝对样品做 2∶1 跟随转动的起始位置（也称目的零度位置），在这个位置上入射 X 射线光束正好掠过样品表面。

当上述要求满足后，则无论入射 X 射线束对样品表面取怎样的 θ 角，衍射的 X 射线束都能近似地聚焦进入接收狭缝中，而衍射角 2θ 就等于接收狭缝自零度位置起转过的角度。这些对光路的要求，一部分在测角仪的设计与装配时已得到了足够精度的满足，而另一部分则需在使用时通过校直操作来精细地满足。

3. X 射线强度测量记录系统

通常用于 X 射线衍射仪的辐射探测器有正比计数器、闪烁计数管和位敏正比探测器。计数器的主要功能是将 X 射线光子的能量转换成电脉冲信号。

闪烁计数管是各种晶体 X 射线衍射工作中通用性最好的检测器。它的主要优点是：对于晶体 X 射线衍射工作使用的各种 X 射线波长均具有很高的以至 100% 的量子效率；稳定性好，使用寿命长；具有很短的分辨时间（10^{-7} s 级），因而实际上不必考虑检测器本身所带来的计数损失；对晶体衍射用的软 X 射线也有一定的能量分辨力。因此现在的 X 射线衍射仪大多配用闪烁计数管。

X 射线粉末衍射仪的 X 射线强度测量记录系统配用 NaI 闪烁检测器，由放大器、分析器和计数率表三个插件组成脉冲幅度分析计数系统。

X 射线衍射分析中使用的闪烁计数管，其闪烁体大多使用掺 Ti 的 NaI 晶体。闪烁计数管的工作原理如图 3－1－6 所示，它由闪烁体、光电倍增管和前置放大器组成。

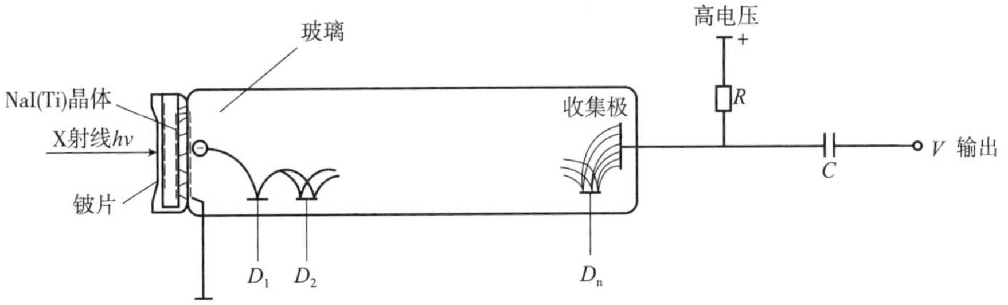

图 3－1－6　闪烁计数管的工作原理

闪烁体是掺0.5%左右Ti作为激活剂的NaI透明单晶体的切片，厚约1～2mm。晶体密封在一个特制的盒子里，防止NaI晶体受潮损坏。密封盒的一个面是不透光的薄铍片，用作接收射线的窗；另一面是对蓝紫色光透明的光学玻璃片。密封盒的透光面紧贴在端窗式的光电倍增管的光电阴极窗上面，界面上涂有一薄层光学硅脂以增加界面的光导率。NaI晶体被X射线激发能发出420nm(蓝紫色)的可见光。每个入射X射线量子将使晶体产生一次闪烁。每次闪烁激发倍增管光电阴极产生光电子，这些一次光电子被第一级收集并激发出更多的二次电子，再被下一级收集，由此倍增出更多的电子。

4. X射线的防护

X射线对人体组织能造成伤害。人体受X射线辐射损伤的程度，与受辐射的量(强度和面积)和部位有关，眼睛和头部较易受伤害。衍射分析用的X射线(属"软"X射线)比医用X射线(属"硬"X射线)波长更长，穿透弱，吸收强，故危害更大。所以，每个实验人员都必须牢记：对X射线要注意防护。人体受超剂量的X射线照射，轻则烧伤，重则造成放射病乃至死亡。因此，一定要避免受到直射X射线束的直接照射，对散射线也需加以防护，也就是说，在仪器工作时对其初级X射线(直射线束)和次级X射线(散射X射线)都要警惕。前者是从X射线焦点发出的直射X射线，强度高，在X射线分析装置中通常它只存在于限定的方向中。散射X射线的强度虽然比直射X射线的强度小几个数量级，但在直射X射线行程附近的空间都有散射X射线，所以直射X射线束的光路必须用重金属板完全屏蔽起来，即使小于1mm的小缝隙，也会有X射线漏出。

防护X射线可以使用各种铅的或含铅的制品(如铅板、铅玻璃、铅橡胶板等)或含重金属元素的制品，如高铅含量的防辐射有机玻璃等。

按照射线防护的规定，以下要求是必须遵守的：

(1)每个使用X射线的单位须向卫生防疫主管部门申办"放射性工作许可证"和"放射性工作人员证"，负责人需经过资格审查。

(2)X射线装置防护罩的泄漏射线须符合防护标准的要求：在距机壳表面外5cm处的任何位置，射线的空气吸收剂量率须小于2.5μGy/h；在使用X射线装置的地方，须有明确的警告标识，禁止闲人进入。

(3)X射线操作者要使用防护用具。

(4)X射线操作者要具备射线防护知识。要定期接受射线职业健康检查，特别注意眼睛、皮肤、指甲和血常规的检查，检查记录要建档保存。

(5)X射线操作者可允许的被辐照剂量当量为一年不超过50mSv或三个月不超过30mSv(考虑到全身被辐照的最坏情况而作的估算)。

三、实验方法

X射线衍射实验方法包括样品制备、实验参数选择和样品测试。

1. 样品制备

制备出符合要求的样品是衍射实验技术中重要的一环，通常制成平板状样品。衍射仪均附有表面平整光滑的玻璃的或铝质的样品板，板上开有窗孔或不穿透的凹槽，样品放入其中进行测定。

1)粉晶样品的制备

(1)将被测试样在玛瑙研钵中研成10μm左右的细粉。

(2)将适量研磨好的细粉填入凹槽，并用平整的玻璃板将其压紧。

(3)将槽外或高出样品板面的多余粉末刮去，重新将样品压平，使样品表面与样品板面平整光滑。若是使用带有窗孔的样品板，则把样板放在一表面平整且不光滑的玻璃板上，将粉末填入窗孔，捣实压紧即成；在样品测试时，应使贴玻璃板的一面对着入射X射线。

2)特殊样品的制备

对于金属、陶瓷、玻璃等一些不易研成粉末的样品，可先将其锯成窗孔大小，磨平一面，再用橡皮泥或石蜡将其固定在窗孔内。对于片状、纤维状或薄膜样品也可按窗孔大小直接嵌固在窗孔内。但固定在窗孔内的样品其平整表面必须与样品板平齐，并对着入射X射线。

2. 测量方式和实验参数的选择

1)X射线波长的选择

选择适用的X射线波长(选靶)，是实验成功的基础。实验采用哪种靶的X射线管，要根据被测样品的元素组成而定。选靶的原则是：避免使用能被样品强烈吸收的波长，否则将使样品激发出强的荧光辐射，增高衍射图的背景。根据元素吸收性质的规律，选靶规则是：X射线管靶材的原子序数要比样品中最轻元素(钙及比钙更轻的元素除外)的原子序数小或相等，最多不宜大于1。

2)狭缝的选择

狭缝的大小对衍射强度和分辨率都有影响。大狭缝可得到较大的衍射强度，但降低了分辨率，小狭缝可提高分辨率但损失了强度，一般如需要提高强度时宜选大些的狭缝，需要高分辨时宜选用小些的狭缝，尤其是接收狭缝对分辨率影响很大。每台衍射仪都配有各种狭缝以供选用，其中发散狭缝的目的是限制光束不要照射到样品以外的地方，以免引起大量附加的散射或线条；接收狭缝是为了限制待测角度附近区域上的X射线进入检测器，它的宽度对衍射仪的分辨力、线的强度以及峰高/背底比起着重要作用；防散射狭缝是光路中的辅助狭缝，它能限制由于不同原因产生的附加散射进入检测器。表3－1－2列出了扫描的起始角(2θ)与发散狭缝的孔角α的关系。

表3－1－2 扫描的起始角(2θ)与发散狭缝的孔角α的关系

发散狭缝孔角α/(°)	所适用的最低2θ角/(°)	相应的最大d间距/nm		
		Mo K_α	Cu K_α	Co K_α
$\frac{1}{6}$(10′)	2.9	1.40	2.95	3.4

续表

发散狭缝孔角 $\alpha/(°)$	所适用的最低 2θ 角/(°)	相应的最大 d 间距/nm		
		Mo K_α	Cu K_α	Co K_α
$\frac{1}{2}(30')$	8.5	0.48	1.04	1.2
1	17.0	0.24	0.52	0.605
2	34.5	0.12	0.26	0.30
3	56.2	0.08	0.16	0.19
4	72.8	0.06	0.13	0.15

注：扫描半径 $R = 180$mm，$L = 20$mm。

3)测量参数选择

衍射仪测量方式有连续扫描和步进扫描两种。不论是哪一种测量方式，在快速扫描的情况下都能相当迅速地给出全部衍射花样，它适合于物质的预检，特别适用于对物质进行鉴定或定性估计。对衍射花样局部做非常慢的扫描，适合于精细区分衍射花样的细节和进行定量的测量，例如混合物相的定量分析、精确的晶面间距测定、晶粒尺寸和点阵畸变的研究等。

(1)定速连续扫描　试样和接收狭缝按 1∶2 的角速度比均以固定速度转动。在转动过程中，检测器连续地测量 X 射线的衍射强度，各晶面的衍射线依次被接收。现代衍射仪均采用步进电机来驱动测角仪转动。因此，实际上转动并不是严格连续的，而是一步一步跳跃式转动的，这在转动速度慢时特别明显。但是检测器及测量系统是连续工作的。连续扫描的优点是工作效率高，例如扫描速度为 4 °/min(2θ)时，扫描范围为 20°~80°的衍射图 15min 即可完成，而且也有不错的分辨率、灵敏度和精确度，因而对大量的日常工作(一般是物相鉴定工作)是非常合适的。但在使用长图记录仪录图时，记录图会受计数率表 RC 的影响，须适当地选择时间常数。

(2)定时步进扫描　试样每转动一定的 $\Delta\theta$ 就停止，然后测量记录系统开始工作测量一个固定时间内的总计数(或计数率)，并记录总计数和对应的 2θ 角，然后试样再转动一定的 $\Delta\theta$ 再进行测量。如此一步步进行下去，完成衍射图的扫描。

(3)步长的选择　用计算机进行衍射数据采集时，可选定速连续扫描方式，也可以选定时步进扫描方式。这两种方式都要适当选择采集数据的“步长”(或称“步宽”)。采样步长小，数据个数增加；每步强度总计数小，计数误差大；但能更好地再现衍射的剖面图。采样步长大，能减少数据的个数，减少数据处理时的数据量；每步强度总计数较大，计数误差较小；但若步长过大，将影响衍射剖面图的再现。为保证衍射峰的检出，采样步宽不能大于衍射峰半高全宽(FWHM)的 1/2。若干典型的记录目的与衍射仪实验条件的选择列于表 3-1-3 中，可供参考。一般使用 0.1~0.2mm 宽的接收狭缝，扫描速度为 1°/min(2θ)，时间常数为 1s，已能得到很好分辨能力的衍射图了，而且所费时间也不算太多。

表3-1-3　记录目的与衍射仪工作条件的选择

记录目的	发散狭缝/(°)	接收狭缝/mm	扫描速度/(°)·min^{-1}	样品厚度
定性鉴定样品的主要组分，记录大角度范围的衍射图	2(中等)	0.2~0.6(中到大)	2或4	厚
定性鉴定样品的少量组分，记录大角度范围的衍射图	4(大)	0.2~0.4(中等)	2	厚
对尖锐的峰进行准确的积分强度的测量	4(大)	0.4或特宽	1/8，1/4或定点测量	厚
对宽的峰进行准确的积分强度的测量	4(大)	0.6(大)	1/4，1/2	厚
取得细节清楚、分辨良好的一小段衍射图	1(小)	0.08~0.2(小)	1/8，1/4	薄
研究衍射峰的宽化	1(小)	0.08(小)	1/8	薄
精确测定晶胞常数	1(小)	≤0.24(小)	1/8	薄

此外，靶材、滤片及管流、管压都要适当选择。值得指出的是，要想得到一张显示物质精细变化的高质量衍射图，应根据不同的分析目的而使各种参数适当配合。表3-1-4提供了一些可供选用的参考方案。

表3-1-4　实验数据的选择

条件	未知试样的简单相分析	铁化合物的相分析	有机高分子测定	能量相分析	定量相分析	点阵参数测定
靶材	Cu	Cr，Fe，Co	Cu	Cu	Cu	Cu，Co
K_β滤波片	Ni	V，Mn，Fe	Ni	Ni	Ni	Ni，Fe
管压/kV	35~45	20~40	35~45	35~45	35~45	35~45
管流/mA	30~40	20~40	30~40	30~40	30~40	30~40
时间常数/s	1，0.5	1，0.5	2，1	2~10	2~10	1~5
扫描速度/(°)·min^{-1}	2，4	2，4	1，2	1/2，1	1/4，1/2	1/8~1/4
走纸/(°)·min^{-1}	2，4	2，4	1，2	1/2，1	1，2，1/2	1/2~4
D.S/(°)	1	1	1/2，1	1	1/2，1，2	1
R.S/(°)	0.3	0.3	0.15，0.3	0.3，0.6	0.15，0.3，0.6	0.15，0.3
扫描范围/(°)	2~90	10~120	2~60	2~90	需要	尽可能高角度线

四、实验内容与步骤

1. 衍射仪

本实验所采用的仪器为日本理学公司的Rigaku D/max 2500型X射线衍射仪，如

图 3-1-7 所示。Rigaku D/max 2500 型 X 射线衍射仪采用 18kW 转靶 X 射线光源，左右两侧均可安装立式测角仪，图 3-1-7 中左侧的样品台为高温样品台，样品可以被加热到某温度后开始测量，可以实现同一样品在不同温度和保温时间内的在线测量。有利于观察高温相变过程，而且使用同一样品，不同条件下的测量数据(峰高、峰面积、峰宽等)都可以直接比较。衍射仪右侧一般安装常温样品台，样品台可以更换为多功能样品台，多功能样品台是完成残余应力、织构、薄膜样品测量的基本要求。2500 型 X 射线衍射仪一般配置普通光路系统，采用自动狭缝，也可以配置平行光路系统以实现薄膜测量，将线光源切换成点光源实现织构和残余应力测量。

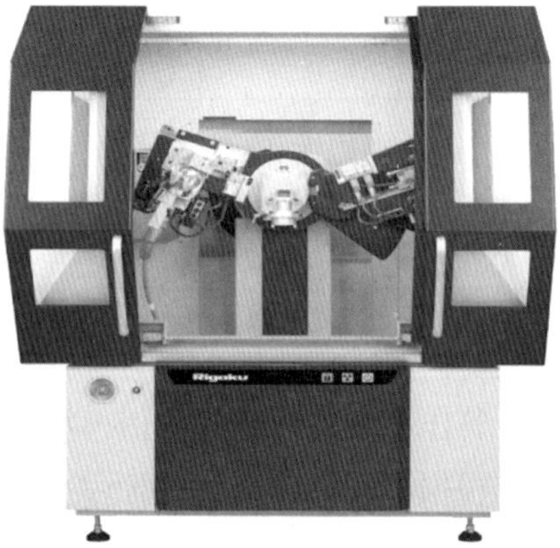

图 3-1-7　Rigaku D/max 2500 型 X 射线衍射仪

2. Rigaku D/max 2500 型 X 射线衍射仪操作步骤

(1)打开真空系统。Rigaku D/max 2500 型 X 射线衍射仪采用转靶的光管，因此需要一套高真空系统确保光管内的高真空度。真空系统由前级机械泵和分子泵组成。实验前要先打开真空系统，确保真空系统正常工作并在 10^{-5}Pa 的真空度以下，才可以开启 X 射线。

(2)打开循环水系统，注意水流正常。

(3)打开仪器控制计算机，双击桌面上的“XG Control”程序图标，在弹出窗口中按下“Power on”按钮，打开控制电源。

(4)等待约 1min 后，指示灯变为绿色，指示可以开启 X 射线。按下“X-rayon”按钮，打开 X 射线。初始光管功率为 20kV×10mA。如果光管较长时间没有开启过，必须经过老练程序对光管进行老练才可以开始数据测量，老练工作一般由实验技术员完成。

(5)打开 Right Measurement System 程序，出现测量参数设置窗口，选择一个测量参数文件号(1~99)，输入测量参数。主要测量参数见表 3-1-5。

(6)衍射仪通常有左右两个门，每次只能打开一个门。测量常温样品时，按下衍射仪前面板右下角的“down”按钮，听到报警声后向右侧拉开衍射仪的右防护门，将准备好的试样插入衍射仪样品架，盖上顶盖，关闭好防护罩门。

(7)回到测量程序，输入测量数据的保存路径和文件名。

表 3-1-5　主要测量参数

项目名称	设 置 及 说 明
Start angle	开始角。一般设置为 5°或 10°，也可以更大一些，但应保证不遗漏最低角衍射峰，即开始角应当小于物相最大面间距的衍射峰衍射角。广角扫描时，开始角不得小于 3°，否则将使直射光进入计数器，使计数器被击穿损坏。实验前应当查阅 PDF 卡片库，估计样品中可能包含物相的衍射峰角度范围
End angle	结束角。不同衍射仪的最大允许测量角度不同，一般为 140°左右。高角度衍射峰因为强度低，在一般测量中没有实用价值。通常设置为 80°或 90°
Step Width	步长，即数据采集时的角度数据间隔。一般设置为 0.02°
Scan Speed	扫描速度。视样品种类不同的需要，物相鉴定时可以设置为(1°~8°)/min。精确扫描(如点阵常数测量)时，应当采用步进扫描(FT)。改变计数时间可改变此参数。步进扫描的计数时间通常设置为 1s 或更大，以保证数据质量
kV	光管电压。Cu 靶设置为 40kV
mA	灯丝电流。对于 18kW 转靶，通常设置为 250~300mA

(8)单击"Executement"按钮开始测量，测量结束后测量数据文件自动保存。

(9)如果有多个样品需要测量，则重复步骤(6)、(7)和(8)。

(10)测量结束后，关闭测量程序窗口。按下"XG Control"窗口中的"X-ray off"按钮，关闭 X 射线。

(11)等待 20min 后，按下"XG Control"窗口中的"Power off"按钮，切断控制电源，关闭循环水。

(12)切断循环水源和 220V 低压电源。保持 380V 真空系统运行，以保证光管的真空度。

五、实验报告要求及思考题

(1)选择一种衍射仪，学习该衍射仪的操作规程。

(2)分别练习化合物粉体样品和金属合金块体样品的制备、安装和测量。

(3)讨论粉体样品的粒度、湿度(是否含有水分)、装样方法、样品平整度、工作电压和电流、狭缝大小、扫描速度等各种因素对衍射强度、衍射角位置以及峰形、轮廓线形的影响。

实验2 物相定性分析

一、实验目的

(1)掌握X射线衍射物相定性分析的原理和实验方法。

(2)熟悉PDF卡片的查找方法和物相检索方法。

(3)掌握X射线衍射分析软件Jade的基本操作。

二、实验原理

1. 物相定性分析原理

X射线入射到多晶体上，产生衍射的充要条件是：

$$2d\sin\theta = n\lambda \tag{3-2-1}$$

$$F(hkl) \neq 0 \tag{3-2-2}$$

其中，公式(3-2-1)确定了衍射方向，在一定的实验条件下衍射方向取决于晶面间距d，而d是晶胞参数的函数；公式(3-2-2)表示衍射强度与结构因子$F(hkl)$的关系，衍射强度正比于$F(hkl)$模的平方。$F(hkl)$的数值取决于物质的结构，即晶胞中原子的种类、数目和排列方式，因此决定X射线衍射谱中衍射方向和衍射强度的一套d和I的数值是与一个确定的晶体结构相对应的。这就是说，任何一个物相都有一套$d-I$特征值，两种不同物相的结构稍有差异，其衍射谱中的d和I将有区别，这就是应用X射线衍射分析和鉴定物相的依据。

当被测试样包含多种物相时，每个物相产生的衍射将独立存在，互不相干。该试样的衍射结果是各个单相衍射图谱的简单叠加。因此应用X射线衍射可鉴别出多相样品中的每一个物相。

一种物相衍射谱中的$d-I/I_1$(I_1是衍射图谱中最强峰的强度值)的数值取决于该物质的组成与结构，其中I/I_1称为相对强度。当两个样品$d-I/I_1$的数值都对应相等时，这两个样品就是组成与结构相同的同一种物相。因此，当一未知物相的样品衍射谱上的$d-I/I_1$的数值与某已知物相M的数据相合时，即可认为未知物即是M相。由此看来，物相定性分析就是将未知物的衍射实验所得的结果，考虑各种偶然因素的影响，经过去伪存真获得一套可靠的$d-I/I_1$数据后与已知物相的I/I_1相对照，再依照晶体和衍射的理论对所属物相进行肯定与否定。目前，已测量了大约290000种物相的I/I_1数据，将每个已知物相的$d-I/I_1$数据制作成一张PDF卡片，若待测物是在已知物相的范围之内，即可实现物相分析工作。

2. PDF卡片

一张PDF卡片包含一种物相的各种晶体学、化学、光学等性质。现代衍射仪都使用电子版的PDF卡片，如图3-2-1所示。

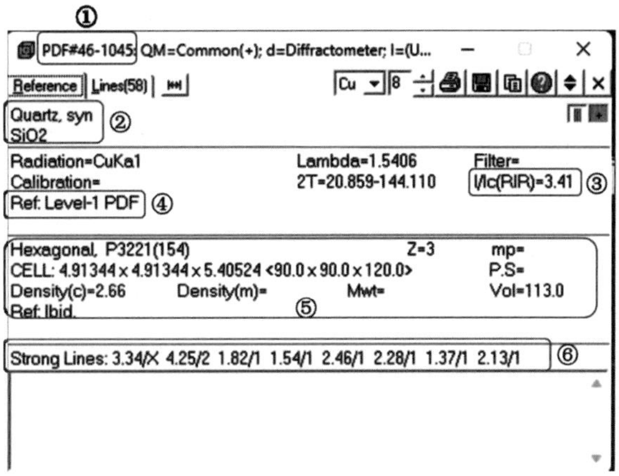

图 3－2－1　PDF 卡片(一)

图 3－2－1 包括六栏数据：

第一栏：卡片号和数据来源。卡片号由组号(01～99)和组内编号(0001～9999)组成。最新的 PDF4 卡片号由三组数据构成，即在前面再加上一个两位数，这样数据库可容纳更多的卡片。数据来源是指卡片数据是由实验测得还是通过计算得来的。以 PDF2 2004 年版为例，卡片库中 1～54 组的卡片是实验测得的，60～70 组是计算得到的，而 70 组以后的卡片是由国际晶体学数据库卡片转换过来的。

第二栏：物相的化学组成、化学名称和矿物名称。

第三栏：测量条件和 RIR 值。

第四栏：数据引源(Ref = …)。

第五栏：晶体结构和晶体学数据。

第六栏：8 强线数据，即该物相衍射谱中最强的 8 条线位置和相对强度。

PDF 卡片的数据可以打印出来或保存成 1 个文本文件(Export)。

图 3－2－2 所示为 PDF 卡片的第二页。

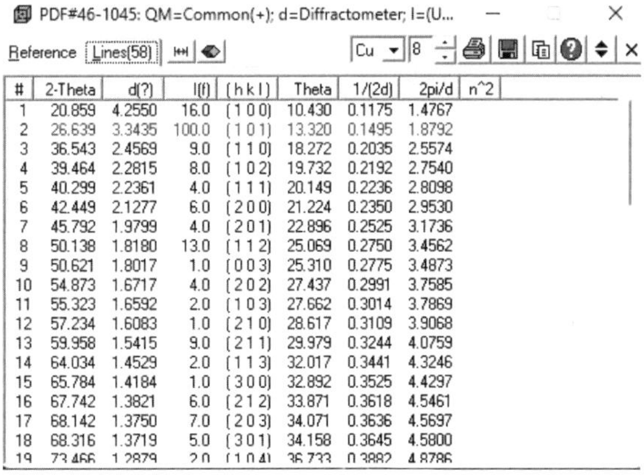

#	2-Theta	d(?)	I(f)	(h k l)	Theta	1/(2d)	2pi/d	n^2
1	20.859	4.2550	16.0	(1 0 0)	10.430	0.1175	1.4767	
2	26.639	3.3435	100.0	(1 0 1)	13.320	0.1495	1.8792	
3	36.543	2.4569	9.0	(1 1 0)	18.272	0.2035	2.5574	
4	39.464	2.2815	8.0	(1 0 2)	19.732	0.2192	2.7540	
5	40.299	2.2361	4.0	(1 1 1)	20.149	0.2236	2.8098	
6	42.449	2.1277	6.0	(2 0 0)	21.224	0.2350	2.9530	
7	45.792	1.9799	4.0	(2 0 1)	22.896	0.2525	3.1736	
8	50.138	1.8180	13.0	(1 1 2)	25.069	0.2750	3.4562	
9	50.621	1.8017	1.0	(0 0 3)	25.310	0.2775	3.4873	
10	54.873	1.6717	4.0	(2 0 2)	27.437	0.2991	3.7585	
11	55.323	1.6592	2.0	(1 0 3)	27.662	0.3014	3.7869	
12	57.234	1.6083	1.0	(2 1 0)	28.617	0.3109	3.9068	
13	59.958	1.5415	9.0	(2 1 1)	29.979	0.3244	4.0759	
14	64.034	1.4529	2.0	(1 1 3)	32.017	0.3441	4.3246	
15	65.784	1.4184	1.0	(3 0 0)	32.892	0.3525	4.4297	
16	67.742	1.3821	6.0	(2 1 2)	33.871	0.3618	4.5461	
17	68.142	1.3750	7.0	(2 0 3)	34.071	0.3636	4.5697	
18	68.316	1.3719	5.0	(3 0 1)	34.158	0.3645	4.5800	
19	73.466	1.2879	2.0	(1 0 4)	36.733	0.3882	4.8786	

图 3－2－2　PDF 卡片(二)

这里包括在测量范围内的每条衍射线的角度(2 - Theta)、面间距[d(?)]、相对强度[$I(f)$]和衍射面指数[(hkl)]。

3. PDF 卡片检索方法

现代 X 射线衍射系统都配备有自动检索系统，通过图形对比方式检索样品中的物相(如 MDI Jade、EVA 软件等)。PDF 卡片检索的步骤包括：

(1)给出检索条件。检索条件主要包括检索子库、样品中可能存在的元素等。

①检索子库。PDF 卡片按物质的种类分为无机物、矿物、合金、陶瓷、水泥、有机物等多个子数据库。检索时，可以按测量样品的种类，适当选择在一个或几个子库内检索，以缩小检索范围，提高检索的命中率。

②样品的元素组成。在做 X 射线衍射实验前应当先检查样品中可能存在的元素种类。在 PDF 卡片检索时，选择可能存在的元素，以缩小元素检索范围。

③其他检索条件。包括 PDF 卡片号、样品颜色、文献出处等十几种辅助检索条件。检索时应当尽可能利用这些检索条件，以缩小检索范围，提高检索的命中率。

(2)计算机按照给定的检索条件对衍射线位置(角度)和强度进行匹配，计算匹配品质因数(FOM)。匹配品质因数的定义为：完全匹配时，FOM = 0，完全不匹配时，FOM = 100。将匹配品质因数最小的前 100 种物相列出一个表。

(3)操作者观察列表中各种物相(PDF 卡片)与实测 X 射线谱的匹配情况作出判断，检定出一定存在的物相。

一般来说，判断物相是否存在有三个条件：

①PDF 卡片中的峰位与测量谱的峰位是否匹配。换句话说，一般情况下 PDF 卡片中出现的峰的位置，样品谱中必须有相应的峰与之对应，即使三条强线对应得非常好，但有另一条较强线位置明显没有出现衍射峰，也不能确定存在该相。除非能确定样品存在某种明显的择优取向，此时需要另外考虑择优取向问题。但是，对于一些固溶样品，峰位可能会向某一衍射角方向偏移，此时只要峰位移动后是匹配的，也应当确定有该物相存在。

②卡片的峰强比与样品峰的峰强比要大致相同。也有例外的情况，如加工态的金属块状样品，由于择优取向存在，导致峰强比不一致，因此，峰强比仅可作参考。特别是一些强织构样品、薄膜样品，某些衍射峰的强度匹配会出现异常，甚至某些方向的衍射不会出现。

③检索出来的物相包含的元素在样品中必须存在。例如，如果检索出一个 FeO 相，但样品中根本不可能存在 Fe 元素，则即使其他条件完全吻合，也不能确定样品中存在该相，此时可考虑样品中存在与 FeO 晶体结构大体相同的某相。对于无机材料和黏土矿物，一般参考“特征峰”来确定物相，而不要求全部峰的对应，因为同一种黏土矿物中包含的元素也可能不同，结构上也可能存在微小的差异。

三、实验步骤与方法

有一未知粉体样品，经化学分析，样品中含有金属元素 Ca、Zn，需要鉴定物相。具体实验步骤如下：

(1)选择扫描范围为20°~80°，用连续扫描方式扫描，得到样品的“全谱”。

(2)用 Jade 软件打开测量图谱。

(3)用鼠标右键单击常用工具栏中的 S/M 按钮，显示物相检索参数设置窗口。

(4)勾选“Use Chemistry Filter”，显示出一个元素周期表(见图3-2-3)，单击可能存在的元素(阳离子仅为 Zn、Ca，阴离子可以全部选上)。

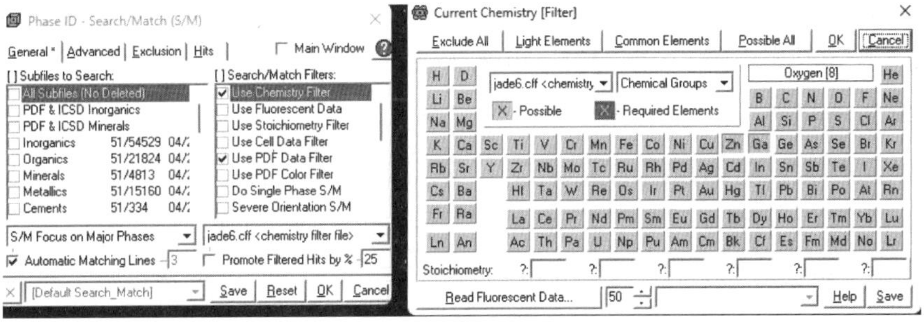

图3-2-3　可能存在元素的选择界面

(5)系统自动检索出与样品衍射谱最匹配的100种 PDF 卡片并列表显示。

(6)在检索结果列表中，根据谱线角度匹配情况并参考强度匹配情况，选择最匹配的 PDF 卡片作为物相鉴定结果。

(7)选择“Report - Phase IDReport”命令，打印物相鉴定结果，如图3-2-4所示。

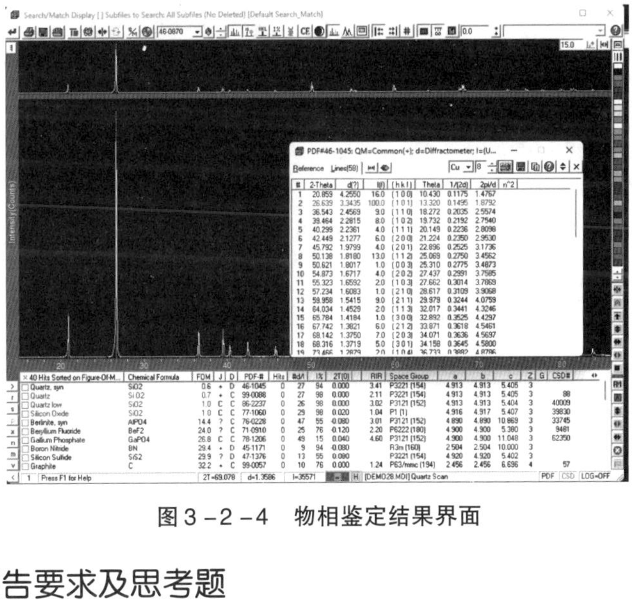

图3-2-4　物相鉴定结果界面

四、实验报告要求及思考题

(1)分别以粉末样品和加工态合金块体样品为实验对象，鉴定其物相组成。

(2)简述实验过程。

(3)描述 PDF 卡片所包含的内容。

(4)说明物相鉴定的依据，以及多相样品的物相定性分析中存在哪些困难。

实验3 扫描电镜的结构、工作原理及使用

一、实验目的

(1)了解扫描电镜的构造及工作原理。

(2)初步学习 Sirion 200 场发射扫描电镜的操作方法。

二、实验原理

扫描电子显微镜(简称扫描电镜或 SEM)是目前较先进的一种大型精密分析仪器，它在材料科学、地质、石油、矿物、半导体及集成电路等方面得到了广泛的应用。

扫描电子显微镜的优点为：①景深长、图像富有立体感；②图像的放大倍率可在大范围内连续改变，而且分辨率高；③样品制备方法简单，可动范围大，便于观察；④样品的辐照损伤及污染程度较小；⑤可实现多功能分析。Sirion 200 扫描电镜外观照片如图 3－3－1 所示。

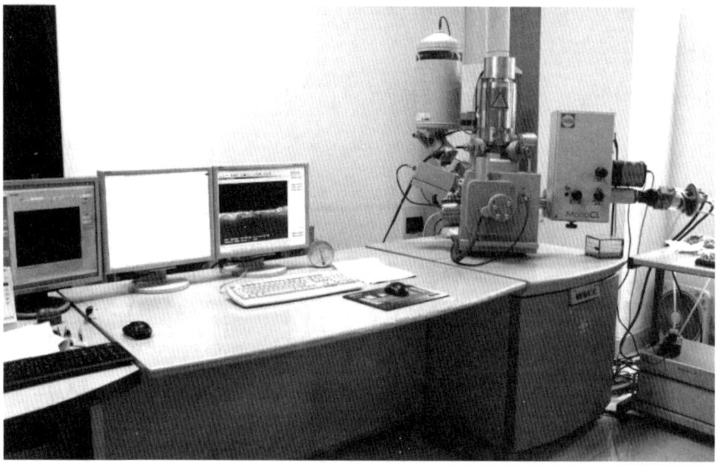

图 3－3－1 Sirion 200 扫描电镜外观照片

1. 扫描电镜的构造组成

图 3－3－2 为扫描电子显微镜构造示意图，详细说明了扫描电子显微镜的构造细节。扫描电镜由四部分构成：①电子光学系统，包括电子枪、电磁透镜和扫描线圈等；②机械系统，包括支撑部分、样品室(可同时或分别装设各种样品台、检测器及其他附属装置)；③真空系统；④样品所产生信号的收集、处理和显示系统。

1)电子光学系统

该系统包括电子枪、电磁聚光镜、扫描线圈及光阑组件。

(1)电子枪　为了获得高信号强度和高质量的扫描图像，电子枪发射的电子束需具备高亮度和极小的束斑直径。常用的电子枪有普通热阴极三极电子枪、六硼化镧阴极电子枪

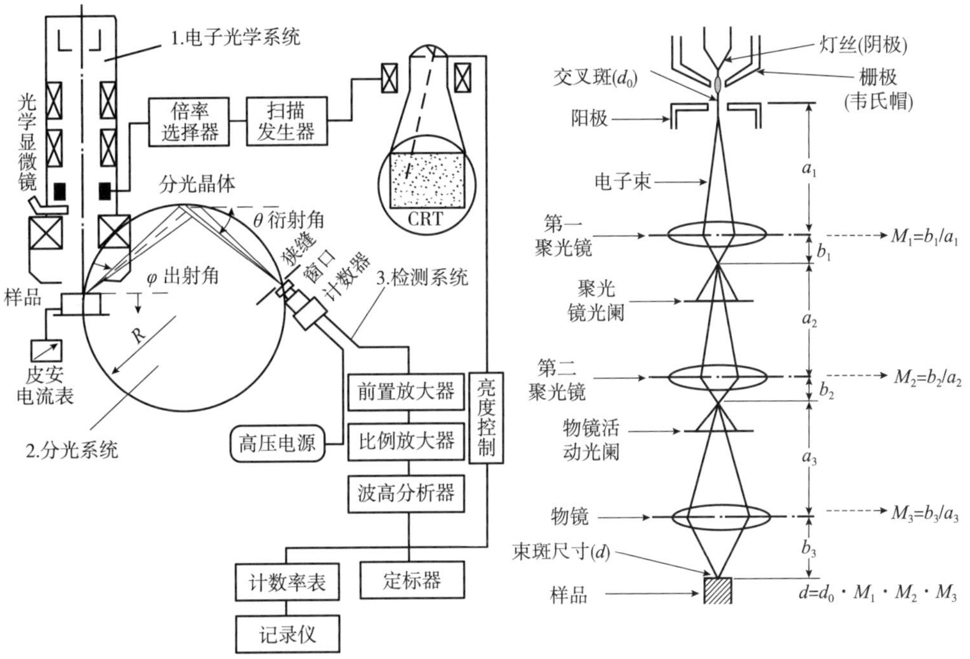

(a)系统方框图　　(b)电子光路图

图 3－3－2　扫描电子显微镜构造示意图

和场发射电子枪三种，其性能见表 3－3－1。前两种属于热发射电子枪，后一种则属于冷发射电子枪，又称场发射电子枪。由表 3－3－1 可以看出，场发射电子枪的亮度最高、电子源直径最小，是高分辨本领扫描电镜的理想电子源，当然其价格也是相当昂贵的。从图 3－3－3 给出的电子枪构造示意图中可以看到，热电子发射型电子枪和热阴极场发射电子枪(FEG)的区别在于：热电子发射型电子枪在紧靠灯丝的下面有一个韦氏极，在韦氏极上加一个比灯丝更负的电压，这个电压称为偏压，这个偏压控制了电子束流和它的扩展状态；热阴极场发射电子枪(FEG)不采用韦氏极，而是采用吸出电极和静电透镜。

表 3－3－1　几种类型电子枪性能比较

项　目		热电子发射		场发射		
		W	LaB_6	热阴极 FEG		冷阴极 FEG
				ZrO/W(100)	W(100)	
亮度(在 200kV 时)/ $A \cdot (cm^2 \cdot str)^{-1}$		约 5×10^5	约 5×10^6	约 5×10^8	约 5×10^8	约 5×10^8
光源尺寸		50μm	10μm	0.1 ~ 1μm	10 ~ 100nm	10 ~ 100nm
能量发散度/eV		2.3	1.5	0.6 ~ 0.8	0.6 ~ 0.8	0.3 ~ 0.5
使用条件	真空度/Pa	10^{-3}	10^{-5}	10^{-7}	10^{-7}	10^{-8}
	温度/K	2800	1800	1800	1600	300

续表

项目		热电子发射		场发射		
		W	LaB_6	热阴极 FEG		冷阴极 FEG
				ZrO/W(100)	W(100)	
发射	电流/μA	约 100	约 20	约 100	20 ~ 100	20 ~ 100
	短时间稳定度/%	1	1	1	7	5
	长时间稳定度/%	1/h	3/h	1/h	6/h	5/15min
	电流效率/%	100	100	10	10	1
维修		无需	无需	安装时，稍费时间	更换时，要安装几次	每隔数小时必须进行一次闪光处理
价格/操作性		便宜/简单	便宜/简单	贵/容易	贵/容易	贵/复杂

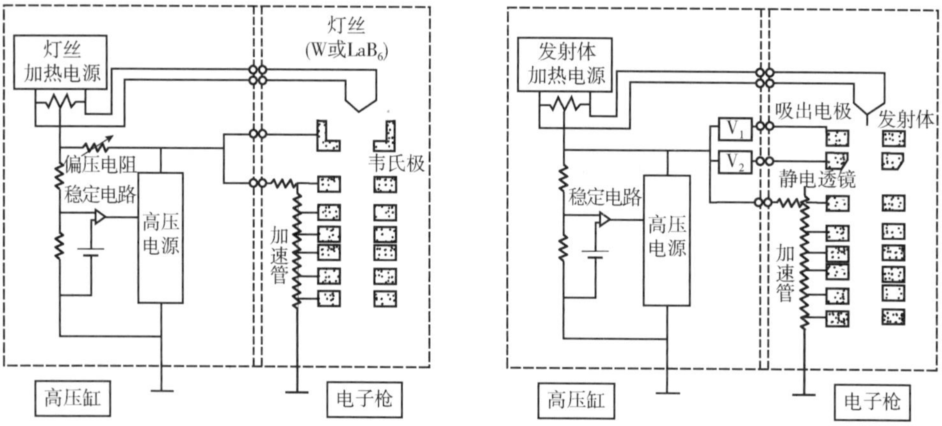

(a)热电子发射型电子枪　　(b)热阴极场发射电子枪

图 3-3-3　电子枪构造示意图

(2)电磁聚光镜　其功能是把电子枪发射的电子束束斑逐级聚焦缩小，因照射到样品上的电子束光斑越小，其分辨率就越高。扫描电镜通常都有三个聚光镜，前两个透镜是强透镜，缩小束斑，第三个透镜是弱透镜，焦距长，便于在样品室和聚光镜之间装入各种信号探测器。为了降低电子束的发散程度，每级聚光镜都装有光阑。为了消除像散，装有消像散器。

(3)扫描线圈　其作用是使电子束偏转，并在样品表面做有规则的扫动，电子束在样品上的扫描动作和在显像管上的扫描动作保持严格同步，因为它们是由同一扫描发生器控制的。图 3-3-4 所示为电子束在样品表面进行扫描的两种方式。进行形貌分析时大都采用光栅扫描方式，如图 3-3-4(a) 所示。当电子束进入偏转线圈时，方向发生转折，随后又由下偏转线圈使它的方向发生第二次转折。发生二次偏转的电子束通过末级透镜的光心射到样品表面。在电子束偏转的同时还带有一个逐行扫描动作，电子束在上、下偏转线圈的作用下，在样品表面扫描出方形区域，相应地在样品上也画出一幅比例图像。样品上各点受到电子束轰击时发出的信号可由信号探测器接收，并通过显示系统在显像管荧光屏上按强度描绘出来。如果电子束经上偏转线圈转折后未经下偏转线圈改变方向，而直接由末级透镜折射到入射点位置，这种扫描方式称为角光栅扫描或摇摆扫描，如图 3－3－4(b)所示。入射束被上偏转线圈转折的角度越大，电子束在入射点上摆动的角度也越大。

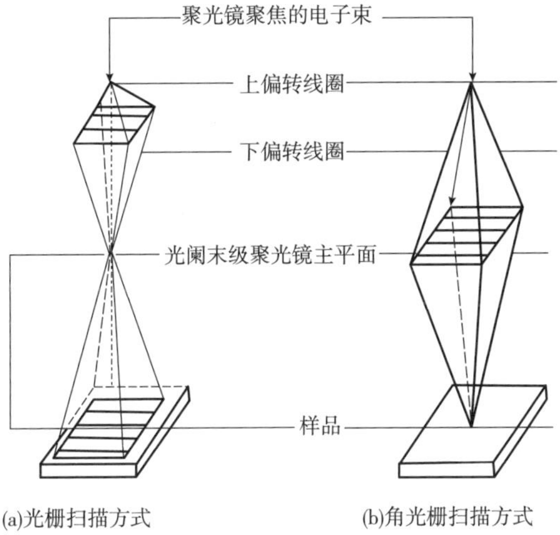

图 3－3－4　电子束在样品表面的扫描方式

扫描电镜是通过改变电子束偏转角度来实现放大倍率的调节。因为观察用的荧光屏尺寸是一定的，所以电子束偏转角越小，在试样上扫描面积越小，其放大倍率 M 越大，即 $M=\frac{A_C}{A_S}$，其中 A_C 为 CRT 上的扫描振幅，A_S 为电子束在样品表面的扫描振幅。放大倍率一般为 $20 \sim 20 \times 10^4$ 倍。

2) 机械系统

这个系统主要包括支撑部分和样品室。样品室中有样品台和信号探测器，样品台除了能夹持一定尺寸的样品，还能使样品做平移、倾斜、转动等运动，同时样品还可在样品台上加热、冷却和进行力学性能实验(如拉伸和疲劳实验)。

3) 真空系统

为保证扫描电子显微镜电子光学系统的正常工作，对镜筒内的真空度有一定的要求。一般情况下，如果真空系统能提供 $1.33 \times 10^{-2} \sim 1.33 \times 10^{-3}$ Pa($10^{-4} \sim 10^{-5}$ mmHg)的真空度，就可以防止样品的污染。如果真空度不足，除样品被严重污染外，还会出现灯丝寿命下降、极间放电等问题。

不同类型的扫描电镜对真空的要求不尽相同，对于像 Sirion 200 型这种场发射扫描电镜而言，样品室的真空度一般不低于 1×10^{-5} Pa，它由机械真空泵和分子泵来实现；电镜镜筒和灯丝室的真空度一般不低于 4×10^{-7} Pa，它由离子泵来实现；先开机械泵预抽真空，达到所需真空度之后方可开机。在更换试样时，阀门会自动使样品室与镜筒部分隔开；更换灯丝时也可以将电子枪室与整个镜筒隔开，这样就能保持镜筒部分真空不被破坏。

4)信号的收集、处理和显示系统

样品在入射电子束作用下会产生各种物理信号，有二次电子、背散射电子、特征 X 射线、阴极荧光和透射电子等。不同的物理信号要用不同类型的检测系统检测，它大致可分为三大类，即电子检测器、阴极荧光检测器和 X 射线检测器。下面介绍二次电子的信号检测与放大系统。

常用的检测系统为闪烁计数器，它位于样品上侧，由闪烁体、光导管和光电倍增器组成，如图 3－3－5 所示。闪烁体一端加工成半球形，另一端与光导管相接，并在半球形的接收端上喷镀几百埃(Å)厚的铝膜作为反光层，既可阻挡杂散光的干扰，又可作为高压电极加 6～10kV 正高压，吸引和加速进入栅网的电子。另外，在检测器前端栅网上可加 250～500V 正偏压，吸引二次电子，增大检测有效立体角。这些二次电子不断撞击闪烁体，产生可见光信号沿光导管先到光电倍增器进行放大，输出电信号可达 10mA 左右，再经视频放大器稍加放大后作为调制信号，最后转换为在阴极射线管荧光屏上显示的样品表面形貌扫描图像，供观察和照相记录。通常荧光屏有两个，一个供观察用，另一个供照相用；或者一个供高倍观察用，另一个供低倍观察用。

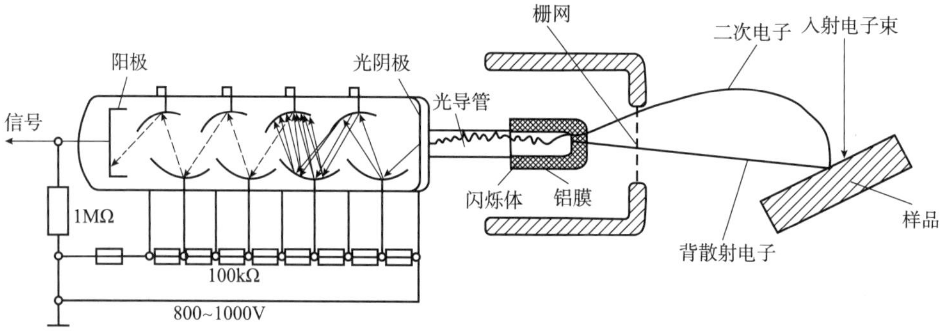

图 3－3－5　电子检测器

2. 扫描电镜的基本原理

电子枪的热阴极或场发射阴极发出的电子受阳极电压(1～50kV)加热并形成笔尖状电子束，其最小直径为 10～50μm(场发射枪中为 10～100nm)。经过二个或三个(电)磁透镜的作用，在样品表面会聚成一个直径可小至 1～10nm 的细束，也称电子探针，携带束流量为 10^{-9}～10^{-11}nm。有时根据某些工作模式的要求，束流可增至 10^{-2}～10^{-8}nm，相应的束直径将变成 0.1～1μm。在末透镜上部的扫描线圈作用下，细电子束在样品表面做光栅状扫描，即从左上方向右上方扫，扫完一行再扫其下相邻的第二行，直到扫完一幅(或帧)，如此反复运动。

3. 扫描电镜的调整

扫描电镜的调整步骤如下：

(1)电子束合轴　处于饱和的灯丝发射出的电子束通过阳极进入电磁聚光镜系统。通过三级聚光镜及光阑照射到试样上，只有在电子束与电子光路系统中心合轴时，才能获得最大亮度。调整电子束对中(合轴)的方法有机械式和电磁式。机械式是调整合轴螺钉；电磁式则是调整电磁对中线圈的电流，以此移动电子束相对光路中心位置达到合轴目的。此过程需要精细操作，需反复调节，直至荧光屏显示图像亮度达到最佳状态。

(2)放入试样　将试样固定在试样盘上，并进行导电处理，使试样处于导电状态。将试样盘装入样品更换室，预抽 3min，然后将样品更换室阀门打开，将试样盘放在样品台上，在抽出试样盘的拉杆后关闭隔离阀。

(3)图像调整　图像调整可通过以下方式进行：

①高压选择　扫描电镜的分辨率随加速电压增大而提高，但其衬度随电压增大反而降低，并且加速电压过高导致污染严重，所以一般在 20kV 下进行初步观察，然后根据不同的目的选择不同的电压值。

②聚光镜电流的选择　聚光镜电流与成像质量有很大关系，聚光镜电流越大，放大倍数越高。同时，聚光镜电流越大，电子束斑越小，相应的分辨率也会越高。

③光阑选择　光阑孔一般是 400μm、300μm、200μm、100μm 四挡，光阑孔径越小，景深越大，分辨率也越高，但电子束流会减小。一般在二次电子像观察中选用 300μm 或 200μm 的光阑。

④聚焦与像散校正　在观察样品时要保证聚焦准确才能获得清晰的图像。聚焦分粗调和细调两步。由于扫描电镜景深大、焦距长，所以一般采用高于观察倍数二三挡进行聚焦，然后再回过来进行观察和照相，即所谓“高倍聚焦，低倍观察”。像散主要是由电磁聚光镜不对称造成的，尤其是当极靴孔变为椭圆时更容易造成。此外，镜筒中光阑的污染和不导电材料的存在也会引起像散。出现像散时在荧光屏上产生的像会漂移，其漂移方向在过焦及欠焦时相差 90°。像散校正主要是调整消像散器，使其电子束轴对称直至图像不漂移为止。

⑤亮度与对比度的选择　要得到一幅清晰的图像必须选择适当亮度与对比度。二次电子像的对比度受试样表面形貌凹凸不平而引起二次电子发射数量不同的影响。通过调节光电倍增管的高压来控制光电倍增管的输出信号的强弱，从而调节荧光屏上图像的反差。亮度的调节是调节前置放大器的直流电压，使荧光屏上图像亮度发生变化。反差与亮度的选择则是当试样凹凸严重时，衬度可选择小一些，以达明亮且对比清楚，使暗区的细节也能观察清楚。也可以选择适当的倾斜角，以达最佳的反差。

三、实验报告要求及思考题

(1)简要说明电子显微分析的基本原理及扫描电镜各部分的作用。

(2)根据你的了解，举例说明不同种类扫描电镜的异同。

实验4　扫描电镜的二次电子像及断口形貌分析

一、实验目的

(1)了解扫描电镜在断口形貌分析中的作用。

(2)通过对不同断口形貌的分析，掌握扫描电镜分析断口形貌的方法。

二、实验原理

1. 形貌衬度——二次电子(SE)像及其衬度原理

表面形貌衬度是利用对样品表面形貌变化敏感的物理信号作为调制信号得到的一种像衬度。因为二次电子信号主要来自样品表层5~10nm深度范围，它的强度与原子序数没有明确的关系，但对微区表面相对于入射电子束的位向非常敏感。二次电子像分辨率比较高，所以适用于显示形貌衬度。

(1)在扫描电镜中，当入射电子束强度 i_P 一定时，二次电子信号强度 i_S 随样品表面的法线与入射束的夹角(倾斜角)θ 增大而增大。或者说二次电子产额 $\delta(\delta = i_S/i_P)$ 与样品倾斜角 θ 的余弦成反比，其关系式为：

$$\delta = \frac{i_S}{i_P} \propto \frac{1}{\cos\theta} \qquad (3-4-1)$$

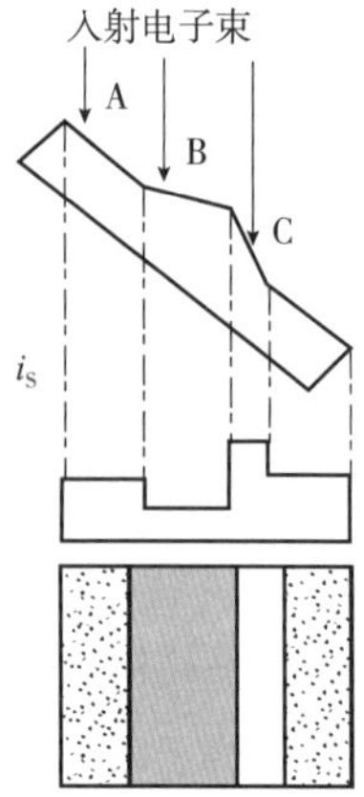

图3-4-1　形貌衬度原理

(2)如果样品是由图3-4-1所示那样的三个小刻面A、B、C所组成，由于 $\theta_C > \theta_A > \theta_B$，因此 $\delta_C > \delta_A > \delta_B$，结果在荧光屏上C小刻面的像比A和B都亮。因此在断口表面的尖棱、小粒子、坑穴边缘等部位会产生较多的二次电子，其图像较亮，而在沟槽、深坑及平面处产生的二次电子少，其图像较暗，由此而形成明暗清晰的断口表面形貌衬度。

2. 典型断口形貌观察

典型断口形貌分为韧窝断口、解理断口、准解理断口、脆性沿晶断口和疲劳断口。

断口的微观观察经历了光学显微镜(观察断口的实用倍数为50~500倍)、透射电子显微镜(观察断口的实用倍数为1000~40000倍)和扫描电子显微镜(观察断口的实用倍数为20~10000倍)三个阶段。因为断口是一个凹凸不平的粗糙表面，观察断口所用的显微镜要具有最大限度的焦深、尽可能宽的放大倍数范围和高的分辨率。扫描电子显微镜最能满足上述的综合要求，故近年来对断口观察大多使用扫描电镜。

通过断口的形貌观察与分析，可研究材料的断裂方式(穿晶断裂、沿晶断裂、解理断裂、疲劳断裂等)与断裂机理，这是判别材料断裂性质和断裂原因的重要依据。特别是在材料的失效分析中，断口分析是最基本的手段。通过断口的形貌观察，还可以直接观察到材料的断裂源、各种缺陷、晶粒尺寸、气孔特征及分布、微裂纹的形态及晶界特征等。

以下是几种典型断口的扫描电镜图像：

(1)韧窝断口　韧性断裂断口的重要特征是在断面上存在韧窝花样。韧窝的形状有等轴形、剪切长形和撕裂长形等，如图 3－4－2 所示。

(2)解理断口　典型的解理断口有河流花样，如图 3－4－3 所示。众多的台阶汇集成河流状花样，“上游”的小台阶汇合成“下游”的较大台阶，河流的流向就是裂纹扩展的方向。舌状花样或扇贝状花样也是解理断口的重要特征之一。

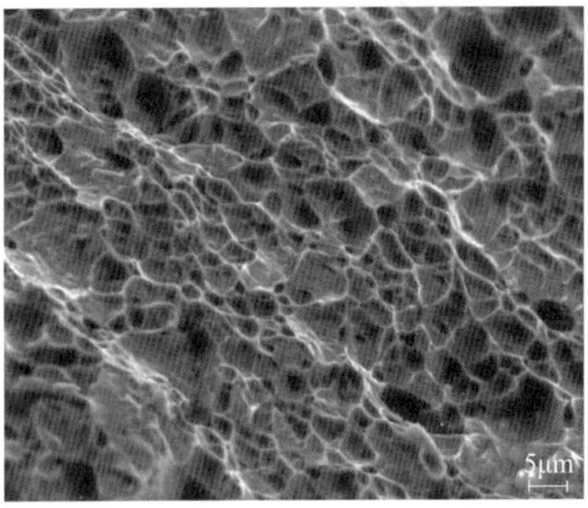

图 3－4－2　韧窝断口形貌

图 3－4－3　解理断口形貌

(3)准解理断口　准解理断口实质上是由许多解理面组成，如图 3－4－4 所示。在扫描电子显微镜图像上有许多短而弯曲的撕裂棱线条和由点状裂纹源向四周放射的河流状花样，断面上也有回陷和二次裂纹等。

(4)脆性沿晶断口　沿晶断裂通常是脆性断裂，其断口的主要特征是有晶间刻面的冰糖状花样，如图 3－4－5 所示，但某些材料的晶间断裂也可显示出较大的延性。此时断口上除呈现晶间断裂的特征外，还会有韧窝等存在，出现混合花样。

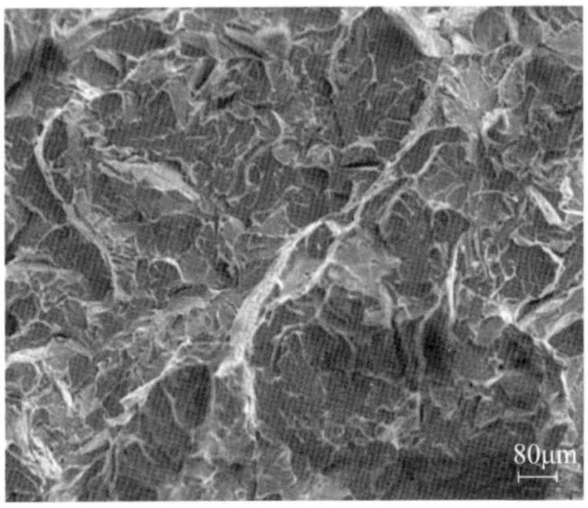

图 3－4－4　准解理断口形貌

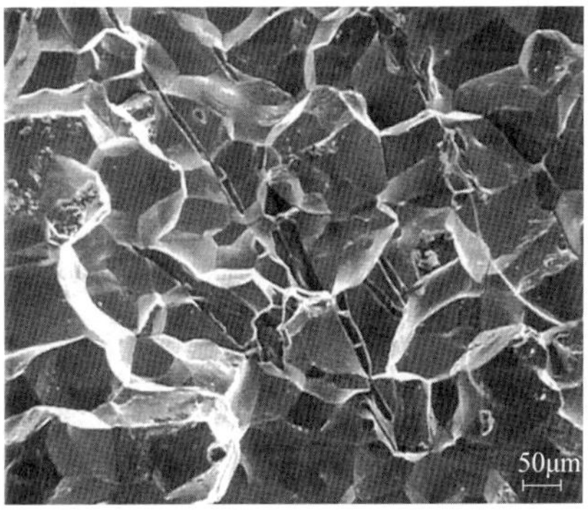

图 3－4－5　脆性沿晶断口形貌

(5)疲劳断口　疲劳断口在扫描电镜图像上呈现一系列基本上相互平行、略带弯曲呈波浪状的条纹，如图 3－4－6 所示。每个条纹是一次循环载荷所产生的，疲劳条纹的间距随应力场强度因子的大小而变化。

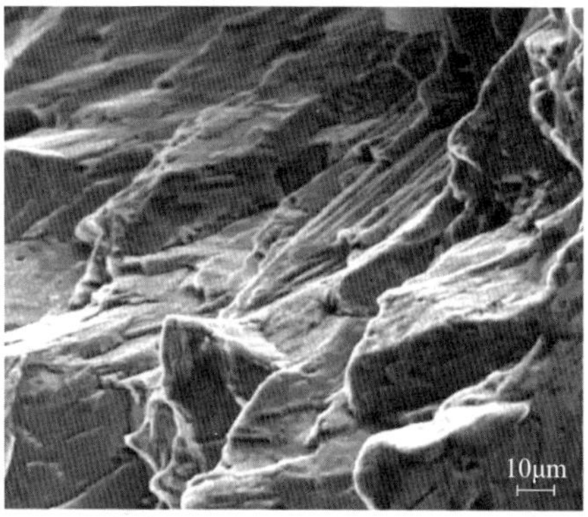

图3-4-6　疲劳断口形貌

三、实验设备及材料

实验设备：扫描电子显微镜(SEM)。

实验材料：多种不同断裂机理下断裂的拉伸/冲击试样。

四、实验内容

(1)用扫描电子显微镜进行断口形貌像观察。

(2)对不同断口形貌像进行观察，初步进行断裂机理的分析。

五、实验步骤与方法

(1)试样准备　要求断口保存得尽量完整、特征原始，尽量不产生二次损伤。对断口上附着的腐蚀介质或污染物，还需进行适当清理。当失效件体积太大时，还需分解或切割。

(2)断口形貌观察　将准备好的样品用导电胶粘在样品座上，抽真空，进行断口形貌观察。断口形貌观察一般遵循以下基本原则：

①对断口做低倍观察，全面了解和掌握断口的整体形貌和特征，确定重点观察部位。

②找出断裂起始区，并对断裂源区进行重点分析。

③对断裂过程不同阶段的形貌特征逐一进行观察，找出它们的共性与个性。

④断裂特征的识别：发现、识别和表征断裂形貌特征是断口分析的关键，在观察未知断口时，往往是与已知的断裂形貌加以比较来进行识别。

⑤扫描电子显微镜断口照片的获得：一般一个断口的观察结果要用断口的全貌照片、断裂源区照片、扩展区照片、瞬断区照片来表述。

⑥结合断口的宏观分析确定断裂起源和扩展方向，最终确定断裂机理。

六、实验报告要求及思考题

(1)给出某个断口形貌从低倍到高倍的系列图像。

(2)给出不同断裂机理断口形貌的图像，并对它们进行适当的比较分析。

(3)分析不同断口形貌所对应的断裂机理。

实验5　扫描电镜的背散射电子像及高倍组织观察

一、实验目的

(1)掌握扫描电镜成分衬度像——背散射电子像(BSE)的原理、特点及其在材料研究中的应用。

(2)利用Sirion 200场发射扫描电镜，观察分析样品经过深腐蚀后的形貌。

二、实验原理

扫描电镜的主机工作于二次电子(SE)成像模式，但是二次电子信号与背散射电子关系密切，而且一种图像只是样品的一种再现形式，所以研究纯背散射电子像是很有意义的。

1. 背散射电子的成像

这里提到的背散射电子是指能量大于50eV的全部背散射电子。由于样品的背散射电子产额 η 随元素的原子序数增加而增加，如图3-5-1所示，所以背散射电子像可以反映样品表面微区平均原子序数衬度。样品平均原子序数高的微区在图像上较亮，这样在观察形貌组织的同时也反映了成分的分布。背散射电子能量较高，离开样品表面后沿直线轨迹运动，出射方向基本不受弱电场影响，因而探头检测到的背散射电子强度要比二次电子强度低得多，并且有阴影效应。由于产生背散射电子的样品深度范围较大，以及信息检测效率较低，因此图像的分辨率比二次电子像要低。

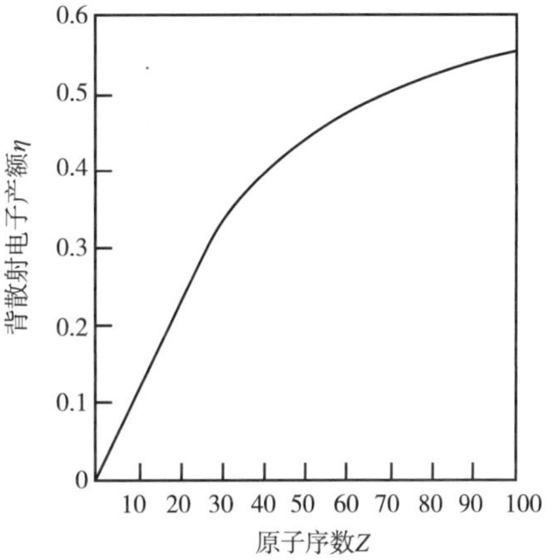

图3-5-1　背散射电子产额 η 与原子序数 Z 的关系

2. 背散射电子像的衬度

(1)形貌衬度和成分衬度　背散射电子信号随原子序数的变化比二次电子的变化显著得多，因此图像应有较好的成分衬度。但是与二次电子像类似，成分衬度与形貌衬度常同时存在，所以需要加以分离。背散射电子信号与样品形貌的关系决定于两个因素：第一，样品表面的不同倾角会引起发射电子数的不同，此外，即使倾角一定但高度有突变，背散射电子数也会改变；第二，由于探测器方位不同，收集到的信号电子数也不同。

(2)磁衬度　由背散射电子显示的磁衬度通常称为第二类磁衬度，它是由铁磁体磁畴的自感强度对背散射电子的Lorentz作用力所形成的。

3. 背散射电子像的分辨率

一般来说，当电子束垂直入射时，背散射电子像的分辨率受其信号电子的总发射宽度限制。目前商用探头的指标一般为：平均原子序数分辨率 $\Delta Z<1$，空间分辨率 $\delta\approx 80\text{nm}$。

三、实验步骤与方法

1. 背散射电子像观察

不同型号的扫描电镜其背散射电子探测器有所不同。大体上有三种类型：一种是和二次电子共用一个探测器，只是改变探测器收集极上的电压值来排除二次电子信号，如 PSEM－500 型扫描电镜；另一种是有单独的背散射电子接收附件，在操作时将背散射电子探测器送到镜筒中，并接通相应的前置放大器，如 S－550 型扫描电镜；再一种是采用两个单独设置的背散射电子探测器对称地安置在试样上方，如 Sirion 200 型扫描电镜，单独的背散射电子探测器通常采用 P－N 半导体制成。Sirion 200 型扫描电镜接收背散射电子像的方法是将背散射电子检测器送入镜筒中，将信号选择开关转到 BSE 位置接通背散射电子像的前置放大器。

图 3－5－2 为等离子烧结的 $Mg_2Si_{0.5}Sn_{0.5}$ 的二次电子像与背散射电子像的比较，图 3－5－3 为 Half－Heuslers 热电材料 $TiNi_{1.02}Sn$ 的二次电子像与背散射电子像的比较。将以上两组图对照观察，背散射电子像阴影效应明显，像分辨率较低。由于背散射电子像信号弱，所以在观察中要加大束流，并采用慢速扫描。

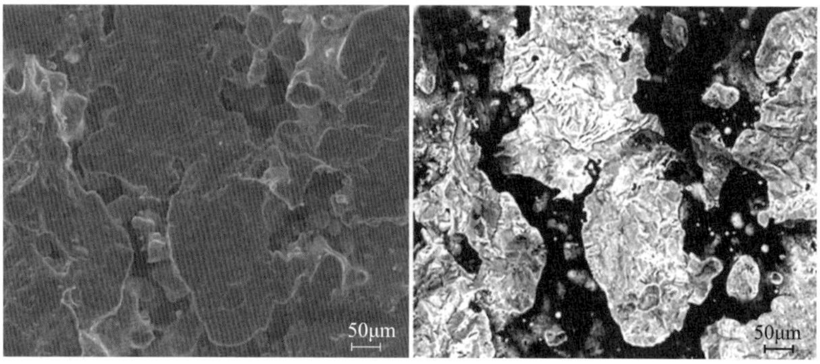

（a）二次电子（SE）图像　　（b）背散射电子（BSE）图像

图 3－5－2　等离子烧结的 $Mg_2Si_{0.5}Sn_{0.5}$ 的 SEM 形貌

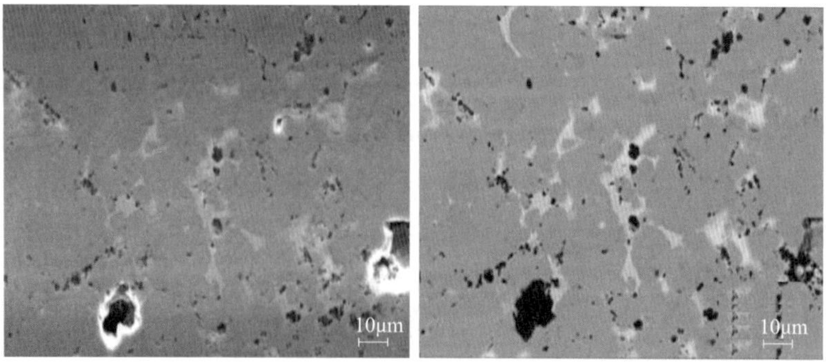

(a)二次电子（SE）图像　　(b)背散射电子（BSE）图像

图 3－5－3　Half－Heuslers 热电材料 $TiNi_{1.02}Sn$ 的 SEM 形貌

2. 金相样品深浸蚀后的高倍组织观察

金相样品深浸蚀后在扫描电镜下做高倍组织观察不仅可以得到与透射电镜复型技术相似的效果，而且可以得到富有立体感的图像。根据需要选择不同的浸蚀剂对金相样品进行深浸蚀，选择要保留的相，溶解掉不需要的相，保留相凸出在外，只留一小部分埋在基体中。目前广泛采用的深浸蚀方法有酸浸深腐蚀、热氧化腐蚀、离子刻蚀、离子轰击浸蚀等。低熔点合金还可以采用升华方法将可挥发的基体变成气相挥发出去，而保留不挥发相，从而对不挥发相进行观察。图 3－5－4 为 AZ91 镁合金在 50℃下用 12g/L $La(NO_3)_3$ 深浸蚀后形成的密封涂层的表面和横截面的扫描电子显微照片(背散射电子，BSE)。

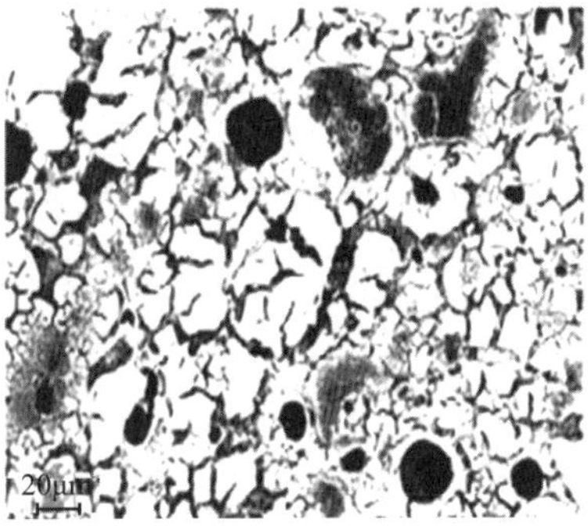

(a)表面形貌

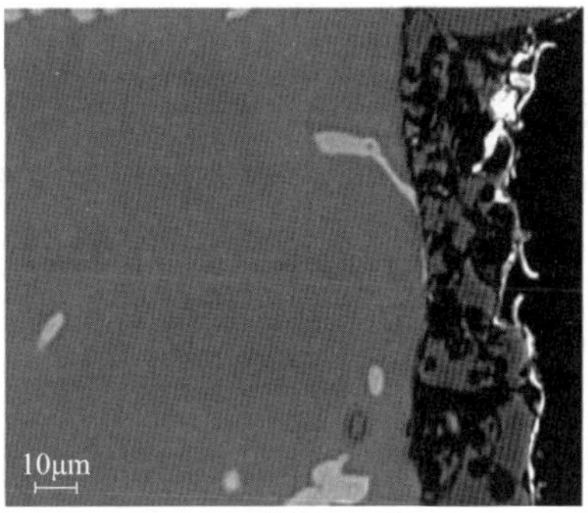

(b)横截面形貌

图 3－5－4　AZ91 镁合金深浸蚀处理后的 BSE 形貌

四、实验报告要求及思考题

(1)简述扫描电镜分析中背散射电子像的原理。

(2)说明扫描电镜成分衬度像——背散射电子像的特点，以及与二次电子像的异同。

(3)说明扫描电镜在金相组织分析中的特点及应用。

实验 6　透射电镜的结构、成像原理及使用

一、实验目的

(1) 了解透射电子显微镜的基本构造。

(2) 理解透射电子显微镜的成像原理。

(3) 掌握透射电子显微镜的操作过程。

二、实验原理

1. 透射电子显微镜的构成

透射电子显微镜是以波长极短的电子束作为照明源，用电磁透镜聚焦成像的一种具有高分辨本领和高放大倍数的电子光学仪器。它由电子光学系统、电源和控制系统、真空系统三部分组成。

1) 电子光学系统

电子光学系统是透射电子显微镜的最基本组成部分，是用于提供照明、成像、显像和记录的装置。整个镜筒自上而下顺序排列着电子枪、双聚光镜、样品室、物镜、中间镜、投影镜、观察室、荧光屏及照相室等。通常又把电子光学系统分为照明部分、成像部分和观察记录部分。图 3－6－1 为 JEM－2010 型透射电子显微镜外观照片，图 3－6－2 为透射电子显微镜的镜筒剖面示意图。

(1) 照明部分　照明部分由电子枪、聚光镜、电子束的平移对中及倾斜调节装置组成。它的作用是为成像系统提供一束亮度高、相干性好的照明光源。为满足暗场成像的需要，照明电子束可在 2°～3°范围内倾斜。

电子枪：它由阴极、栅极和阳极构成。在真空中通电加热后使从阴极发射的电子被阳极加速，获得较高的动能形成定向高速电子流。

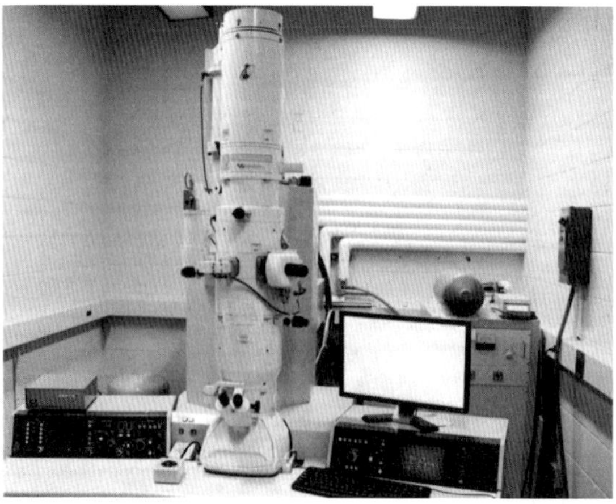

图 3－6－1　JEM－2010 型透射电子显微镜

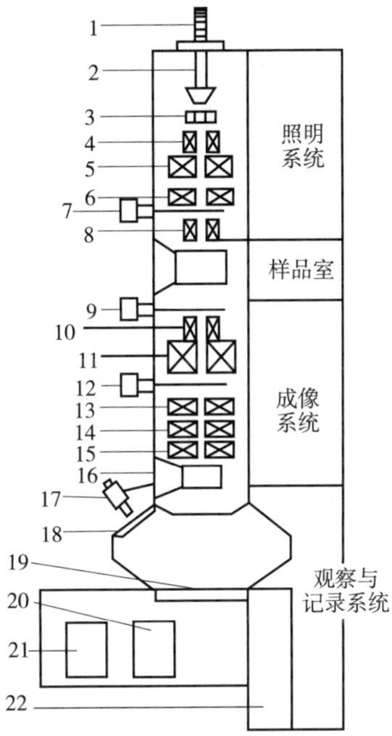

图 3－6－2　透射电子显微镜的镜筒剖面示意图

1—高压电缆；2—电子枪；3—阳极；4—束流偏转线圈；5—第一聚光镜；6—第二聚光镜；7—聚光镜光阑；8—电磁偏转线圈；9—物镜光阑；10—物镜消像散线圈；11—物镜；12—选区光阑；13—第一中间镜；14—第二中间镜；15—第三中间镜；16—高分辨衍射室；17—光学显微镜；18—观察窗；19—荧光屏；20—发片盒；21—收片盒；22—照相室

聚光镜：其作用是会聚从电子枪发射出来的电子束，控制照明孔径角、电流密度和光斑尺寸。

(2)成像放大部分　成像放大部分一般由样品室、物镜、中间镜和投影镜组成。物镜的分辨本领决定了电镜的分辨率，中间镜和投影镜的作用是将来自物镜的图像进一步放大。

(3)图像观察与记录部分　图像观察与记录部分由观察室、照相室及电荷偶合器件(CCD)相机组成。现在多数透射电子显微镜都在照相室下方安装了慢扫描 CCD 相机，以提高拍摄效率和照片质量。目前一般使用 CCD 采集图像的方法来代替拍摄底片的方法。

2)真空系统

(1)防止成像电子在镜筒内受气体分子碰撞而改变运动轨迹，影响成像质量。

(2)减缓阴极(俗称灯丝，由钨丝或六硼化镧 LaB_6 制作，直径为 0.1 ~ 0.15mm)的氧化，提高其使用寿命。

(3)减少因样品污染而产生假像。镜筒内凡是接触电子束的部分(包括照相室)均需保持高真空，一般用机械泵和油扩散泵两级串联才能得到保证。高性能的透射电镜增加一个离子泵以提高真空度，真空度一般优于 $1.33 \times 10^{-2} \sim 1.33 \times 10^{-5}$Pa。

3)供电系统

供电系统主要提供两部分电源，一是用于电子枪加速电子的小电流高压电源，二是用于各透镜激磁的大电流低压电源。目前先进的透射电镜大多已采用自动控制系统，其中包括真空系统操作的自动控制、从低真空到高真空的自动转换、真空与高压启闭的连锁控制以及用微机控制参数选择与镜筒合轴对中等。

2. 成像原理

电子枪发射的电子在阳极加速电压的作用下，高速穿过阳极孔，被聚光镜会聚成很细的电子束照明样品。因为电子束穿透能力有限，所以要求样品做得很薄，观察区域的厚度一般为200nm左右。由于样品微区的厚度、平均原子序数、晶体结构或位向有差别，使电子束透过样品时发生部分散射，其散射结果使通过物镜光阑孔的电子束强度产生差别，经过物镜聚焦放大在其像平面上，形成第一幅反映样品微观特征的电子像。然后再经中间镜和投影镜两级放大，投射到荧光屏上对荧光屏感光，即把透射电子的强度转换为人眼直接可见的光强度分布，或由照相底片感光记录，或用CCD相机拍照，从而得到一幅具有一定衬度的高放大倍数的图像。图3－6－3为透射电子显微镜成像时四种典型工作模式光路图。中间镜像平面和投影镜的物平面之间的距离可近似认为固定不变(即中间镜的像距 L_2 固定不变)，若要在荧光屏上得到一张清晰的放大像，必须使中间镜的物平面正好与物镜的像平面重合，即通过改变中间镜的激磁电流使其焦距变化，与此同时，中间镜的物距 L_1 也随之改变，这种操作称为图像聚焦。如果把中间镜的物平面和物镜的后焦面位置重合，则在荧光屏上得到的是一幅电子衍射花样，这就是所谓镜中的电子衍射操作。

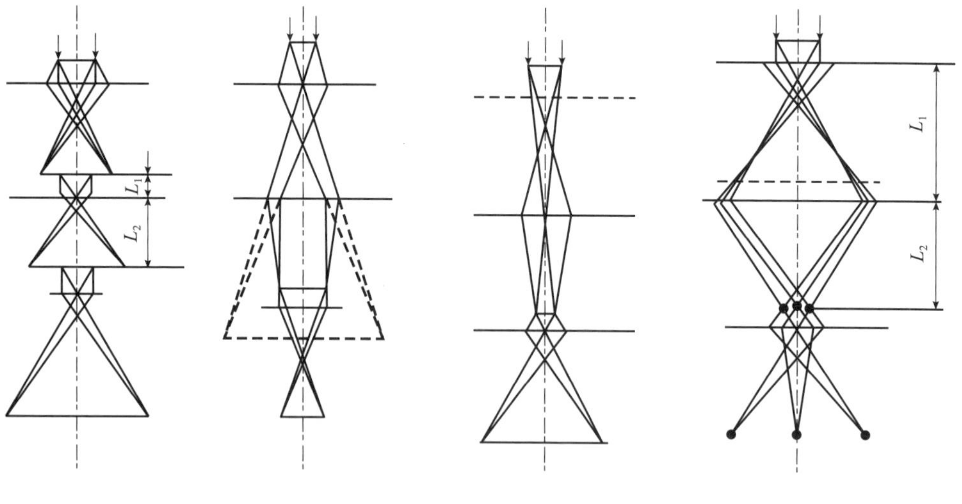

(a)高倍放大 (b)低倍放大 (c)极低倍放大 (d)电子衍射

图3－6－3 透射电子显微镜成像时四种典型工作模式光路图

3. JEM－2010 TEM 操作步骤

(1)加高压：lens 钮(左控2)扳上(注：向外轻拉再向上提)→HT 键(左1)按亮→加高

压，从 120kV 至 160kV 用 10min→等待 5min→从 160kV 至 200kV 用 20min→再等待 5min。

(2)装样品：样品杆插入样品台→真空钮扳上(注：向外轻拉再向上提)→绿灯亮，等待 5min 后顺时针送入镜筒→等待 5min→真空优于 4×10^{-5}Pa 即可工作。样品杆示意图如图 3 -6 -4 所示。

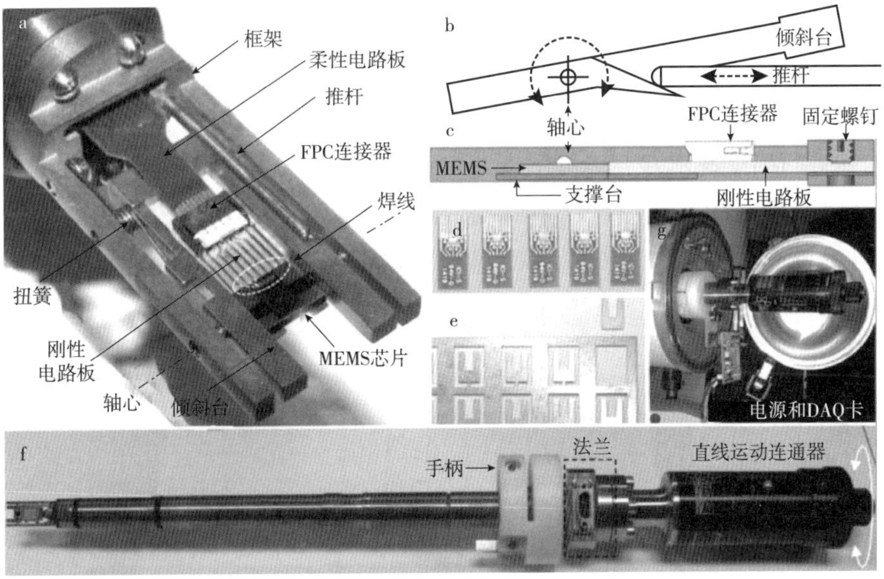

图 3 -6 -4　双倾斜支架(样品杆)的示意图和光学图片

a—支架尖端；b—倾斜机构示意图(推杆前后移动，在倾斜台上产生旋转)；
c—电子组件的横截面及其在倾斜台中的安装方式；d—刚性板；e—支撑板；
f—完整支架；g—插入 TEM 并连接到 MEMS 电子设备的支架

(3)加电流：ON 键(左控 1)按亮。

(4)明场观察：5 万倍下找合适视场→旋转聚焦钮，使显示屏上的 DV 值为 0→调节 Z 轴(右控 1)，使图像衬度最低，即正焦状态→按 Magl 键，使显示屏上的 Focus 值为 0→加物镜光阑→根据需要改变放大倍数。

(5)衍射操作：将感兴趣区移至屏中心→用选区光阑套住感兴趣区→按 Diff 键(右控 1)→抽出物镜光阑。

(6)拍照：将感兴趣区移至取景框中→盖上观察窗→按 long 或 short 键(右控 1)调整曝光时间→按亮 photo 键→按亮 photo 键，左侧绿灯亮表明曝光开始→绿灯灭表明曝光结束。

(7)CCD 相机使用：将感兴趣区域移到采集区→放大倍数根据视场选择，或根据需要选择→按亮 SCREEN 键(右控 1)，荧光屏掀起→点击软件界面的“兔子”图标→在弹出的对话框中输入电镜此时的放大倍数→聚焦→按空格键停止采集→保存文件。

(8)结束工作顺序：放大倍数调至 5 万倍→抽出物镜光阑和选区光阑→确认电子束在屏中心→样品回零→关闭电流→降电压至 120kV→HT 键(左控 1)按灭→lens 钮(左控 2)扳下(注：向外轻拉再向下扳)→关闭显示器填写记录。

三、实验设备及材料

实验设备：JEM－2010型透射电子显微镜。

实验材料：透射电子显微镜样品(金属薄膜样品、粉末样品等)。

四、实验内容与步骤

(1)熟悉透射电子显微镜的结构与成像原理。

(2)了解各个按钮的作用。

(3)完成一个TEM样品从装样到拍照的操作过程。

五、实验报告要求及思考题

(1)简述透射电子显微镜的基本构造与成像原理。

(2)以JEM－2010型透射电子显微镜为例，说明其操作要点。

实验7 透射电镜样品的制备及典型组织观察

一、实验目的

(1)掌握薄膜样品、粉末样品的制备方法。

(2)学会观察分析各种样品的典型组织形貌。

二、实验原理

在透射电镜(TEM)中，电子束要穿透样品成像。由于电子束的穿透能力比较低，因此用于TEM分析的样品要非常薄，电子束穿透固体样品的厚度主要取决于电子枪的加速电压和样品原子序数。一般来说，加速电压越高，样品原子序数越低，电子束可穿透的样品厚度就越大。对于加速电压为100~200kV的透射电镜，可穿透样品的厚度为100~200nm。若要观察高分辨晶格像，样品还要更薄，一般应低于10nm。

TEM样品可分为薄膜样品、粉末样品、复型样品。下面介绍薄膜样品和粉末样品的制备方法。

1. 薄膜样品的制备方法

制备薄膜样品的流程为：切片→机械研磨→冲样→预减薄→最终减薄。

(1)切片　将样品切成薄片，厚度一般应小于0.5mm，磨去氧化层和加工层。对于导电材料，用线切割方法进行切割。线切割又称电火花切割，被切割样品作为阳极，金属丝作为阴极，两极之间保持一个微小距离，利用其间的火花放电，引起样品局部熔化进行切割。对于陶瓷、半导体、玻璃等材料，用线锯或金刚石慢速锯切割。

(2)机械研磨　机械研磨可以将上述线切割下来的薄块用502胶粘在一块平行度较好的金属块上，用手抚平，在抛光机的水磨砂纸上注水研磨，砂纸粒度要细，用力要轻而均匀，在金相砂纸上来回研磨。如果研磨之后无凹坑处理，则厚度要小于30μm；如果要凹坑处理，则厚度为60~80μm。

(3)冲样　样品研磨后，用专用工具冲成直径为3mm的圆片。圆片打孔机用于快速切割金属、合金及所有延展性好的材料，超声波切割机用于切割半导体、陶瓷等脆性样品，切割厚度为40~5mm。

(4)凹坑　凹坑过程是最终减薄前的预减薄。用凹坑仪在研磨后的试样中央部位磨出一个凹坑，凹坑深度为50~70μm，适用于陶瓷、半导体、金属及复合材料样品。凹坑的目的是缩短离子减薄的时间，以提高最终减薄效率。

(5)电解双喷减薄　电解双喷减薄是最终减薄，减薄后可直接上电镜观察。它只适用于导电的材料如金属材料，使用仪器前应确定需减薄的样品已经过机械研磨或凹坑，厚度要小于30μm。此方法速度快，没有机械损伤。Tenupol－5型电解双喷减薄仪如图3－7－1所示。

图 3 -7 -1　Tenupol -5 型电解双喷减薄仪

电解双喷减薄仪的工作原理为：金属样品与阳极相连，电解液与阴极相连，电解液通过耐酸泵加压循环；电解液喷管对准试样的中心，两个喷嘴同时减薄样品两面，在合适的电压、电流作用下，样品中心逐渐减薄，直至穿孔；在样品穿孔的瞬间，红外检测系统会迅速反应自动终止减薄，确保有较大的薄区，在几分钟时间内制备出高质量的透射电镜样品。抛光孔的边缘为透射电镜观察的区域。

图 3 -7 -2 为电解双喷减薄原理示意图，图 3 -7 -3 为减薄后的样品剖面示意图。

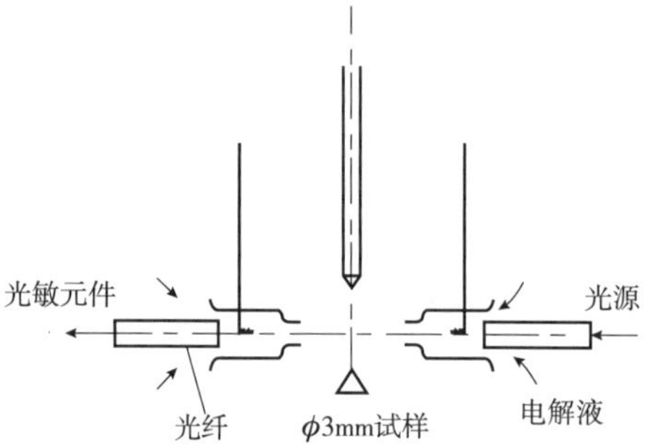

图 3 -7 -2　电解双喷减薄原理示意图

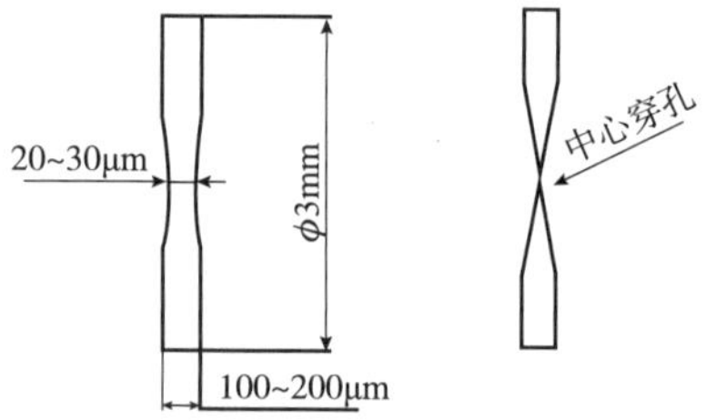

图 3 -7 -3　减薄后的样品剖面示意图

Tenupol -5 型电解双喷减薄仪的操作步骤为：

①根据样品材料配制电解液 1000mL 左右。

②打开仪器电源开关，进入工作界面，选择电压值、光值。

③将样品放入样品夹中，样品夹插入双喷装置中，注意方向。

④按电源控制部分的 power 键，电解双喷开始，出孔后自动停止。

⑤样品穿孔后，取出夹具，在盛有无水乙醇的烧杯中摆动，再取出样品在盛有无水乙醇的培养皿中清洗两遍，放在滤纸上，干燥后包好待用。如果当天不能用电镜观察，要把样品置于干燥皿中保存。

试样电解双喷后其表面应明亮，中心穿孔。如果试样灰暗，要增加电压；如果出现筛子孔，要降低电压；如果边缘变黑或边缘穿孔，要降低电压。

(6)离子减薄　离子减薄也是最终减薄，适用于陶瓷、半导体、多层膜截面材料以及金属材料，还可以修复电解双喷减薄不理想的样品。使用仪器前应确定需减薄的样品已经过机械研磨或凹坑，厚度要小于 30μm。离子减薄仪的工作原理为：在高真空条件下，离子枪提供高能量的氩离子流，对样品表面以某一入射角度连续轰击，当氩离子流的轰击能量大于样品表层原子结合能时，样品表面原子发生溅射，连续不断地溅射，使样品中心逐渐减薄，直至穿孔，最后获得所需要的薄膜样品，减薄过程比较缓慢。离子减薄原理如图 3 –7 –4 所示。

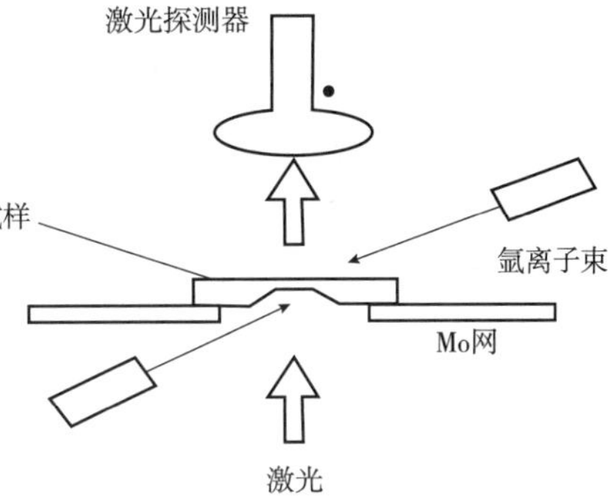

图 3 –7 –4　Gatan 691 型离子减薄仪的减薄原理示意图

离子减薄的优点是样品质量好、使用范围广；缺点是时间长，减薄时间与样品材质、样品起始厚度、减薄工艺参数有关，需要几个小时、十几个小时甚至更长。如果长时间进行离子减薄，离子辐照损伤可能会使试样表面非晶化，所以选择合适的减薄条件(电压和角度)和控制试样温度是比较重要的。

影响离子减薄样品制备的因素为：离子束电压、离子束电流、离子束的入射角、真空度、样品的种类、样品的微结构特点、样品的初始表面条件、样品的初始厚度、样品的安装。

Gatan 691 型离子减薄仪的操作步骤为：

①打开氩气瓶，并按下 Vent 按钮将气锁室放气。

②将装好样品的样品台放入基座中，盖上气锁室盖子，按下 Vac 按钮抽气。

③按下气锁控制开关，降下样品台，设定离子枪电压为 4 ~5kV。

④打开左右枪气阀开关，调整左右枪的角度，两支枪一正一负，双面减薄；在减薄过程中，先用大角度，再逐渐改用小角度。

⑤设定 rotation speed，一般为 3 左右；设定时间后，按 Start 键即开始减薄工作；当样品完成减薄后，按下计时器开关按钮停止减薄。

⑥按下气锁控制开关的上部，使样品台基座升入气锁室，按下 Vent 钮放气。

⑦取出样品台。

⑧重新盖好气锁的盖子，并抽真空。

⑨关闭氩气瓶。

2. 粉末样品的制备方法

1)粉末样品基本要求

(1)单颗粉末尺寸小于 200nm，大于 200nm 的颗粒需经研磨粉碎。

(2)无磁性。

(3)以无机成分为主，否则会造成电镜严重的污染，高压中断。

2)粉末样品的制备

(1)取适量的粉末和乙醇放入小烧杯中，超声振荡 10min 左右，制成悬浊液。

(2)把微栅网膜面朝上放在滤纸上。

(3)滴 2 ~3 滴悬浊液到微栅网上。

(4)干燥后即可观察。

3. 薄膜样品的观察

图 3 -7 -5(a)为片状珠光体，其基体是铁素体，黑色的片状是渗碳体片，渗碳体片呈大致平行排列，铁素体基体上有位错和晶界条纹；图 3 -7 -5(b)为板条马氏体，上面分布着位错线；图 3 -7 -5(c)为贝氏体，铁素体板条内有短杆状碳化物；图 3 -7 -5(d)为孪晶马氏体和板条马氏体，中间平行条状是孪晶马氏体，两侧是板条马氏体。

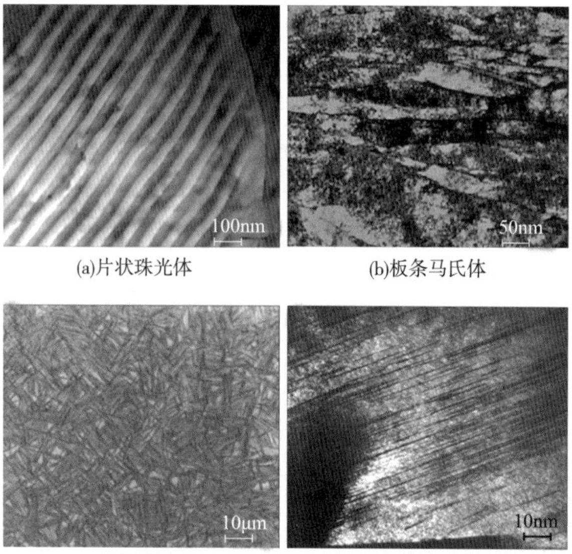

(a)片状珠光体　(b)板条马氏体

(c)贝氏体　(d)孪晶马氏体和板条马氏体

图 3 -7 -5　薄膜样品的 TEM 图

4. 粉末样品的观察

图 3 -7 -6 为 Fe_3O_4 粒子的 TEM 图像；图 3 -7 -7 为 g - C_3N_4 的 TEM 图像，呈片状结构；图 3 -7 -8 为碳纳米管的 TEM 图像；图 3 -7 -9 为含氮的微孔碳纳米管的 TEM 图像。

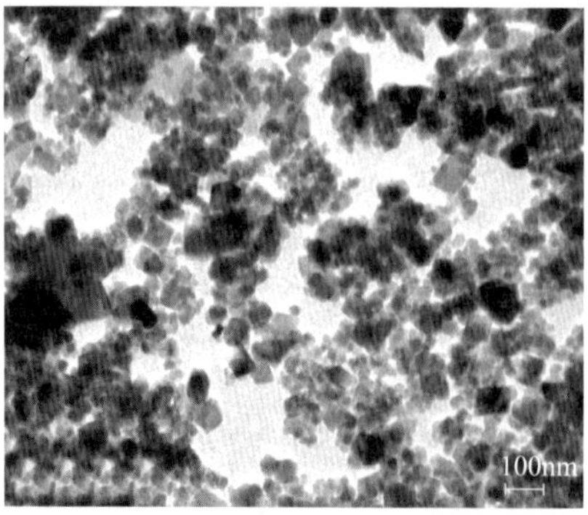

图 3 -7 -6　Fe_3O_4 粒子的 TEM 图

图 3 -7 -7　半导体材料 g - C_3N_4 的 TEM 图

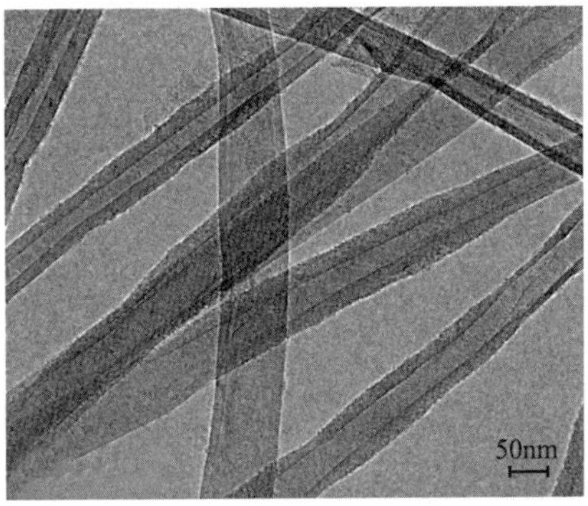

图 3-7-8　碳纳米管的 TEM 图

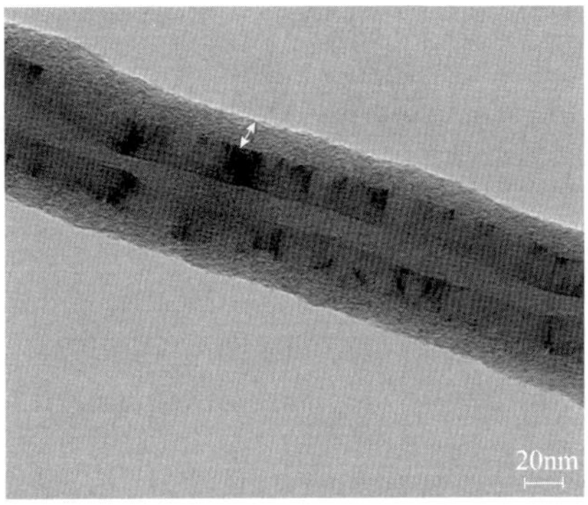

图 3-7-9　含氮的微孔碳纳米管的 TEM 图

三、实验设备及材料

实验设备和材料：电解双喷减薄仪、离子减薄仪、线锯、金刚石慢速锯、圆片打孔机、超声波切割机、凹坑仪、超声波振荡器、镊子、烧杯、电解液、滤纸、无水乙醇、微栅、透射电镜等。

四、实验内容与步骤

按照上述 TEM 样品的制备方法，每人制备一个透射电镜样品，并用透射电镜观察分析。

五、实验报告要求及思考题

(1) 写出实验目的。

(2) 简述 TEM 样品的制备过程。

(3) 以你所制备的样品为例，总结制备 TEM 样品的操作技巧和存在的问题。

(4) 分析所观察到的典型组织形貌特征。

实验 8　能谱仪的结构、原理及使用

一、实验目的

(1)了解能谱仪的结构及工作原理。

(2)结合实例，熟悉能谱分析方法及应用。

(3)学会正确选用微区成分分析方法及其分析参数的选择。

二、能谱仪结构及工作原理

能谱仪全称为 X 射线能量色散谱仪，是分析电子显微学中广泛使用的最基本、可靠且重要的成分分析仪器，其分析方法通常称为 X 射线能谱分析法，简称 EDS 或 EDX 方法。

1. 特征 X 射线的产生

特征 X 射线的产生是入射电子使内层电子激发而发生的现象，即内壳层电子被轰击后跃迁至未占据的高能级上，电子轨道内出现的空位被外壳层轨道的电子填入时，作为过剩能量放出的就是特征 X 射线。特征 X 射线是元素固有的能量，所以将它们展开成能谱后，根据它的能量值就可以确定元素的种类，而且根据能谱的强度分析就可以确定其含量。从空位在内壳层形成的激发状态变到基态的过程中，除产生 X 射线外，还放出俄歇电子。一般来说，随着原子序数增加，X 射线产生的概率(荧光产额)增大，而与它相伴的俄歇电子的产生概率却减小。因此，在分析试样中的微量杂质元素时，EDS 对重元素的分析特别有效。

2. X 射线探测器的种类和原理

对于试样产生的特征 X 射线，有两种展成谱的方法：X 射线能量色散谱(EDS)法和 X 射线波长色散谱(WDS)法。在现代分析电子显微镜技术中，均采用探测率高的 EDS 法。

从试样产生的 X 射线通过测角台进入探测器。EDS 中使用的 X 射线探测器一般都是采用高纯单晶硅中掺杂微量锂的半导体固体探测器(SSD)。SSD 是一种固体电离室，当 X 射线入射时，室中就会产生与这个 X 射线能量成比例的电荷。这个电荷在场效应管(TEF)中聚集，产生一个波峰值比例于电荷量的脉冲电压。用多道脉冲高度分析器来测量它的波峰值和脉冲数，就可以得到横轴为 X 射线能量、纵轴为 X 射线光子数的谱图。为了使硅中的锂稳定和降低 FET 的热噪声，平时和测量时都必须用液氮冷却 EDS 探测器。EDS 探测器系统框架如图 3 - 8 - 1 所示。

保护探测器的探测窗口有两类，其特性和使用方法各不相同。

(1)铍窗口型　用厚度为 8 ~ 10μm 的铍薄膜制作窗口来保持探测器的真空，这种探测器使用起来比较容易，但是由于铍薄膜对低能 X 射线的吸收，所以不能分析比 Na(Z = 11)轻的元素。

(2)超薄窗口型　该窗口是沉积了铝，厚度为0.3～0.5μm的有机膜，它吸收X射线少，可以测量C($Z=6$)以上的比较轻的元素。但是，采用这种窗口时，探测器的真空保持不太好，所以使用时要多加小心。最近，对轻元素探测灵敏度很高的这种类型的探测器已被广泛使用。此外，还有去掉探测器窗口的无窗口型探测器，它可以探测B($Z=5$)以上的元素。但是，为了避免背散射电子对探测器的损伤，通常将这种无窗口型的探测器用于扫描电子显微镜等的采用低速电压的情况。

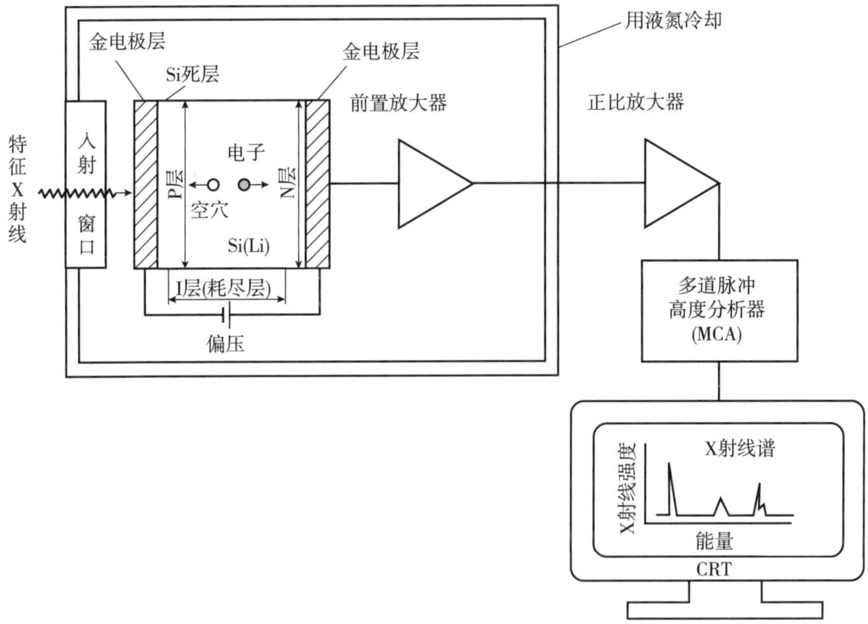

图3－8－1　EDS探测器系统框架示意图

3. EDS的分析技术

(1)X射线的测量　连续X射线和从试样架上产生的散射X射线都进入X射线探测器，形成谱的背底。为了减少从试样架散射的X射线，可以采用铍制的试样架。对于支持试样的栅网，采用与分析对象的元素不同的材料制作。当用强电子束照射试样产生大量的X射线时，系统漏计数的百分比就称为死时间T_{dead}，可根据下式计算：

$$T_{dead}=(1-R_{OUT}/R_{IN})\times 100\% \qquad (3-8-1)$$

式中　R_{IN}——输入侧的计数率；

R_{OUT}——输出侧的计数率。

(2)空间分辨率　图3－8－2为入射电子束在不同试样内的扩展情况示意图。对于分析电子显微镜使用的薄膜试样，入射电子几乎都会透过。因此，入射电子在试样内的扩展不像图3－8－2(a)大块试样(通常为扫描电镜样品)中扩展的那样大，分析的空间分辨率比较高。入射电子束在试样中的扩展对空间分辨率是有影响的，加速电压、入射电子束直径、试样厚度、试样的密度等都是决定空间分辨率的因素。

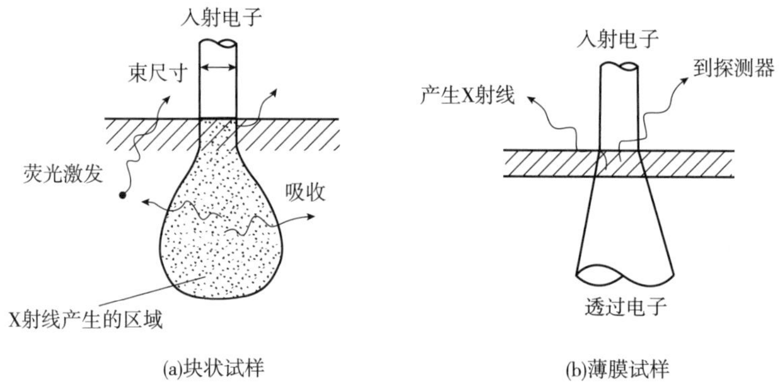

图 3-8-2 入射电子束在试样内的扩展

(3)峰/背比 特征 X 射线的强度与背底强度之比称为峰背比(P/B)，在进行高精度分析时，希望峰背比 P/B 高。如果加速电压降低，尽管产生的特征 X 射线强度稍有下降，但是来自试样背底的 X 射线却大大减小，结果峰背比 P/B 提高了。

(4)定性分析 谱图中峰的位置是由样品中存在的元素决定的。定性分析是分析未知样品的第一步，即鉴别所含的元素。如果不能正确地鉴别样品的元素组成，最后定量分析的精度就毫无意义。EDS 通常能够可靠地鉴别出样品的主要成分，但对于确定次要或微量元素，只有认真地处理谱线干扰、失真和每个元素的谱线系等问题才能做到准确无误。为保证定性分析的可靠性，采谱时必须注意两点：

①采谱前要对能谱仪的能量刻度进行校正，使仪器的零点和增益值落在正确值范围内；

②选择合适的工作条件，以获得一个能量分辨率高、被分析元素的谱峰面积大、无杂峰和杂散辐射干扰最小的 EDS 谱。

通常能谱仪使用的操作软件都有自动定性分析的功能，直接单击“操作/定性分析”按钮，就可以根据能量位置来确定峰位，在谱的每个峰的位置显示出相应的元素符号。它的优点是识别速度快，但由于能谱谱峰重叠干扰严重，自动识别极易出错，比如把某元素的 *L* 系误识别为另一元素的 *K* 系。因此分析者在仪器自动定性分析过程结束后，还必须对识别错了的元素用手动定性分析进行修正。所以虽然有自动定性分析程序，但对分析者来说，具有一定的定性分析技术是必不可少的。

(5)定量分析 定量分析是通过 X 射线强度来获取组成样品材料的各种元素的浓度。根据实际情况，人们寻求并提出了测量未知样品和标样的强度比方法，再把强度比经过定量修正换算成浓度比。最广泛使用的一种定量修正技术是 ZAF 修正。实验所用的软件中提供了两种定量分析方法：无标样定量分析法和有标样定量分析法。

(6)元素面分布的分析方法 电子束只打到试样上一点，得到这一点的 X 射线谱的分析方法是点分析方法。与此不同的是，用扫描像观察装置，使电子束在试样上做二维扫描，测量特征 X 射线的强度，使与这个强度对应的亮度变化与扫描信号同步在阴极射线管

CRT 上显示出来，就得到特征 X 射线强度的二维分布的像。这种观察方法称为元素的面分布分析方法，它是一种测量元素二维分布的非常方便的方法。

三、实验步骤与方法

1. 样品的前期处理和扫描电子显微镜调整

(1)为了得到较精确的定性、定量分析结果，应该对样品进行适当的处理，尽量使样品表面平整、光洁和导电。样品表面不要有油污或其他腐蚀性物质，以免真空下这些物质挥发到电镜和探头上，损坏仪器。

(2)调整扫描电子显微镜的状态，使 X 射线 EDS 探测器以最佳的立体角接收样品表面激发出的特征 X 射线。

①调整电镜加速电压，一般选择最高谱峰能量的 1.5 倍。例如，不锈钢样品最高峰为 9keV 左右，因此选用 15keV 较为合适。

②调整工作距离、样品台倾斜角度以及探测器臂长。一般情况出射角为 30°左右。

③调整电子束对中和束斑尺寸，使输入计数率达到最佳。例如，金属样品一般应为 1000～3000。

(3)定性、定量分析结果是扫描电镜样品室中样品表面区域元素的摩尔分数和质量分数。放大倍数越大，作用样品区域越小。要正确选择作用区域，才可能得到正确的结果。

2. 快捷启动 GENESIS60S

(1)根据计数率选择时间常数，使死时间(OT)在 20%～40% 之间。

(2)根据需要可以预置收集时间。

(3)使用收集键(Collect)开始和停止谱线收集。如果预置了收集时间，点击收集键开始后，谱收集将在预定时间到达时自动停止。

(4)调节对谱线的观察，可以通过点击鼠标将黑色光标置于感兴趣区，然后使用膨胀和收缩键，也可以直接用点击和拖动鼠标来调整谱线的显示。

(5)点击峰识别(Peak Id)键，进行自动峰识别。

(6)“HPD”键用于峰的识别和确定，点击 HPD 键后，依据识别峰和收集参数将产生一条理论上的谱线，该谱线将在所收集的谱线上绘出。

(7)送入谱线标识，最多 216 个字母。该标识将随着谱线存储和打印。

(8)点击定量分析“Quantify”键，得到无标样定量分析结果。该结果使用了自动背底扣除，并且归一化为百分之百。

(9)在结果对话框中选择“打印”，将谱线和定量分析结果打印在一页纸上。

(10)点击存储键并选择文件名(后缀为 .spc)和路径。

3. 仪器的安全注意事项

(1)不要用手或用其他东西去触碰窗口，因为铍窗或 Norvar 超薄窗口易破碎。

(2)不要自己清洗窗口，若需要清洗，要征求专业技术人员的支持。

(3)不要摇动探头。

(4)在使用中要避免样品或样品台碰到探头。

(5)不要用任何热冲击、压缩空气或者腐蚀性的东西接触窗口。

(6)铍是一种剧毒物，而且很脆，切忌用手或者皮肤去碰铍窗。

(7)如果探头使用液氮，液氮罐中需一直保持有液氮，再灌入液氮后不能马上开机，一定要等4h以后才能开启能谱仪电源。为了避免液氮罐中结冰，不要等液氮用完才灌装新的液氮。通常灌装液氮为2次/周。

4. 能谱分析实例

能谱仪与扫描电镜、透射电镜配合可在观察材料内部微观组织结构的同时对微区进行化学成分的分析。这对于研究合金中元素的成分和偏析、金属和合金中的夹杂物、热处理过程中的相变和扩散的规律、材料断裂过程中的失效分析等均具有十分重要的意义。下面举三个实例予以说明。

1)化学成分分析

对样品进行化学成分分析是能谱仪的主要应用。虽然分析结果的准确度不如化学方法，也不如波谱法，但它突出的优点是快速，全谱一次收集，分析一个样品只需几分钟至几十分钟，而波谱法要几十分钟至几个小时；不破坏样品，而化学方法往往要破坏样品；可以把样品的成分和形貌乃至结构结合在一起进行综合分析，而其他方法对此是无能为力的。

图3－8－3是EDS氢氧化亚铜微纳米结构表面EDS成分分析结果，其中图(a)是电镜中看到的形貌及需要分析的区域(点或面)；图(b)是EDS谱线实时收集的结果，纵坐标是X射线光子的计数率CPS，横坐标是元素的能量值(keV)；图(c)是EDS谱线收集完毕后定量计算的结果，给出了质量分数和摩尔分数。

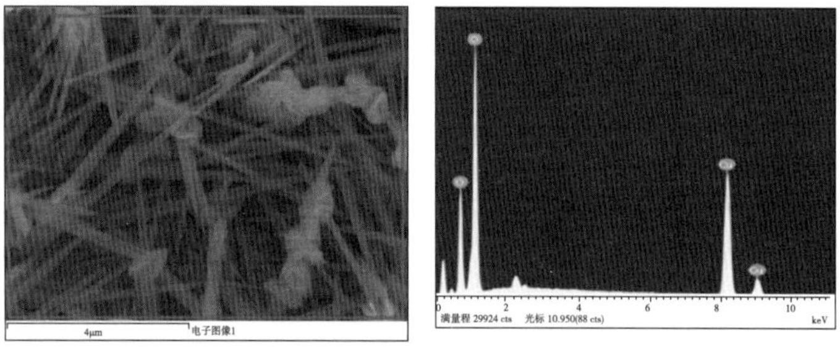

(a) (b)

谱图	在状态	O	Cu	Pt	总的
谱图1	是	25.51	69.15	5.34	100.00
平均		25.51	69.15	5.34	100.00
标准偏差		0.00	0.00	0.00	
最大		25.51	69.15	5.34	
最小		25.51	69.15	5.34	

(c)

图3－8－3 氢氧化亚铜微纳米结构表面EDS成分分析结果

2)元素的线分析

图3－8－4是半导体样品元素的线分析结果。

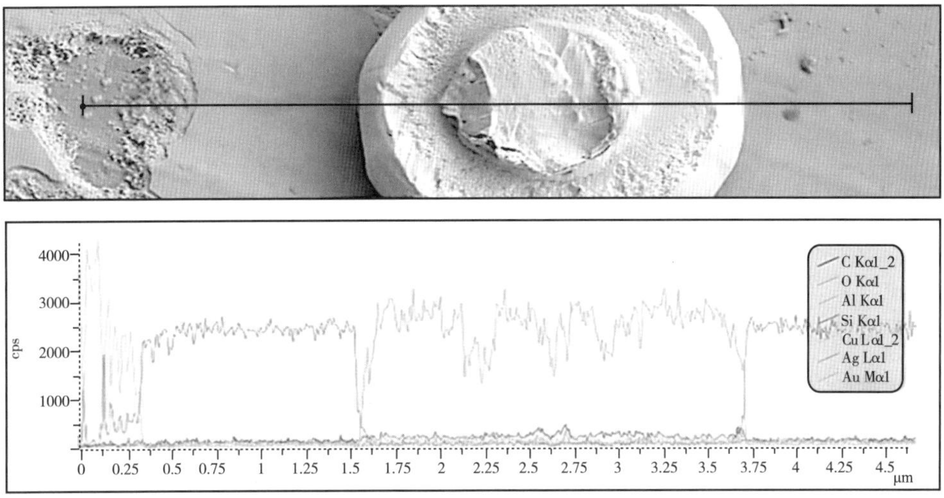

图 3－8－4　EDS 元素的线分析结果

能谱仪线扫描是指电子束沿样品表面选定的直线轨迹做所含元素浓度的线扫描分析。例如某一样品由不同层次组成，试图确定每一层次的成分时，在该样品的截面图像上从样品内部向表面拉一条直线，电子束沿着直线进行扫描，采集每一层次元素的特征 X 射线，它们的计数值变化将分别以曲线形式显示在荧光屏上，每条曲线的高低起伏反映了所对应元素沿着扫描线浓度的变化。

3）元素的面分布

电子束在试样表面扫描时，元素在试样表面的分布能在屏幕上以亮度（或彩色）分布显示出来（定性分析），亮度越高，说明元素含量越高。研究材料中的杂质、相的分布和元素偏析常用此方法。面分布常常与形貌对照分析。图 3－8－5 是黄铜网用 APTES 处理后样品元素的面分布结果，其中图（a）为电镜中待测样品的表面形貌，图（b）～图（d）为 EDS 信号收集完毕后给出的不同元素的定性结果。

图 3－8－5　EDS 元素的面分布结果

四、实验报告要求

（1）简要说明能谱仪的工作原理（X 射线的接收、转换及显示过程）。

（2）结合自己的课题（或实验），简述能谱仪在材料科学中的应用。

（3）针对实际分析的样品，说明选择能谱分析参数的依据。

实验 9 差式扫描量热法测定材料相变点

一、实验目的

(1)了解热分析的基本概念，掌握常见的热分析技术的区别与联系。

(2)掌握差热扫描量热仪的基本构造、原理及使用方法。

(3)学会熟练使用差示扫描量热仪，并利用其测定材料相变点。

二、实验原理

1. 热分析技术

热分析是指在程序控制温度下，测量物质的物理性质(质量、热量、尺寸等)与温度之间关系的一类分析技术。国际热分析协会将热分析方法分为 9 类 17 种，常用的热分析方法有差热分析、差示扫描量热分析、热重分析等。差热分析(Differential Thermal Analysis, DTA)是在程序控制温度下，将被测材料与参比物(标样)在相同条件下加热或冷却，测量试样与标样之间的温差(ΔT)与温度 T 或时间 t 的关系。差式扫描量热分析(Differential Scanning Calorimetry, DSC)是在程序温度控制下，在加热或冷却过程中，在试样和参比物的温度差保持为零时，测量输入到试样和参比物的功率差与温度或时间的关系。热重分析(TGA)是测量试样的质量随时间或温度变化的关系。

2. DSC 原理

DTA 常用一个金属块作为试样保持器，以确保试样与参比物处于相同的加热条件下，即只有一个加热单元。而 DSC 的主要特点是试样和参比物分别有独立的加热元件和测温元件，并由两个系统进行监控。其中一个系统用于控制升温速率，另一个系统用于补偿试样和惰性参比物之间的温差。图 3-9-1 显示了 DTA 和 DSC 加热部分的不同。

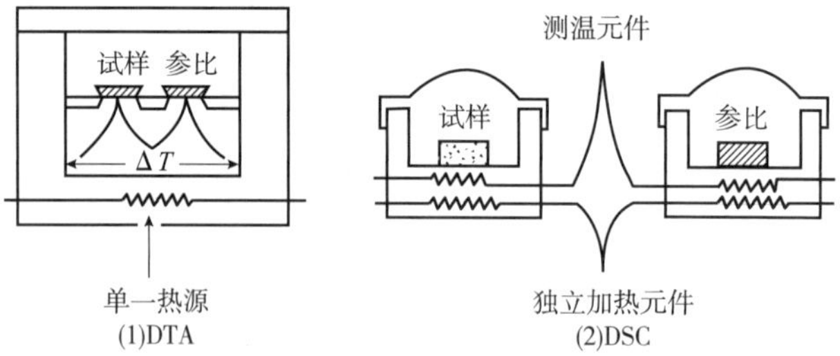

图 3-9-1 DSC 与 DTA 的加热原理

常见的 DSC 原理示意图如图 3-9-2 所示。试样在加热过程中由于热效应与参比物之间出现温差 ΔT 时，通过差热放大电路和差动热量补偿放大器，使流入补偿电热丝的电流发生变化。当试样吸热时，补偿放大器使试样一边的电流立即增大；反之，当试样放热时则使参比物一边的电流增大，直到两边热量平衡，温差 ΔT 消失为止。换句话说，试样在热反应时发生的热量变化，由于及时输入电功率而得到补偿，所以实际记录的是试样和参比物下面两只电热补偿的热功率之差随时间 t 的变化。

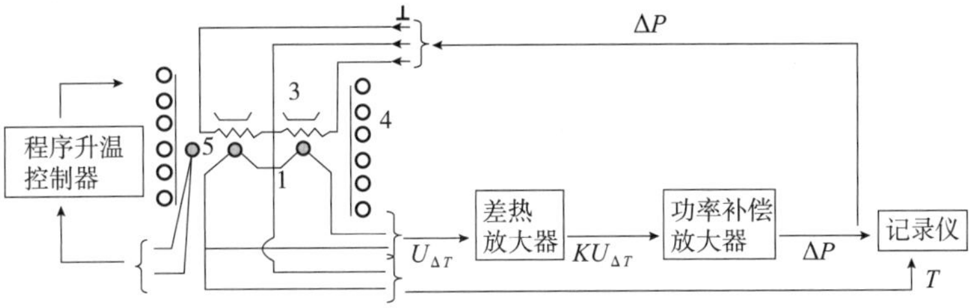

图3－9－2　DSC原理示意图

如果升温速率恒定，记录的也就是热功率之差随温度 T 的变化，典型的 $\mathrm{d}H/\mathrm{d}t-T$ 关系如图3－9－3所示。其峰面积 S 正比于热焓 ΔH_{m} 的变化，可用下式表示：

$$\Delta H_{\mathrm{m}}=KS \tag{3-9-1}$$

式中，K 为与温度无关的仪器常数。如果事先用已知相变热的试样标定仪器常数，再根据待测试样的峰面积，就可得到 ΔH 的绝对值。仪器常数 K 可利用测定锡、铅、铟等纯金属的熔化，通过其熔化热的文献值进行标定。因此，用差示扫描量热法可以直接测量热量，这是与DTA的一个重要区别。

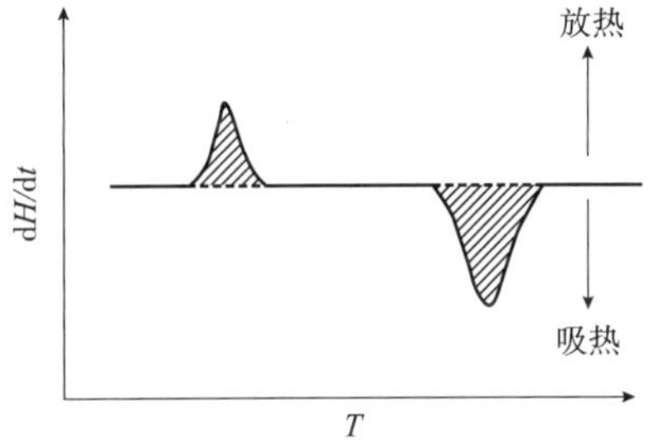

图3－9－3　典型的 $\mathrm{d}H/\mathrm{d}t-T$ 关系图

此外，DTA在试样发生热效应时，试样的实际温度已不是程序升温时所控制的温度，比如在升温时试样由于放热而一度加速升温。而DSC由于试样的热量变化随时可得到补偿，因此试样与参比物的温度始终相等，避免了参比物与试样之间的热传，故仪器反应灵敏、分辨率高、重现性好。

总体上来看，DSC性能优于DTA，测定热量比DTA准确，而且分辨率和重现性也比DTA好。由于具有以上优点，DSC在聚合物领域得到了广泛应用，大部分DAT应用领域都可以采用DSC进行测量，而且试样用量更少。

金属及合金系统若有相变态发生，由于(熔化、结晶、相变)等潜热的释放，使得冷却曲线斜率改变，可依此测得相变温度。需要注意的是当金属在熔融状态时，任何与其接触的东西，都可能成为合金的污染来源，因此选择坩埚时必须使其具有不溶性，并且不会与合金发生反应，否则容易引起实验失败。

三、实验设备及材料

实验设备：岛津 DSC－60 Plus 差式扫描量热仪、分析天平、制样机、坩埚、镊子等。

实验材料：聚苯乙烯、金属铟等。

四、实验步骤与方法

1. 测试操作

(1)开机　依次打开变压器、主机、计算机、工作站以及气体控制器。

(2)开气　接好气体管路，接通气源，并在气体控制器上调整气体流量。测定样品用“purge”入口，使用 N_2 惰性气体，流量控制在 30～50mL/min；分析样品中用到液氮冷却的情况，使用“dry”入口通入气体，通常使用 N_2，流量控制在 200～500mL/min；气体吹扫清理样品腔和检测器时使用“cleaning”入口，通常使用 N_2，流量控制在 200～300mL/min。注意：请将所使用入口之外的其他气体入口堵住。

(3)样品制备　所用样品质量一般为 3～5mg，可根据样品性质适当调整加样量。把装样品的坩埚置于压样机中，盖上坩埚盖，旋转压样机扳手，把坩埚样品封好，注意把样品尽量压制得延展平整。同时不放样品，压制一个空白坩埚作为参比样品。压完后检查坩埚是否封好，且要保证坩埚底部清洁无污染。滑开 DSC－60 Plus 样品腔体盖，用镊子移开炉盖和盖片，把空白坩埚放置于左边参比盘，把制备好的样品坩埚放置于右边样品盘中，盖上盖片和炉盖。

(4)设定测定参数　点击桌面上 TA－60WS Collection Monitor 图标，打开 TA－60WS Acquisition 软件，在“detector”窗口中选择 DSC－60；点击“Measure”菜单下的“Measuring Parameters”，弹出“Setting Parameters”窗口。在“Temperature Program”一项中编辑起始温度、升温速率、结束温度以及保温时间等温度程序；在“File Information”窗口中输入样品基本信息，包括样品名称、重量、坩埚材料、使用气体种类、气体流速、操作者、备注等信息；点击“确定”关闭“Setting Parameters”窗口，完成参数设定操作。

(5)样品测试　等仪器基线稳定后，点击“Start”键，在弹出的“Start”窗口中设定文件名称以及储存路径，仪器会按照设定的参数进行运行，并按照设定的路径储存文件。

(6)关机　样品分析完成后，待样品腔温度降到室温后取出样品，依次关闭 DSC－60 Plus主机、气体控制器 FC－60A、系统控制器 TA－60WS、变压器、电脑和气瓶。

注意事项：

(1)DSC 样品测量前必须经过干燥，一般不做分解或者沸腾实验；挥发性样品请使用密封坩埚。

(2)DSC 实验用量为 3～5mg，请勿放入太多样品。

(3)样品制备完毕放入仪器之前必须仔细检查并且擦拭干净，以防在实验中试样漏出，污染检测器。

(4)测样的最高温度不能超过样品的分解温度，否则会污染样品池。

(5)DSC 过程中，需要通氮气保护样品，普通样品测定时氮气流量为 30～50mL/min。

(6) DSC 使用液氮进行低温实验时，请注意打开干燥用氮气，流量为 300 ~ 500mL/min，防止水蒸气凝结。仪器中盛放液氮的部位保持敞开。

(7) 实验结束后须把样品取出，再将仪器保持在 100℃以上空烧半小时。

(8) 样品取放时，须保证检测器温度在室温或者以上。

(9) 如果检测器被污染，请升温至 600℃进行空烧，同时通氧气或者空气进行吹扫，如果没有也可以通氮气，然后进行基线、温度以及焓值的校正。

(10) DSC 最高测定温度为 600℃，最低温度为 -140℃。

(11) DSC 的升温速率范围为 0.01 ~ 99.9℃/min，常规使用的升降温速率一般为 10℃/min，不要以特快的速率降温或是升温，以延长仪器使用寿命。

(12) 特殊物质的测量或有任何疑问请与仪器负责人联系，不能贸然测样，否则后果自负。

2. 数据分析

实验完毕，对实验数据进行分析，并进行交流、讨论和总结。

五、实验报告要求及思考题

(1) 试列举出常见的热分析技术，说明其工作原理。

(2) DSC 相对 DTA 的优势有哪些?

实验 10　电阻法研究合金的相变过程

一、实验目的

(1)了解合金相变与电阻变化的关系。

(2)熟悉用电阻法研究钢在热处理过程中的相变过程。

二、实验原理

1. 电阻率的微观本质

金属之所以具有良好的导电性是由于金属内部存在着自由电子，这些自由电子可以在原子组成的晶格中自由运动，加上电压后，就形成了定向电流。任何晶格缺陷都会阻碍电子的运动，使它们反射或折射，电阻增加。金属的电阻与导体长度 L 成正比，与导体截面积 S 成反比，即 $R=\rho L/S$，式中 ρ 为电阻率，它是一个与导体的几何形状无关的数值，因此金属的导电性常用 ρ 来衡量。凡阻碍自由电子运动的因素均使金属的电阻率增高，如金属及合金进行淬火或固溶处理时，由于第二相溶入，而使其电阻率增高；反之，进行回火或时效处理时，由于第二相析出，而使其电阻率降低。金属的电阻率与电子的平均自由时间有关，也就是说，取决于自由电子与障碍物碰撞的频繁程度，碰撞次数越多，自由时间越短，则电阻率越高。

2. 影响合金电阻的因素

(1)温度对电阻的影响　随温度的升高，金属中自由电子运动的阻力增大，因此电阻增大。电阻率与温度的关系可以用下式表示：

$$\rho_t=\rho_0(1+\alpha t) \tag{3-10-1}$$

式中　ρ_t——t℃时的电阻率，Ω·m；

ρ_0——0℃时的电阻率，Ω·m；

α——0～t℃平均电阻温度系数，$℃^{-1}$，除过渡族元素以外，所有纯金属的电阻温度系数近似等于 $4\times10^{-3}℃^{-1}$；

t——温度，℃。

(2)应力对电阻的影响　在弹性拉伸或扭转时，由于原子间距离增大，金属的电阻也增大。当沿着作用力方向通电流时，弹性拉伸对电阻的影响，可用下式表示：

$$\rho_T=\rho_0(1+\alpha_T\sigma) \tag{3-10-2}$$

式中　ρ_0——无负荷时金属的电阻率，Ω·m；

σ——拉应力，Pa；

α_T——应力系数，Pa^{-1}。

由于压力能使原子间距变小，点阵畸变减小，因此大多数金属在三向压力(低于1200MPa)的作用下，电阻率都下降，压力对电阻的影响恰好与拉应力相反。

(3)塑性形变的影响　塑性形变可使金属的电导率增加，在室温条件下，铝、铜等纯金属经冷加工产生塑性形变后，电阻率增加2%～6%。金属经过塑性形变使电阻增大的原因是：由于形变使点阵产生缺陷和畸变，导致电子波的散射增强；此外，冷加工也可能引起原子间的结合性质发生变化，从而对电阻产生影响。金属加工硬化后的电阻率为：

$$\rho = \rho_0 + \Delta\rho \tag{3-10-3}$$

式中　ρ——冷加工后的电阻率，Ω·m；

ρ_0——冷加工前的电阻率，Ω·m；

$\Delta\rho$——因冷加工而使电阻率增加的部分。

形变金属的电阻增大与形变量及形变温度有关。电阻随形变量增大而增大，并且形变温度越低，电阻增加得越快。

(4)合金元素及相结构对电阻的影响　合金元素引起的原子间结合性质的变化和组织结构状态会对电阻产生影响。形成固溶体合金时，一般的表现是电阻增高，溶剂的点阵受溶质原子的影响发生静畸变，从而增大了电子波的散射；另一方面，电阻的增高还与组元之间的化学作用有关。在二元合金所形成的连续固溶体中，电阻的增大和成分之间呈曲线关系，通常在等于50%处出现极大值。

(5)热处理对电阻的影响　金属及合金进行淬火或固溶处理时，由于第二相溶入，会使其电阻率增高；反之，当回火或时效处理时，由于第二相析出，会使其电阻率降低。

3. 电阻率的测量

电阻率是对材料成分、组织和结构极其敏感的电参数，能灵敏地反映出材料内部的微弱变化。材料电阻率的测量实际上可以归结为一定几何尺寸试样电阻的测量，因为根据几何尺寸和电阻值可由公式 $R=\rho L/S$ 计算出电阻率。根据跟踪测量试样在热处理加热、等温或降温过程中电阻的变化，就可以研究热处理对合金相变过程的影响。

实验中所采用的测量方法为四引线法(见图3-10-1)，即在导体两端同时接电压和电流引线的方法。电流引线接触点在导体外侧，电压引线接触点在导体内侧。

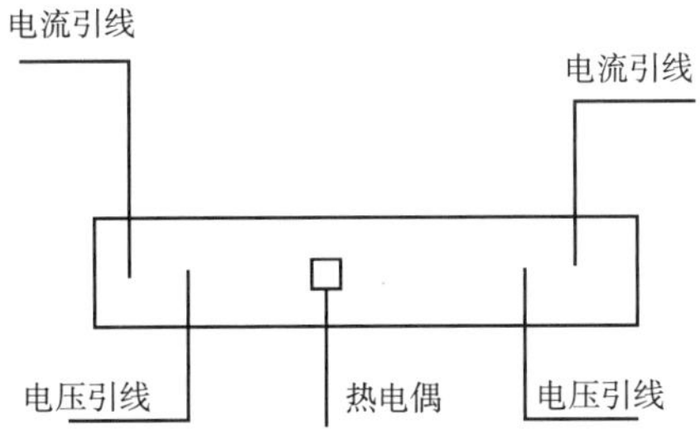

图3-10-1　四引线测量法示意图

三、实验设备及材料

(1)美国吉时利2400数字源表，可以为试样通恒定的电流。

(2)美国吉时利2182纳伏表测量试样两端的电压及试样温度。考虑到要消除由于导线连接等因素引起的接触电阻对电压的影响，每次得到的电压测量值都是取大小相等、方向相反的电流下所得电压的平均值，纳伏表测量精度可以达到 10^{-9}。

(3)计算机一台，用于安装电阻测量软件和采集数据。

(4)待测试样一个。采用线切割制备出厚 2mm、长 60mm、宽 5mm 的试样，要求试样表面光滑、平直。

(5)电阻炉一台。

四、实验内容与步骤

(1)将处理好的试样按照四引线法连接在测量线路中，同时为了测量试样的温度，将一根热电偶贴紧试样的表面，该热电偶与 2182 纳伏表连接。

(2)将连接好的试样放进电阻炉内，电阻炉设定好升温速率，进行升温。

(3)在计算机中建立两个文本文件用于存放采集到的电压及温度数据。

(4)点击计算机桌面上的 Test Point 软件，导入电阻测量程序软件界面。Temperature 框显示所测物体的温度，Volts 框显示所测物体的电压，Sensor 框是用来选择测温热电偶的类型，Volt Range 框为所测电压的最大范围，2400 Current 框为通入所测物体的直流电流值，2400 Initialize 按钮为初始化电流按钮，TEMP&VOL Ttest 按钮为开始测试温度和电压的按钮。测量时，在 TEMP - TIME 中会出现温度随时间变化的曲线，在 VOLT - TIME 中会给出电压随时间变化的曲线，在 Rcsis - Temp 中会绘出电阻随温度变化的曲线。

(5)点击菜单栏的“Mode - Edit”按钮，使其转换为“Mode - Run”状态，接着点击测量软件中的“2400 Initialize”按钮，在 Current(电流)栏中选 0. 1A，之后点击“TEMP&VOLT test”按钮，弹出对话框，依次点击对话框中的文本文件 1. txt 和 2. txt，电阻率测试过程开始，此时界面上就会出现电压随时间变化的曲线及温度随时间变化的曲线，按程序界面的 Stop 按钮可以停止测量。

(6)电压及温度数据都存储在 1. txt 和 2. txt 两个文本文件中，可以用 Origin 或 Excel 绘出电阻随时间或温度变化的曲线。

五、实验报告要求及思考题

(1)整理实验数据，绘出合金电阻率随温度变化的曲线。

(2)谈谈应用电阻法研究合金相变的一些体会。

实验 11　热膨胀法测金属的相变点

一、实验目的

(1)掌握热膨胀法测相变点的原理和方法。

(2)通过实验验证相变体积效应突变。

(3)用简单膨胀仪测定 45 钢的 A_{c_1}、A_{c_3}、A_{r_1}、A_{r_3}。

二、实验原理

当金属加热或冷却时，将出现体积或长度的膨胀或收缩。由公式可得：

$$\alpha = (L_2 - L_1)/[L_1(T_2 - T_1)] \tag{3-11-1}$$

式中　α——平均线膨胀系数；

L_1，L_2——金属膨胀或收缩前后的长度；

T_1，T_2——金属膨胀或收缩前后的温度。

某一温度下的线膨胀系数为：$\alpha = dl/LdT$。通常 α 随温度变化不大，即使有变化也是均匀连续变化。如果金属发生相变，因不同的相其膨胀系数不一样，出现相变体积效应的膨胀系数差越大，变化越明显。

当温度均匀升高时，长度也连续变化，到达相变温度。除正常热膨胀外，还将因相变出现长度或体积突变。因此，利用长度或体积突变反映出相变对应温度。一般马氏体(M)、铁素体(F)、珠光体(P)、奥氏体(A)、渗碳体(C)的长度变化规律是：$\alpha_M > \alpha_F > \alpha_P > \alpha_A > \alpha_C$，即马氏体、铁素体、珠光体向奥氏体转变将出现体积收缩。

当温度升高至 A_{c_1} 时，奥氏体转变产生的收缩大于温度升高导致的膨胀，总的效应则是收缩。亚共析钢加热至 A_{c_1} 时发生珠光体向奥氏体转变，温度继续升高，即 $A_{c_1} \sim A_{c_3}$ 之间将出现铁素体向奥氏体转变，直至 A_{c_3} 点。全部转变完成后，温度继续升高，膨胀曲线所示为奥氏体体积膨胀。因奥氏体的膨胀系数比其他组织的膨胀系数大，故斜率较大。

三、实验设备及材料

实验设备：简单膨胀仪。图 3-11-1 为简单膨胀仪示意图，试样长度的变化通过石英顶杆传递到千分表上显示出来，试样温度通过插入试样内的热电偶测出。

实验材料：45 钢。

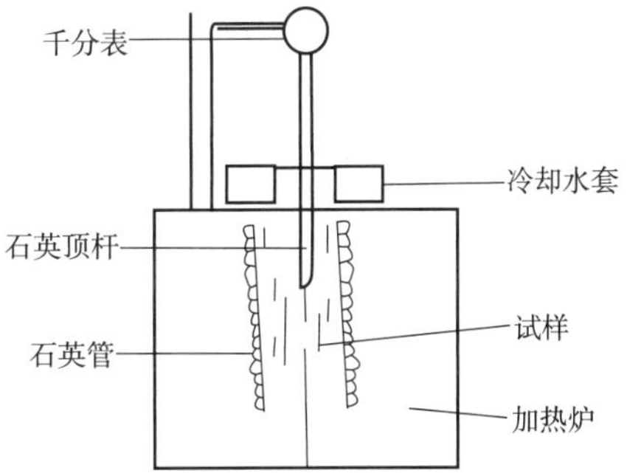

图 3-11-1　简单膨胀仪示意图

四、实验内容与步骤

1. 测量 45 钢加热或冷却过程中的相变点

(1)将样品置于石英管内，并插入石英杆。

(2)插入热电偶(试样的小孔内)。

(3)固定石英管的一端，安装千分表，千分表的测量杆与石英杆相接触，并调零。

(4)将电炉的水冷套接在自来水管上，打开水龙头并保持一定的水流速度。

(5)接通加热炉电源，打开加热炉。

2. 实验注意事项

(1)本实验要控制升温速度。在600℃之前可以10~20℃/min快速升温，600~900℃之间以3~5℃/min速度升温。

(2)在600℃以下，每50℃测量一次温度及伸长量；在600~700℃之间，每10℃测量一次温度及伸长量；在700℃以上，每5℃测量一次温度及伸长量，直至900℃停止。

五、实验报告要求及思考题

(1)写出实验目的及内容。

(2)将实验数据按温度-长度变化绘图，求出相变点温度值。

(3)用所学“金属膨胀性能”分析，说明实验结果。

(4)简述膨胀仪的优缺点。

第四章　材料综合性设计性实验

实验 1　材料热处理综合实验

一、实验目的

(1)根据材料成分与组织性能的关系，制定合理的热处理工艺，掌握热处理操作过程。

(2)加深对不同热处理工艺将获得不同硬度及金相组织的理解。

(3)了解常用热处理设备及温度控制方式。

二、实验内容

1. 2024 铝合金的固溶淬火及时效

(1)制定固溶淬火及时效工艺(包括自然时效和人工时效)。

(2)制定获得 2024 过烧组织的工艺。

(3)分析比较自然时效和人工时效时，时效硬化规律的异同点。

(4)分析正常淬火组织和过烧组织的特点，并画出示意图。

(5)硬度测试采用 HBW。

2. 7075 铝合金的淬火及时效

(1)制定固溶淬火及时效工艺(包括单级时效和双级时效)。

(2)比较单级时效和双级时效时硬度变化特点。

(3)分析淬火组织的特点，并画出示意图。

(4)硬度测试采用 HBW。

3. QBe2 铍青铜淬火及时效

(1)制定 QBe2 固溶淬火及时效工艺。

(2)测定时效硬化曲线。

(3)比较原始态、淬火态及时效后硬度变化规律。

(4)制定产生不连续脱溶的时效工艺。

(5)观察固溶淬火、时效组织并比较不连续脱溶组织与正常时效组织的特点。

(6)硬度测试采用 HV。

4. H68 黄铜的退火

(1)制定 H68 黄铜退火工艺。

(2)测定 H68 黄铜退火温度与硬度变化规律。

(3)比较不同退火温度下的晶粒大小(与标准图谱比较)。

(4)比较原始态(变形态)组织及退火态组织的特点。

(5)硬度测试采用 HBW。

5. 碳钢的退火与正火

材料：工业纯铁(含 0.02% C)、20 钢(含 0.2% C)、45 钢(含 0.45% C)、T8 钢(含 0.8% C)、T12 钢(含 1.2% C)。

要求：

(1)制定退火及正火工艺。

(2)比较不同碳含量对退火组织及硬度的影响。

(3)比较不同碳含量对正火组织及硬度的影响。

(4)硬度测试采用 HRB 或 HBW。

6. 碳钢的淬火

材料：20 钢、45 钢、T8 钢、T12 钢。

要求：

(1)制定淬火工艺。

(2)分析不同碳含量对淬火组织及硬度变化的影响规律。

(3)硬度测试采用 HRC(金刚石压头，150kgf/10s)。

7. 钢的淬火及回火

材料：45 钢、T10 钢和轴承钢 GCr15(含 0.95% ~1.0% C)。

要求：

(1)制定淬火及回火工艺。

(2)分析比较三种钢的淬火及回火组织。

(3)研究不同温度回火时的硬度变化规律。

(4)硬度测试采用 HRC。

8. T12 和 GCr15 的球化退火

(1)制定球化退火工艺及 T12 普通退火工艺。

(2)比较普通退火和球化退火组织及硬度的差异。

(3)比较普通球化退火和等温球化退火组织及硬度的差异。

(4)硬度测试采用 HRB 或 HBW。

9. 20CrMnTi 钢渗碳

材料：20CrMnTi 钢，采用固体渗碳(渗碳剂为木炭、碳酸钡和碳酸钠)。

要求：

(1)制定渗碳工艺。

(2)分析渗碳后退火状态下从表面至中心部分的显微组织。

(3)制定渗碳后 20CrMnTi 钢的热处理工艺。

(4)测定从渗层到中心的硬度变化。

(5)硬度测试采用 HV。

三、实验步骤与方法

(1)每班可分为 8 ~9 组，每组 3 ~4 人，任选上述实验内容中的有色合金和钢的热处理实验各 1 项。

(2)要求每组学生自己查阅资料，拟定实验方案，经教师审批后进行实验。

(3)实验后由教师组织学生进行交流、讨论和总结。

四、实验报告要求与思考题

(1)写出实验名称与实验方案(包括整体方案和本人负责部分的方案)。

(2)记录实验数据及总结实验结果。

(3)分析实验结果的规律性。

(4)显微组织均需画出示意图，并作出说明和比较。

实验 2 溶胶－凝胶法和沉淀法制备纳米粉

一、实验目的

(1) 掌握溶胶－凝胶法和沉淀法制备纳米粉的合成工艺。

(2) 了解 X 射线衍射对无机物的表征方法和应用。

(3) 熟悉并掌握配位滴定的基本原理和操作。

二、实验原理

1. 纳米材料的定义与特性

纳米材料是指构成材料的独立单元尺寸大小介于 1～100nm 范围内的新型材料，与常规材料相比，纳米材料的比表面积大，具有高的表面效应与体积效应，因而纳米块体材料具备小尺寸效应、宏观量子效应及隧道效应等特殊的物理性能，具有优异的物理、化学性质以及优异的光、电、磁、力学和化学等特性。

2. 纳米粉的制备方法

纳米粉的制备方法有很多种，一般可分为物理法和化学法。物理法是指利用特殊的粉碎技术将普通粉体粉碎；化学法是指控制一定条件，从原子或分子形核，生长成具有纳米尺寸和一定形状的粒子。化学法包括气相法、固相法和液相法，如图 4－2－1 所示。

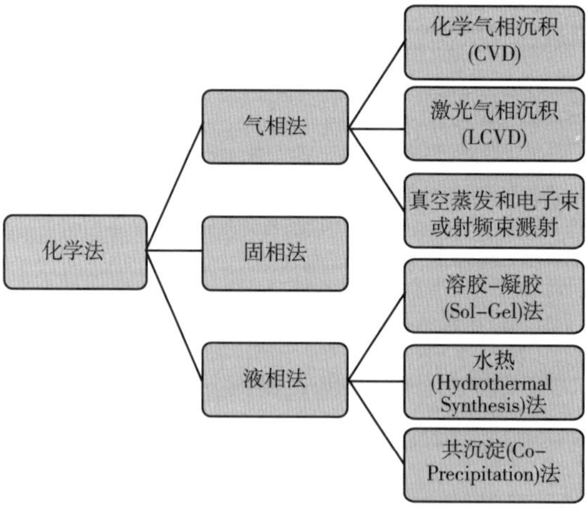

图 4－2－1 纳米粉的化学制备方法

本实验采用溶胶－凝胶法和沉淀法制备纳米粉。

1) 溶胶－凝胶法基本原理及 $BaTiO_3$ 纳米粉制备

溶胶－凝胶法具有操作简单、不需要极端条件和复杂设备、适应性强等特点。在制备过程中由于各组分在溶液中能实现分子级混合，因此可制备出组分复杂且分布均匀的各种纳米粉，还可制备纤维、薄膜和复合材料。

溶胶－凝胶法制备原理：将一些易溶解的金属化合物(金属醇盐或无机盐)在某种有机溶剂中与水发生反应，经过水解与缩聚过程而形成凝胶膜，再经过干燥、预烧热分解，除去凝胶中残余的有机物和水分，最后通过热处理形成所需要的纳米粉或晶态膜。

$BaTiO_3$ 是重要的电子材料，具有压电效应和铁电效应，用于制作陶瓷电容器、多层膜电容器、铁电存储器和压电换能器等。采用溶胶－凝胶法制备 $BaTiO_3$ 纳米粉的压电效应比普通的 $BaTiO_3$ 提高2倍以上。钛酸四丁酯和醋酸钡在冰醋酸的催化作用下，经过水解与缩聚过程而形成 $BaTiO_3$ 凝胶，凝胶经干燥、热处理和研细即可得到结晶态 $BaTiO_3$ 粉体。

2)沉淀法制备纳米氧化锌的基本原理

直接沉淀法和均匀沉淀法是液相法制备纳米氧化锌最常用的方法。直接沉淀法是以可溶性锌盐为原料，以草酸铵(草酸)、碳酸铵(碳酸氢铵)、氨水或强碱等为沉淀剂，首先合成沉淀前驱体，然后经过煅烧得到产物。

$$Zn(NO_3)_2 + (NH_4)_2C_2O_2 \longrightarrow ZnC_2O_4 + 2NH_4NO_3$$

$$2ZnC_2O_4 + O_2 \xrightarrow{\triangle} 2ZnO + 4CO_2$$

均匀沉淀法也是以可溶性盐为原料，以尿素、六甲基四胺等物质的受热分解产物为沉淀剂，首先合成沉淀前驱体，然后经过煅烧得到产物。反应温度、加热时间和物料配比对氧化锌产率、纯度及性能具有一定的影响，同时添加表面活性剂可防止纳米氧化锌颗粒的团聚。

$$CO(NH_2)_2 + 3H_2O \xrightarrow{\triangle} CO_2 + 2NH_3 \cdot H_2O$$

$$3Zn^{2+} + CO_3^{2-} + H_2O + 4OH^- \longrightarrow ZnCO_3 \cdot 2Zn(OH)_2 \cdot H_2O$$

$$ZnCO_3 \cdot 2Zn(OH)_2 \cdot H_2O \xrightarrow{\triangle} 3ZnO + CO_2 + 4H_2O$$

纳米氧化锌中的主要成分是 ZnO。用酸溶解试样后，可用 EDTA 标准溶液直接测定试液中锌的含量，然后推算 ZnO 的纯度

三、实验设备及材料

实验设备：恒温磁力搅拌器、烧杯、维形瓶、温度计、湿度计、氧化铝小坩埚、箱式电炉、干燥箱、真空泵、吸滤瓶、布氏漏斗、研钵、马弗炉、电子天平(0.01g)、酸式滴定管(50mL)，移液管(25mL)、容量瓶(250mL)、X 射线仪。

实验材料：钛酸四丁酯、无水醋酸钡、冰醋酸、正丁醇、尿素、六水合硝酸锌(0.2mol/L、0.5mol/L)、草酸铵(0.2mol/L)、碳酸铵(0.1mol/L)、H_2SO_4(10%)、H_2O_2(3%)、聚丙烯酰铵、聚丙烯酸钠(5%)、锌粉、氨水(0.01mol/L)、无水乙醇、HCl(2mol/L)、$NH_3 \cdot H_2O - NH_4Cl$ 缓冲溶液(pH≈10)、EDTA 标准溶液(0.01mol/L)、铬黑 T(1%)、$NH_3 \cdot H_2O$(1∶1)。

四、实验内容及步骤

1. 溶胶－凝胶法制备 $BaTiO_3$ 纳米粉

(1)准确称取钛酸四丁酯约7.0g 置于小烧杯中，倒入30mL 正丁醇使其溶解，搅拌下

加入 10mL 冰醋酸，混合均匀。

(2)称取等物质的量的已干燥过的无水醋酸钡，溶于 15mL 蒸馏水中，形成醋酸钡水溶液，然后将其加入钛酸四丁酯的正丁醇溶液中，边加边搅拌，混合均匀后用冰醋酸调其 pH 值为 3.5，即得到淡黄色透明澄清的溶胶，将烧杯口扎紧，室温静置 24h，即得透明凝胶。

(3)干凝胶的获得：将凝胶捣碎，置于烘箱中，100℃下充分干燥 24h，去除溶剂和水分，即得干凝胶。

(4)干凝胶的热处理和表征：将干凝胶置于 Al_2O_3 坩埚中进行热处理，开始以 4℃/min 的速度升温至 250℃，保温 1h，以彻底除去粉料中的有机溶剂，然后再以 8℃/min 的速度升温至 800℃，保温 2h，自然降温至室温，得到白色或淡黄色固体，研细即可得到结晶态 $BaTiO_3$ 粉体。

(5)纳米粉结构的表征：对纳米粉进行 X 射线衍射检测，对照标准谱图确定是否为结晶态($BaTiO_3$ 室温下为四方结构，120℃以上转变为立方相)，并计算平均粒径。可根据公式(4-2-1)计算 $BaTiO_3$ 纳米粉的平均粒径：

$$D = 0.9\lambda/\beta\cos\theta \qquad (4-2-1)$$

式中 D——粒径，nm；

λ——入射 X 射线波长，nm，Cu 靶为 0.1542nm；

β——θ 角处衍射峰的半高宽，ard；

θ——布拉格角，(°)。

由式(4-2-1)可知，θ 角处衍射峰的半高宽与粒径成反比，当 β 增大时，粒径减小。

2. 沉淀法制备 ZnO 纳米粉

(1)直接沉淀法　取 0.5mol/L 的硝酸锌溶液 50mL，加入 5% 的聚丙烯酸钠 0.5mL，按照草酸氨与锌离子的物质的量比为 1.05∶1，在搅拌下向锌离子溶液中缓慢加入相同浓度的草酸氨溶液，然后在 70℃下反应 2.5h，将所得沉淀抽滤，用 0.01mol/L 稀氨水溶液洗涤数次，再用无水乙醇洗涤，100℃烘干，得前驱化合物草酸锌，在马弗炉中 500℃下煅烧 2h，产品称重并计算产率。

(2)均匀沉淀法　取 0.2mol/L 的硝酸锌溶液 200mL，按照尿素与锌离子的物质的量比为 3∶1，加入 5% 的聚丙烯酸钠 1mol，在 90℃下搅拌反应 3h，然后将所得沉淀抽滤，并用去离子水反复洗涤，最后用无水乙醇洗涤，100℃下烘干，在马弗炉中 500℃下煅烧 2h，产品称重并计算产率。

注：为节约成本、能源和时间，同时防止产品因反应时间过长、物料浓度过大而发生团聚现象，一般在保证产率的情况下，尽量缩短反应时间，降低反应浓度和物料比。

3. 氧化锌纯度的测定

(1)试液的制备　在电子天平中准确称取一定量的氧化锌产品于小烧杯中，加入 2mol/L HCl 将其完全溶解，然后定量转移到 250mL 容量瓶中，稀释到刻度，摇匀。

(2)氧化锌含量分析 准确移取25mL溶液于锥形瓶中，用1∶1的$NH_3 \cdot H_2O$滴加至开始出现白色沉淀，加入pH≈10的$NH_3 \cdot H_2O-NH_4Cl$缓冲溶液20mL，再加入铬黑T指示剂，用EDTA标准溶液滴定，计算锌的含量，求出产品的纯度。

注：粗氧化锌中的铜、铁杂质常以尖晶石形式的化合物存在，这些化合物在通常酸度和较低温度下不会溶解。

五、实验报告要求及思考题

(1)写出实验目的及内容。

(2)记录产品的质量、颜色性状及产率，根据产率选出较优实验条件。

(3)分析并确定$BaTiO_3$纳米粉的晶态，并计算其平均粒径。

(4)列表记录实验数据并计算ZnO纳米粉的纯度。

实验 3　锂电池电极材料制备、组装及电化学性能测试

一、实验目的

(1)了解锂离子电池材料基础知识，掌握极片的制作方法。

(2)熟悉锂离子电池基本结构，掌握模拟电池装配步骤。

(3)通过电池性能测试，熟悉锂离子电池充放电机理。

二、实验原理

锂离子电池主要由正极、负极、电解质和隔膜组成。商业化的锂离子电池主要采用具有插层结构的过渡族金属氧化物作为正极材料，常见的有钴酸锂 $LiCoO_2$、二氧锰化锂 $LiMnO_2$ 等，而负极材料主要是具有层状结构的碳材料，隔膜一般采用具有微细孔的聚烯有机高分子隔膜，电解质由导电盐溶质和有机溶剂组成。锂离子电池实际上是一种锂离子浓差电池，正、负极由两种不同的锂离子嵌入化合物组成。

锂离子电池的工作原理如图 4 -3 -1 所示。电池在充电时，锂离子从正极材料的晶格中脱出，经过电解质和隔膜，嵌入到负极材料的晶格中，负极处于富锂态，正极处于贫锂态；放电时则相反，锂离子从负极材料的晶格中脱出，经过电解质和隔膜，重新嵌入到正

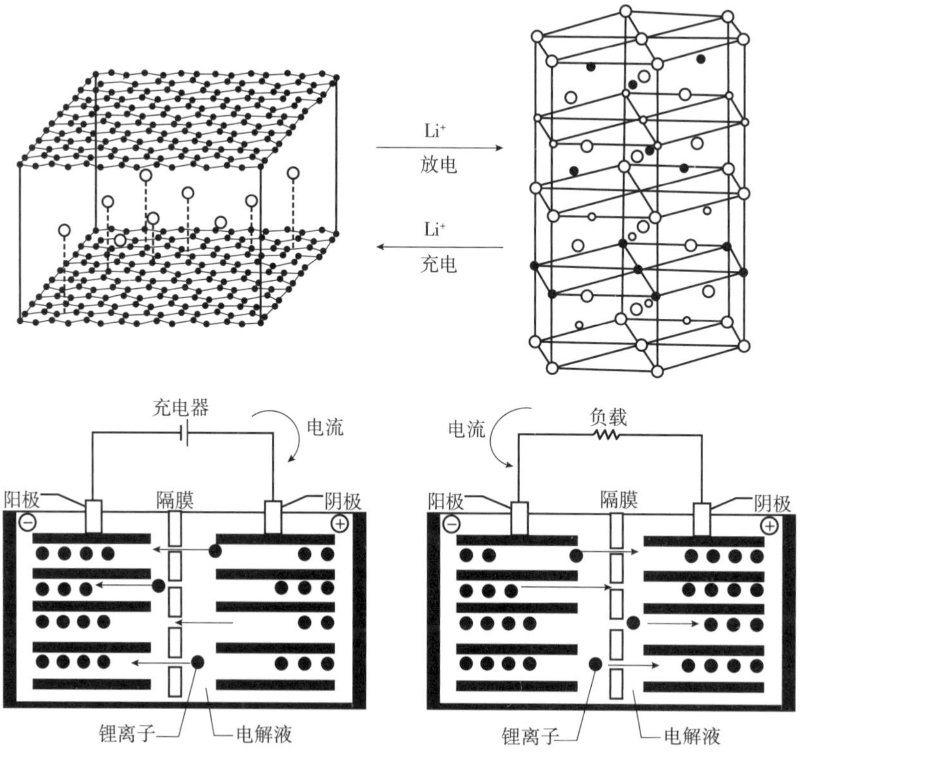

图 4 -3 -1　锂离子电池的充放电示意图

极材料的晶格中，正极处于富锂态，负极处于贫锂态。在正常充放电情况下，锂离子在层状结构的碳材料和层状结构氧化物的层间嵌入和脱出，一般只引起层面间距变化，晶体结构不会发生明显变化。

电极反应为：

正极上发生的反应：$LiMO_2 \longrightarrow Li_{1-x}MO_2 + xLi^+ + xe$（正方向为充电，反方向为放电）

负极上发生的反应：$6C + xLi^+ + xe \longrightarrow Li_xC_6$（正方向为充电，反方向为放电）

实验室常采用模拟电池来研究正负极材料。在模拟电池中，研究电极作为正极，锂片为负极，模拟电池又叫半电池或锂电池，当对电池充电时，正极上的锂离子脱出经过电解液穿过隔膜，嵌入负极当中，嵌入的锂离子越多，充电量就越高。放电时锂离子从负极脱出经过电解液穿过隔膜，又重新回到正极，回到正极的锂离子越多，放电容量就越高。

三、实验设备及材料

实验设备：电子天平、增力搅拌器、真空干燥箱、鼓风干燥箱、涂布器、裁片机、手套箱、封口机、对辊机、电池电化学性能测试仪等。

实验材料：扣式电池壳、铝箔、正极活性物质（钴酸锂、镍钴锰酸锂）、隔膜（多孔的丙烯膜、聚乙烯等薄膜）、垫片（铝片、铜片集电器）、支撑片（弹片）、锂片、石墨、电解液（六氟磷酸锂的有机溶液）、PVDF（聚偏氟乙烯）、NMP（N－甲基吡咯烷酮）。

四、实验步骤与方法

1. 配料与涂布

1）物料与器具

PVDF、NMP、导电剂、正极活性物质、烧杯（100mL、250mL）、增力搅拌器、搅拌桨、电子天平（精度≥0.0001g）、小铁勺、胶头滴管、磨口试剂瓶、干燥器、涂布器、铝箔。

材料介绍：导电剂，提高正极片的导电性，补偿正极活性物质的电子导电性；PVDF（聚偏氟乙烯，黏结剂），将正极材料、导电剂和铝箔黏合在一起，非极性物质，链状物，其相对分子质量从300000到3000000不等，吸水后相对分子质量下降，黏性变差；NMP（N－甲基吡咯烷酮，溶剂），弱极性液体，用来溶解/溶胀PVDF，同时用来稀释浆料。

2）准备工作

（1）物料烘烤　将PVDF、导电剂、正极材料于干燥箱中干燥，干燥时间及温度如下：正极材料、导电剂，120℃下烘烤2h；PVDF，80℃下烘烤2h。

（2）配置黏结剂（5%）　先在烧杯（250mL、50mL）中称取5g PVDF（1g），再称取95g NMP（19g）于其中，用搅拌器将混合溶液搅拌至白色粉末全部溶解，黏结剂要求透明无颗粒（为加快溶解速度，可将溶液稍加热到50℃，溶解过程中注意水分流失，可用保鲜膜封住烧杯），搅拌完成后倒入磨口试剂瓶中，并置于干燥器中保存备用。

3）称重

（1）称正极材料　将天平归零，打开天平右面那扇门，将干净的100mL（50mL）烧杯轻轻放入，待数值稳定后将天平归零，称取 9.0g 正极样品，待数值稳定后将天平归零。

(2)称导电剂　用纸巾将铁勺擦干净，然后用铁勺称取 0.5g 导电剂放入烧杯中，待数值稳定后将天平归零。

(3)称黏结剂　在烧杯中加入 10g 黏合剂，待数值稳定后将天平归零。

4)搅拌

(1)将烧杯置于增力搅拌器下，用烧杯夹固定好烧杯，调节搅拌机的位置，使搅拌桨处于烧杯正中心，同时使桨片尽量靠近烧杯底，但转动时不与杯底发生摩擦的位置，先慢速搅拌 5min。

(2)关闭搅拌机，松开烧杯夹，用手扶住烧杯，再将搅拌机调到慢速，配合搅拌桨的转动，用手不断调节烧杯位置，使烧杯边角处的浆料全部被充分搅拌，如此 1 ~ 2min，直到确信烧杯中浆料无沉淀现象，重新固定好烧杯。

(3)将搅拌机调至高速，快速搅拌 10min 至浆料呈蜂蜜膏状为宜，搅拌过程中随时观察，确保不会发生浆料溅出、烧杯打碎等异常情况。

(4)搅拌完毕，立即开始涂布。

5)涂布

(1)将调好的浆料倒在铺平的铝箔上，调节涂布器两端的调节螺母，将间隙调节到 150 ~ 200μm，拿住涂布器两端缓慢向前推动，使刮过的表面光滑。

(2)将涂好的极片置于真空干燥箱中 120℃ 下真空干燥 3h。

2. 制片与组装

1)物料与器具

涂布好的极片、裁片机(ϕ12mm、ϕ18mm)、裁片机、电子天平(0.0001g)、镊子、折好的小纸片、正极壳、负极盖、隔膜、垫片、弹片、锂片、电解液、称量瓶、镊子、封口机、胶头滴管等。

2)准备工作

(1)铝箔称重　清洁冲片机，用剪刀剪取 20 ~ 30mm 长的铝箔，均匀地选取不同区域在冲片机(ϕ12mm)下冲取 20 片小片，随机选取其中 10 片在天平下精确地称量质量，并计算平均值，确定平均箔重。

(2)隔膜准备　在隔膜上下两面放上白纸，用冲片机(ϕ18mm)冲出直径为 18mm 的隔膜。去掉不好的隔膜，将裁好的隔膜置于真空手套箱中备用。

(3)电池壳准备　用无水乙醇或丙酮清洗电池壳、垫片、弹片三遍，烘干后置于真空手套箱中备用。

(4)手套箱中工具准备　将封口机、镊子(2 把，其中 1 把用生料带缠好一只脚，防止短路)、称量瓶、胶头滴管、电解液、锂片长期放置于真空手套箱中保存。

3)制片

(1)用酒精清洁对辊机的对辊面，并用电吹风吹干，小心地将极片放入对辊机中对辊，压力约为 20MPa。

(2)清洁打冲片机(ϕ12mm)，然后将压完后的极片放入打孔机下(涂布面朝上)，冲下约 10 片极片，于天平中称重(精确至 0.1mg)，选取 4 片无缺陷并且质量相近的极片，给极片编号，装入小纸袋中并放入真空手套箱。

4)组装

(1)用称量瓶取 2 ~ 3mL 电解液，并取数片隔膜于其中浸润，从锂片罐中取出所需数量的锂片，并把锂片罐包好。

(2)将负极壳开口向上，用镊子夹取一块弹片置于其中(碗口朝上)。

(3)夹取垫片于弹片之上，严格对齐。

(4)夹取锂片于垫片之上，严格对齐(若锂片表面氧化，应用刀片刮掉其氧化层)，并往锂片上滴加 2 ~ 3 滴电解液。

(5)用镊子轻轻夹取之前浸润的隔膜边缘于正中心覆盖锂片，再往隔膜上滴加 1 ~ 2 滴电解液。

(6)将正极片涂布面朝下，置于正中心位置。

(7)再夹取垫片于正极片之上，严格对齐。

(8)用生料带缠过的镊子将组装好的电池放于封口机中，正极朝上，封口压力为 100kgf/cm^2。封口完成后，取下电池，搁置 4h 左右，准备测试。

3. 电池电化学性能测试

1)测试

将制作好的扣式电池安装到测试柜夹具上(红正黑负)，按下式计算充放电电流强度：

$$I = (M_4 - M_5) \times M_1 / (M_1 + M_2 + M_3 \times 0.05) \times 0.2 \times a \tag{4-3-1}$$

式中 I——充放电电流强度，mA；

M_1——正极材料的质量，g；

M_2——导电剂的质量，g；

M_3——PVDF 溶液(5%)的质量，g；

M_4——冲片机上切下的极片质量，g；

M_5——切片机上切下的空白铝箔质量，g；

0.2——充放电倍率；

a——样品估计放电比容量(正极材料一般为 150mAh/g)。

充放电制度如下：

(1)静置：60min；

(2)恒流充电：截止电压为 4.2V；

(3)静置：5min；

(4)恒流放电：截止电压为 3.0V；

(5)静置：5min；

(6)循环：起始2，次数50(根据要求)；

(7)结束。

充放电倍率：是指1h内电池的充电(放电)次数，如式(4－3－1)中的0.2，称为0.2C，表示设定该电池1h充电(放电)次数为0.2，即完成一次充电或放电需要5h。

2)软件运行

(1)双击图标运行软件：，系统自动搜索联机测试仪。

(2)选择对应电池通道，右键选择启动，设置工步，按充放电制度设置各参数，如图4－3－2所示。

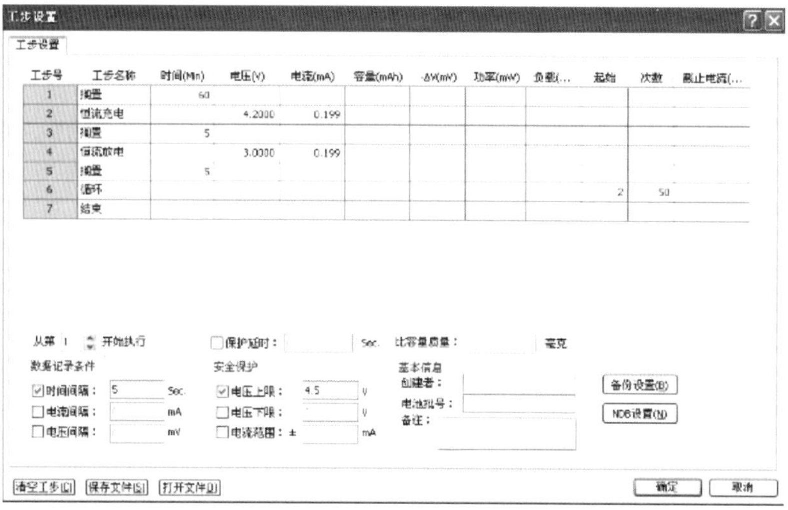

图4－3－2　测试界面图

(3)测试完成后，记录首次放电克容量和首次充放电效率。

(4)取下电池，关闭软件，然后关闭主机。

五、实验报告要求及思考题

(1)记录并分析实验过程中各项参数、实验现象，如烘烤时间、称量重量、搅拌时间、浆料特征、涂布状态、对辊状态等。

(2)记录电池装配过程及电池测试数据，并根据测试数据分析每一步装配过程对电池性能的影响。

实验4　钇增强氧化锆结构陶瓷材料制备及性能测试

一、实验目的

(1)了解陶瓷材料粉体成型的过程和陶瓷增韧原理。

(2)掌握陶瓷粉体钢模压制成型的原理与操作。

(3)了解陶瓷材料预成型胚体的烧结原理及过程。

(4)掌握陶瓷材料烧结坯的密度、烧结收缩率、硬度等性能的测试。

二、实验原理

结构陶瓷主要是指用于各种结构部件，以发挥其机械、热、化学和生物等功能的高性能陶瓷材料。因结构陶瓷常常在高温下使用，故也称为高温结构陶瓷或工程陶瓷。

结构陶瓷按化学成分主要分为：第一类，氧化物陶瓷，如氧化铝、氧化锆、氧化镁、氧化钙、氧化铍等；第二类，碳化物陶瓷，如碳化硅、碳化硼、碳化锆、碳化钛、碳化钨等；第三类，硼化物陶瓷，如硼化锆、硼化钛硼化镧等；第四类，其他结构陶瓷。

1. 钇增强氧化锆结构陶瓷材料结构及性能

结构陶瓷具有优异的性能，是现代高新技术、新兴产业和传统工业改造的物质基础，也是现代军事技术和生物医学不可或缺的材料。但是结构陶瓷也有致命的弱点，如脆性、低可靠性和重复性，这就要求优化在陶瓷材料制备的各个环节(如粉体制备、成型和烧结等过程)获得性能的改善。

纯氧化锆有三种同素异构体，即立方结构、四方结构、单斜结构。其结构及参数如图4－4－1和表4－4－1所示。

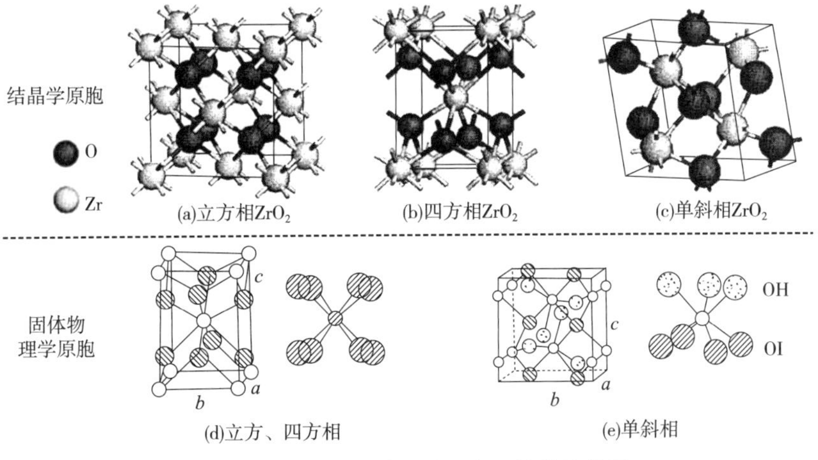

图4－4－1　氧化锆三种同素异构体结构图

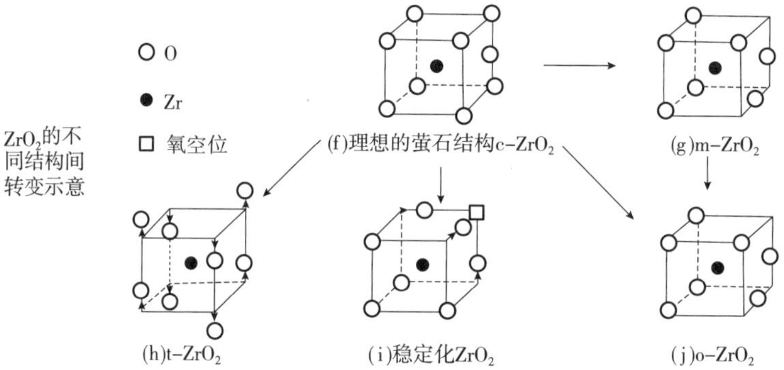

图4-4-1 氧化锆三种同素异构体结构图(续)

表4-4-1 氧化锆三种同素异构体结构参数

晶型	晶系	理论密度/g·cm^{-3}	晶格常数			备注
			a	*b*	*c*	
单斜型	单斜	5.68	5.194	5.266	5.308	$\beta = 80°48'$
四方型	四方	6.10	5.107		5.106	$c/a = 1.107$
立方型	立方	6.27	5.124			

纯 ZrO_2 在特定的条件下会发生同素异构体转变，如图4-4-2所示，在升温时由单斜向四方转化，有5%的体积收缩，而降温时由四方向单斜转化，产生8%的体积膨胀，出现较大应力，结构中会产生微裂纹，加之导热系数小，热膨胀系数大，使纯 ZrO_2 的力学、电学以及抗热震等性能都很差，导致纯 ZrO_2 不能直接用来制造大型、异形产品，极大地限制了 ZrO_2 的应用。因此需要加入适量的稳定剂(氧化钙、氧化镁、氧化钇、氧化铈)与 ZrO_2 形成固溶体或化合物，以抑制 ZrO_2 晶体转化，起到稳定作用，其中氧化钇的稳定效果良好，此产品已经投入生产，工艺成熟。

$$m-ZrO_2 \underset{850\sim1000℃}{\overset{1170℃}{\rightleftharpoons}} t-ZrO_2 \overset{2370℃}{\rightleftharpoons} c-ZrO_2 \overset{2680℃}{\rightleftharpoons} \text{熔体}$$

图4-4-2 氧化锆三种同素异构体相变

在氧化钇-氧化锆系相图(见图4-4-3)中，氧化钇在极限四方相溶体中有很大的溶解度，直到2.5%(摩尔分数)氧化钇溶解到与低共析温度线相交的固溶体中，可获得全部四方相的陶瓷，氧化钇的量一般控制在2%~3%(摩尔分数)。在氧化钇-氧化锆系四方氧化锆中，存在临界尺寸(约0.3μm)，超过此尺寸会导致强度和韧性降低，同时临界尺寸的大小与组分相关，因此控制烧结工艺十分重要，常常采用超细粉末，在1400~1500℃之间烧结，通过控制晶粒生长的速度来获得细晶陶瓷。稀土钇的增加可显著增强氧化锆陶瓷材料成型，细化晶粒，减少显微疏松和热裂倾向，改善性能。

在氧化钇增韧氧化锆陶瓷材料中，其主要的增韧原理为相变增韧、微裂纹增韧、弥散增韧机理。

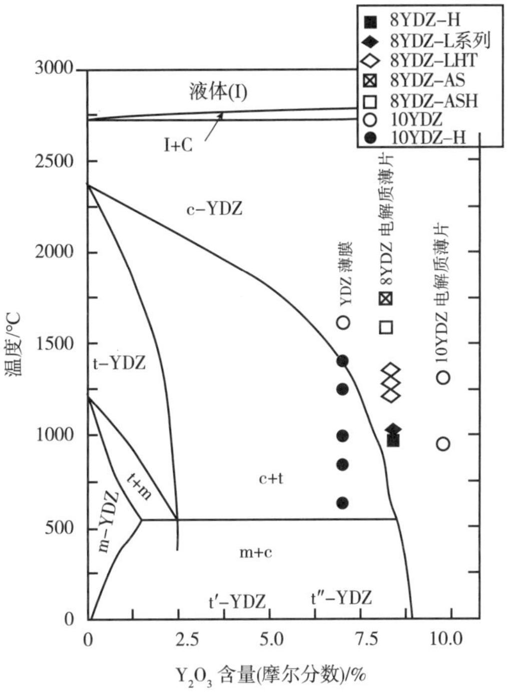

图 4-4-3　氧化钇-氧化锆系相图

1) 相变增韧机理

应力诱导相变增韧是利用应力诱导四方 ZrO_2 马氏体相变来改变陶瓷材料的韧性。ZrO_2 在室温下为单斜晶系，当温度达到 1170℃时，由单斜晶系转化为亚稳态的四方晶型，在应力作用下，亚稳态的四方晶型 ZrO_2 可诱发相变重新转化为单斜晶型。在高温烧结时，ZrO_2 颗粒以四方相存在，而烧结致密后冷却时，四方相 ZrO_2 颗粒就要转变为单斜相颗粒。但这时周围的致密陶瓷基体束缚它的膨胀，因而相变也受到抑制。在室温时，ZrO_2 颗粒仍以四方相存在，它有一种力图膨胀而变成单斜相的自发倾向。在许多陶瓷基体中，分散了这种亚稳定的 ZrO_2 颗粒，会使陶瓷的韧性有极大提高，这是因为四方相 ZrO_2 颗粒是处在压应力状态，基体沿颗粒连线方向也是受到应力的。当外力作用时，陶瓷的内应力可使四方相的 ZrO_2 粒子解除约束发生四方相 ZrO_2(t-ZrO_2)转变成单斜相(m-ZrO_2)的马氏体相变，引起体积膨胀。而相变颗粒的剪切应力和体积膨胀对基体产生压应变，使裂纹停止延伸，以致需要更大的能量才能使主裂纹扩展，即在裂纹尖端应力场的作用下，ZrO_2 粒子发生四方相→单斜相的相变而吸收能量，外力做功，从而提高了断裂韧性。

2) 微裂纹增韧机理

微裂纹增韧是多种陶瓷材料的一种增韧机理。由于大多数情况下陶瓷体内存在裂纹，当受外力或存在应力集中时，裂纹会迅速扩展，致使陶瓷受到破坏，因此，为防止裂纹扩展，消除应力集中是提高陶瓷强韧性的关键。ZrO_2 在由四方相向单斜相转变时，相变出现的体积膨胀也会导致微裂纹。这样不论是陶瓷在冷却过程中产生的相变诱发微裂纹，还是裂纹在扩展过程中其尖端区域形成的应力诱发相变导致的微裂纹，都将起到分散主裂纹尖端能量的作用，从而提高了断裂能，即微裂纹增韧。当陶瓷材料受到张应力的作用时，在主裂纹的尖端形成塑性区，在塑性区内，原先存在的大量微裂纹发生延伸，增加许多新的裂纹表面，吸收大量的弹性应变能，从而引起陶瓷断裂韧性的增加。另外，在张应力作用下，延伸后形成的较大微裂纹将与主裂纹汇合，导致主裂纹的扩展路径发生扭曲和分叉，增加裂纹的扩展路径，吸收更多的弹性应变能，从而导致材料断裂韧性的进一步提高。

3) 弥散增韧机理

弥散增韧主要是在陶瓷基质中加入第二相 ZrO_2 粒子，这种颗粒在基质材料受拉伸时阻止横向截面收缩，而要达到与基体相同的横向收缩，就必须增加纵向拉应力，这样就使材料消耗了更多的能量，起到增韧作用。同时，高弹性模量的颗粒对裂纹起钉扎作用，使裂纹发生偏转绕道，耗散了裂纹前进的动力，也起到增韧作用。另外，颗粒的强化在于颗粒与基体的热膨胀失配，使外加载荷重新分配，提高承载能力，防止基体内位错运动，以达到强化的目的。

ZrO_2 增韧陶瓷为多相结构，ZrO_2 呈微细的分散相弥散分布在被韧化的陶瓷基质中，ZrO_2 颗粒尺寸和分布对陶瓷基体韧性影响较大。只有当 ZrO_2 弥散粒子的直径小于室温相变临界颗粒直径（一般 $<1\mu m$）时，才能使陶瓷基体内储存相变弹性应变能，导致其韧性和强度均有不同程度提高。另外，最佳的 $t-ZrO_2$ 体积分数、均匀的 $t-ZrO_2$ 弥散程度以及陶瓷基体和 ZrO_2 颗粒热膨胀系数的匹配在陶瓷增韧中均是必不可少的。

2. 钇增强氧化锆结构陶瓷材料制备

1) 粉体成型

所谓的粉体成型是指将粉末状的材料制成具有一定形状、尺寸、孔隙率以及强度的预成型坯体的加工过程。不同材料因其物理化学特性不同，所采用的成型方法与技术也不完全相同，主要成型方法有模压成型、等静压成型、注射成型和轧制成型等。钢模压制成型方式有三种：单向压制、双向压制及浮动凹模压制，如图 4－4－4 所示。本实验采用单向压制。

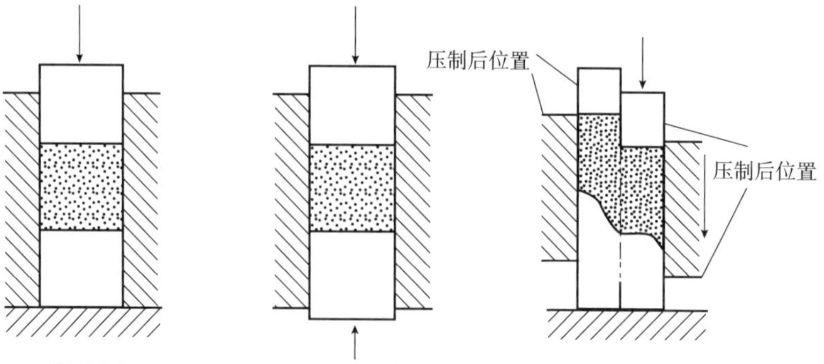

图 4－4－4　钢模压制成型方式

单向压制是压力施加在粉末坯料的上顶部。因此，粉末坯料与凹模之间的摩擦，使得在经单向压制所得到的预成型坯中，底部与顶部的密度有很大差别。这种密度差随预成型坯高度的增加而增加，随直径的增大而减小，降低高径比，会使压力沿高度的差异相对减小，使密度分布变得更加均匀。若使用润滑剂，可以减少粉末坯料与模壁之间的摩擦力，也可以降低沿高度方向的密度不均匀程度。

室温单向模压成型模具的制造材料有 CrWMn、Cr12、Cr12MoV、3Cr2W8V 等，热处理后的 HRC 硬度要求≥60。

模具的上、下模具配合公差应在 0.01 ~ 0.02mm 范围内，一般凹模的下方稍低于凸模下冲高度有 30′左右的喇叭口，以利于脱模。由于材料在高硬度时韧性较低，为了防止在冷压成型时模具开裂伤人，大多数情况下在凹模外加 Q235 钢或 45 钢制成的套，该套不经过热处理。

粉末压制在压力机上进行，将经预处理的陶瓷粉末装在钢压模内，当对钢压模中粉末施加压力后，粉末颗粒间将发生相对移动，粉末颗粒将填充孔隙，使粉末的体积减小，粉末颗粒迅速达到最紧密堆积状态，直到达到所要求的密度。随着压制力的继续增大，当压力达到和超过粉末颗粒的强度极限时，粉末颗粒发生塑性变形(对于脆性粉末来说，不发生塑性变形，而出现脆性断裂)，直到达到具有一定密度的坯块。

由于粉末对钢压模模壁的侧压力，使钢压模内靠近模壁的外层粉末与模壁之间产生摩擦力，这种摩擦力的出现会使压坯在高度方向存在明显的压力降。在接近加压端面的部分压力最大，随着远离加压端面，压力逐渐降低。由于这种压力分布的不均匀性，造成了压坯各部分粉末致密化不均匀。

压坯在压模中，当去除压力后，压坯仍会紧紧地固定在钢压模内。为将压坯从钢压模中取出，还需施加一个脱模压力。当把压坯脱出钢模后，由于压坯内聚集了很大的内应力，使压坯产生弹性后效现象。

总之，压制是一个复杂的过程，粉末在压制中之所以能够压制成型，关键在于粉末本身的特征，而在影响压制过程的各种因素中，压制力又起着决定性的作用。

2)粉体烧结

烧结是粉末冶金生产过程中最基本的工序之一，对最终产品的性能起着决定性作用。烧结是指粉末或粉末压坯，在适当的温度和气氛条件下加热所发生的一系列复杂的现象或过程。烧结的结果是颗粒之间发生黏结，烧结体的强度增加，多数情况下，密度得到提高。如果烧结条件控制得当，烧结体的密度和其他物理性能及力学性能可以接近或达到相同成分致密材料的性能。

三、实验设备及材料

实验设备：托盘天平、气氛保护硅钼棒烧结炉、YLJ－24T 手动台式压力机、压制模具。

实验材料：氧化钇锆预合金粉、甘油。

四、实验步骤与方法

试验首先采用超细氧化钇锆预合金粉体，通过钢模压成型，获得预成型坯，然后再进行烧结，最终得到钇增强氧化锆结构陶瓷材料。

(1)原料的称量：氧化钇锆粉体或压坯 10～50g、甘油 10mL。

(2)模具的清理、润滑剂的涂抹。

(3)氧化钇锆粉体的添装、半干法压制成坯：

①压制(选择压力及保压时间)；

②氧化钇锆坯体的顶出。

(4)氧化钇锆坯体的尺寸测量，压坯密度测量。

(5)氧化钇锆坯体的干燥与烧结：

①升温速率为 1～2℃/min；

②氧化钇锆粉体制成坯的干燥；

③氧化钇锆压制坯的高温烧结，烧结温度为 1450℃，保温时间为 3h，随炉冷却。

(6)氧化钇锆陶瓷烧结坯的密度、烧结收缩率、硬度等性能的测试。

五、实验报告要求及思考题

(1)说明氧化钇锆陶瓷增韧原理。

(2)简述粉体成型的原理及过程。

(3)绘制出氧化钇锆预合金粉密度－压力关系曲线，并进行分析。

(4)说明压制过程中，有哪些因素会影响粉末的致密化程度及压坯密度的均匀性。

(5)试说明氧化钇锆陶瓷烧结工艺的选择依据。

实验5　镁合金微弧氧化膜层制备及电化学性能表征

一、实验目的

(1)掌握微弧氧化法制备镁合金表面氧化膜的原理和方法。

(2)掌握 WHD-30 型多功能双极性微弧氧化电源的使用方法。

(3)了解电化学工作站的结构与原理。

(4)掌握合金极化曲线测试的操作方法及数据处理。

(5)了解微弧氧化处理中各工艺参数对微弧氧化膜层的影响。

二、实验原理

1. 镁合金微弧氧化膜层制备

镁合金具有资源丰富、比强度及比模量高、热稳定性高、电磁屏蔽性能好等优点，但镁与氧的亲和力较大，在干燥的大气中，镁表面可形成氧化物膜，该氧化膜表面比较疏松，其致密度系数 $\alpha=0.79$(Al_2O_3 的 $\alpha=1.28$)，这种不致密的表面膜，不能阻碍反应物质的通过，使氧化反应得以不断进行，其氧化动力学曲线呈直线式。为了提高镁合金的耐腐蚀及其应用性能，已研制开发出了多种表面防护处理方法。其中微弧氧化技术工艺简单、清洁无污染、材料适应性强，得到的微弧氧化陶瓷膜层既具备普通阳极氧化膜的性能，又兼有陶瓷喷涂层的优点，硬度高、高耐磨、韧性好、与基体结合力强、耐腐蚀、耐高温氧化、绝缘性好，故具有很广阔的发展前景。

微弧氧化(Micro Arc Oxidation，MAO)又称为等离子微弧氧化(Plasma Micro Arc Oxidation，PMAO)、微等离子体氧化(Micro Plasma Oxidation，MPO)，国外常称为等离子体电解氧化(Plasma Electrolyte Oxidation，PEO)，也称微弧放电氧化(Micro-arc Discharge Oxidation，MDO)。它是通过电解液与相应电参数的组合，在铝、镁、钛等其他金属及其合金表面依靠弧光放电产生的瞬时高温高压作用，生长出以基体金属氧化物为主的陶瓷膜层。在微弧氧化过程中，化学氧化、电化学氧化、等离子体氧化同时存在，因此陶瓷层的形成过程非常复杂，至今还没有一个合理的模型能全面描述陶瓷层的形成。

目前，通常将微弧氧化过程分为4个阶段，即阳极氧化阶段、火花放电阶段、微弧氧化阶段和熄弧阶段(或称弧光放电阶段)，但不同反应体系的微弧氧化过程并不一致。

(1)阳极氧化阶段　材料表面产生大量气泡，金属光泽逐渐消失。此阶段以表面氧化为主，在电场作用下，材料表面产生一层带有绝缘特性的氧化膜。随着时间的延长，氧化膜的厚度逐渐增加，承受的电压越来越大，材料表面生成大量气体，这为等离子的产生创造了条件。

(2)火花放电阶段　材料表面产生大量不稳定的白色弧光，在材料表面不断移动。当电压达到临界电压时，初生的氧化膜被高压击穿，材料表面形成白色弧光。由于白色弧光形成的瞬间，高温高压微区造成氧化膜熔融，等粒子体弧在微区消失，电解液很快将热量带走，熔融物迅速凝固，在材料表面形成多孔状氧化层。另一方面，在电场作用下，材料其他表面不断形成新的氧化膜，并被击穿产生新微弧，击穿发生在氧化膜薄弱的微区，这造成微弧点不断移动。

(3)微弧阶段　材料表面产生红色光泽弧斑。多孔状氧化层的微孔(气孔)，或是自身扩大或与其他微孔连成一体，形成导电通道，出现较大的光泽弧斑，使氧化进一步向深层渗透。

(4)弧光放电阶段　此时弧斑已消失，然而微等粒子体现象依然存在。

镁合金微弧氧化是以镁合金试样作为阳极，电解槽作为阴极，通过使用专用的微弧氧化电源在镁合金试样上施加电压，使镁合金试样表面与电解液相互作用，在试样表面形成微弧放电，在高温、电场等因素的作用下，金属表面形成陶瓷膜，达到优化镁合金试样表面性能的目的。微弧氧化实验装置如图 4－5－1 所示。

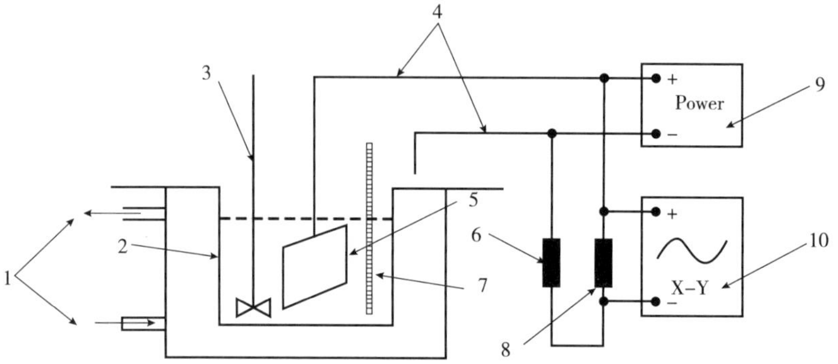

图 4－5－1　微弧氧化实验装置示意图

1—冷却水；2—阴极(不锈钢电解槽)；3—搅拌器；4—导线；5—阳极(镁合金)；6—大电阻；7—温度计；8—小电阻；9—高压电源；10—X－Y 记录仪

2. 镁合金微弧氧化膜层电化学性能的表征——极化曲线的测定

镁合金微弧氧化陶瓷膜层具有较好的耐腐蚀性能，一般可通过检测其极化曲线来表征其电化学腐蚀性能。

电极上电势随电流密度变化的关系曲线称为极化曲线。极化曲线表示了电极电位与电流密度之间的关系，从极化曲线上可以求得任一电流密度下的过电势(超电势)，看出不同电流密度时电势变化的趋势，直观地反映了电极反应速度与电极电势的关系。在某一电流密度下极化曲线的斜率 $\Delta\varphi/\Delta i$ 称为极化度(极化率)，极化度的大小可以衡量极化的程度，判断电极过程的难易。极化度小，电极过程容易进行；极化度大，电极过程受到较大阻碍而难以进行。从极化曲线还可求电极过程动力学参数，如交换电流密度 i_0、电子传递系数 α、标准速度常数及扩散系数，还可以测定反应级数、电化学反应活化能等。

被控制的变量电极电位是随时间连续线性变化的。随时间连续线性变化的电位可用线性方程表示：

$$\varphi = \varphi_i + Vt \tag{4-5-1}$$

式中　φ——扫描电位；

φ_i——扫描起点电位；

V——扫描速度；

t——扫描时间。

常以研究电极相对于参比电极的开路电位作为扫描的起点电位。

三、实验设备及材料

实验设备：WHD-30 型多功能双极性微弧氧化电源、电钻、金相试样抛光机、电子天平、Corrtest 电化学工作站、电吹风、铁架台、电解池(250mL)、游标卡尺。

实验材料：试样、无水乙醇、硅酸钠、氢氧化钾、多聚磷酸钠、甘油、氯化钠、5L 量筒、烧杯、1000mL 容量瓶、玻璃棒、饱和甘汞电极、铂电极、水磨砂纸、指甲油等。

四、实验步骤与方法

1. 镁合金微弧氧化膜层制备

(1)试样的制备　用电钻在试样表面钻取一个直径为 3mm 的孔，将试样依次用 180 号、800 号、1500 号水磨砂纸打磨，然后将打磨后的试样用蒸馏水冲洗干净后放入无水乙醇溶液中超声 15min，超声完后用蒸馏水冲洗干净试样表面的乙醇，将铝杆与试样连接，用吹风机吹干待用。

(2)电解液的配制　按照 20g/L Na_2SiO_3、4g/L KOH、2g/L $Na_5P_3O_{10}$、10mL 甘油的电解液配方，称量相应的药品后倒入水桶中，用量筒量取 10L 蒸馏水溶解，待完全溶解后倒入电解槽中。

(3)膜层的制备　将铝杆连接的试样悬挂在电解槽上的阳极杆上，打开循环冷却水，通上电源后打开微弧氧化设备，点击电极液晶屏上的“设置”按键，进入设置界面设置实验参数；参数设置完毕后点击“设置”按键返回界面首页，先按下绿色“正向启动”按钮，然后按下绿色“负向启动”按钮，最后在液晶屏上按下“开始”按键实验开始进行。

(4)数据导出　实验完成后，用数据线连接微弧氧化设备导出数据。

(5)设备整理　关闭循环冷却水，打开水槽的出水口阀门，用自来水管冲洗，冲洗干净后取下阳极杆，将电解槽内的塑料筐拿出用布擦干并将电解槽擦干，然后把塑料筐放回电解槽内，装好阳极杆将塑料盖盖好。

2. 镁合金微弧氧化膜电化学性能测定

(1)试样的制备　选用经特定微弧氧化工艺处理后的镁合金作为试样，用指甲油将试样的其他面覆盖，只暴露一个工作面。用游标卡尺测量暴露的工作面的尺寸，用去离子水清洗试样后，用电吹风吹干待用。

(2)电解池、电极的连接　将工作电极、参比电极、辅助电极插入电解池内。将 3.5% NaCl 电解液倒入电解池内，将电极电缆线的绿色护套夹(WE)与试样(工作电极)相连，红色护套夹(CE)与辅助电极(铂电极)相连，黄色护套夹(RE)与参比电极相连，使参比电极、辅助电极和工作电极处于同一水平面(见图4-5-2、图4-5-3)。

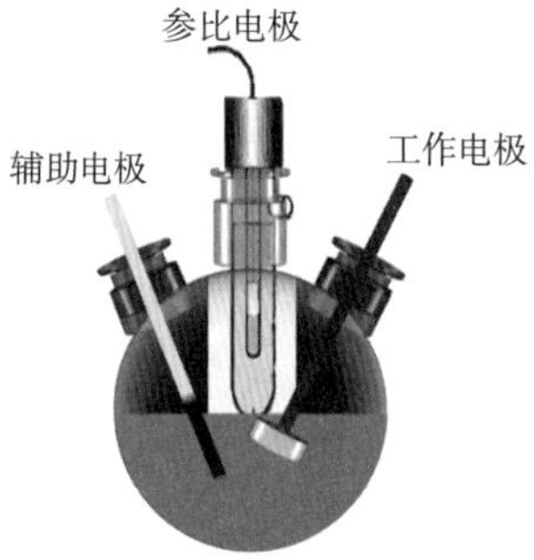

图4-5-2　电解池与电极的连接示意图

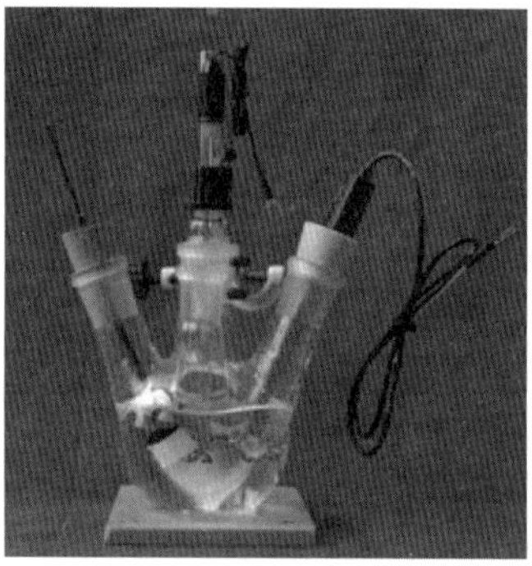

图4-5-3　电解池与电极的连接实物图

(3)打开电化学测试应用程序　打开电化学工作站电源，指示灯亮，打开计算机电源，计算机进入 Windows 系统，点击 Windows 系统中的 Corrtest 电化学测试应用程序。

(4)极化曲线的测定　在菜单设置中选择稳态极化的动电位扫描方法，设定“相对开路电位”的初始电位、终止电位和扫描速率；坐标类型选择“电位-Lg电流”；在恒电位仪菜单中点击“虚地”；在电解池设置菜单中设置试样面积，参比电极选择“SCE(汞/甘汞饱和KCl)”；待开路电位稳定时(1min内上下浮动3mV以内)，点击确定开始测试极化曲线。

(5)关闭电化学测试应用程序及相关设备　实验完毕，退出 Corrtest 电化学测试应用程序。在确定所有应用程序都退出后，关闭 Corrtest 电化学工作站电源，然后关闭计算机。

(6)数据分析　将 Corrtest 电化学测试测量数据转变为文本文件，导入 Origin 软件中作图，得到 $E-\lg i$ 极化曲线，如图4-5-4所示，自腐蚀电位为 E_{corr}，作出 Tafel 区直线方程(与自腐蚀电位相差100mV左右的线性区域)，将自腐蚀电位 E_{corr} 代入直线方程，计算出的电流即为腐蚀电流 i_{corr}。

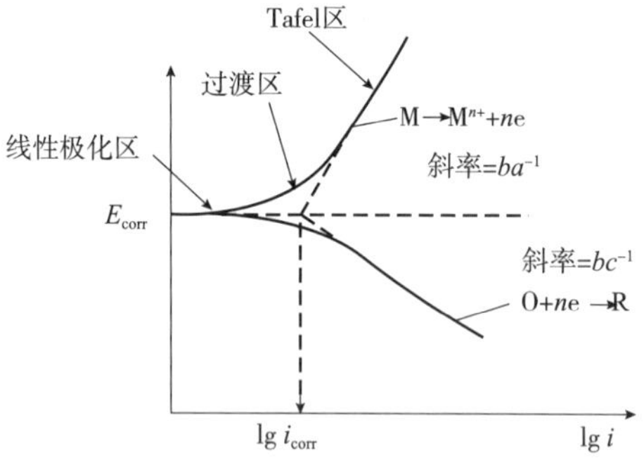

图4-5-4　试件在3.5%NaCl溶液中的极化曲线

五、实验注意事项

微弧氧化时，夹具安装时应注意夹具与工件结合良好，不能出现松动、接触不良等情况。工件要与夹具旋合紧密，防止电解液进入到夹具与工件的空隙内，引起不必要的氧化反应，影响工件的表面质量。

六、实验报告要求及思考题

(1) 简述微弧氧化法的优点及其膜的形貌特征。

(2) 观察不同工艺下镁合金微弧氧化膜的外观，总结形成的影响。

(3) 将 Corrtest 电化学测试测量数据转变为文本文件，在 Origin 软件上作图，得到 $E-\lg i$ 极化曲线。求出试样的自腐蚀电位和腐蚀电流。

(4) 根据得到的数据分析时间、电流密度、频率等工艺参数对微弧氧化试样的电化学腐蚀性能的影响。

实验 6　多孔材料 SAPO－34 制备及性能测试

一、实验目的

(1)了解多孔材料基础知识，掌握其制作方法。

(2)熟悉多孔材料基元结构。

(3)通过 XRD、物理吸附脱附仪器测试其性能，了解结构对其性能的影响。

二、实验原理

硅磷酸铝(SAPO－n)系列分子筛是由 AlO_4、PO_4、SiO_4 四面体构成的三维非中性骨架结构。它的出现主要是为了克服 AlPO4－n 分子筛骨架中性的缺点。此系列分子筛是由硅原子取代 AlPO4－n 分子筛骨架中的磷或磷和铝原子，因而含有可交换的阳离子，具有一定的酸性，并且具有良好的热稳定性和水热稳定性。SAPO 分子筛有一个很宽的组成范围，其无水状态组成可表示为(0～0.3)R·($Al_xSi_yP_z$)·O_2，其中 R 为模板剂，x、y、z 分别表示铝、硅、磷的摩尔分数，其范围分别为 0.01～0.6、0.01～0.02、0.01～0.52，且 $x+y+z=1$。

SAPO 分子筛通常采用水热合成，常用的硅源、铝源和磷源分别为硅溶胶、拟薄水铝石或烷氧基铝及磷酸。水热法合成 SAPO 分子筛必须有模板剂存在，合成 SAPO－34 分子筛常用的模板剂为四乙基氢氧化铵、吗啉、异丙基胺、三乙基胺及二乙胺。模板剂的作用主要是：①模板剂分子的电荷分布、大小和空间形状是其具有导向性能的原因，通常存在空间效应和电子效应；②模板剂分子通过影响凝胶和形核过程，降低形成分子筛晶格的化学势，从而在热力学和动力学两方面都有利于分子筛晶格的形成。

SAPO 分子筛的生成从原理上可以看作是硅原子对磷酸铝分子筛组成中磷、铝原子的取代。有关硅的取代机理又存在三种可能：①硅原子取代铝原子，如图 4－6－1(a)所示；②硅原子取代铝、磷原子，如图 4－6－1(b)所示；③2 个硅原子分别取代 1 个铝原子和 1 个磷原子，如图 4－6－1(c)所示；④2 个硅原子进行图 4－6－1(c)取代和 3 个硅原子进行图 4－6－1(b)取代，构成最小范围的硅区(Silica region)，区域边缘会产生酸中心，如图 4－6－1(d)所示；⑤当铝原子被包含在相对较大硅区中则形成硅铝区域(Aluminosilicate region)，酸中心便在这些铝原子上产生，如图 4－6－1(e)所示。

(1)化学吸附仪　催化剂的优化设计和高效利用需要对催化材料的表面结构和表面化学性质进行深入的了解，而化学吸附仪(化学吸附分析仪)可以提供在设计和生产阶段评估催化剂材料所需的大量信息，以及在使用一段时间之后的信息反馈。化学吸附仪具有多种表征功能，能够对新鲜催化剂进行程序升温脱附(TPD)、程序升温还原(TPR)、程序升温表面反应(TPSR)等研究，也可对失活催化剂、干燥催化剂进行程序升温氧化(TPO)研究。利用化学吸附仪中的脉冲吸附技术还可对催化剂的酸性、表面金属分散度、金属与载体的相互作用等进行研究。这些分析方法的使用，在催化剂研制过程中起着至关重要的作用。化学吸附仪气路示意图如图 4－6－2 所示。

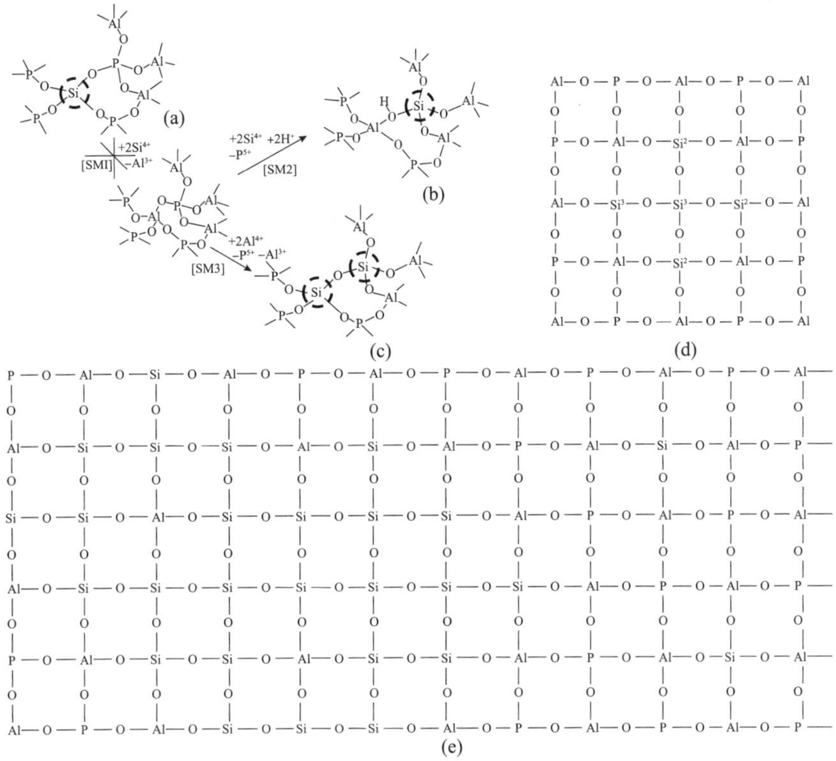

图 4－6－1 SAPO 分子筛中硅的取代机理

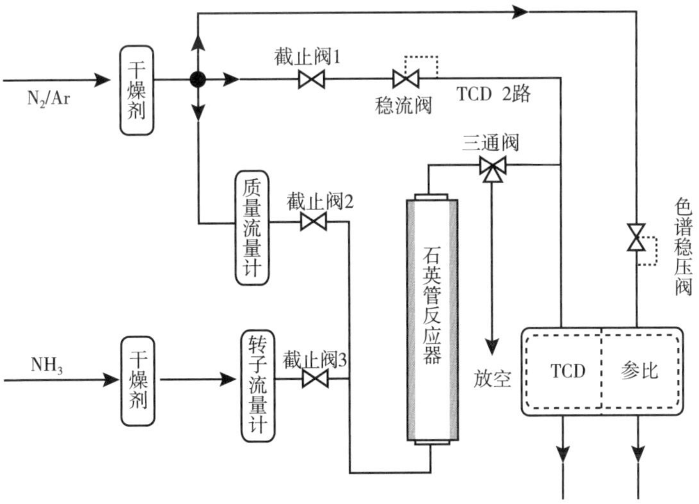

图 4－6－2 化学吸附仪气路示意图

(2) 物理吸附仪 全自动物理吸附仪是一种基于物理吸附原理的仪器。BET(Brunauer －

Emmet－Teller）技术基于物理吸附原理，通过测量样品在不同压力下对氮气的吸附量，来计算比表面积、孔结构等参数。在 BET 测试过程中，将样品置于样品管中，然后通入氮气，氮气分子会在样品的孔隙中发生吸附，随着氮气压力的增加，样品对氮气的吸附量也随之增加，当氮气压力达到一定值时，样品的孔隙将被氮气分子完全填满，吸附量不再增加。BET 技术的关键在于，当氮气压力较低时，样品对氮气的吸附主要表现为物理吸附，此时氮气分子与样品表面的相互作用较弱，吸附过程可逆。根据 BET 理论，当氮气相对压力（P/P_0）在 0.05～0.35 之间时，样品的吸附等温线可以较好地符合 BET 方程，通过拟合 BET 方程，可以得到样品的比表面积、孔结构等参数。图 4－6－3 为物理吸附仪设备示意图。

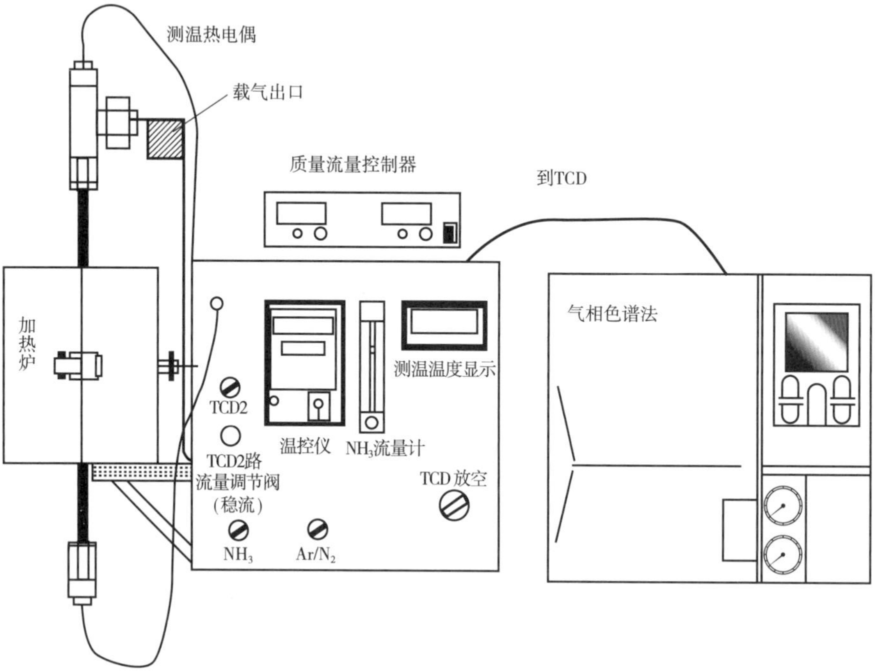

图 4－6－3　物理吸附仪设备示意图

三、实验设备及材料

实验设备：电子天平、搅拌器、夹套反应器、恒温水浴、真空干燥箱、静化釜、化学吸附仪、X 射线衍射仪、吡啶红外等。

实验材料：磷酸、拟薄水铝石、去离子水、正硅酸乙酯、模板剂（四乙基氢氧化铵、吗啉、异丙基胺、三乙基胺及二乙胺，一种或者是混合模板）、垫片（铝片、铜片集电器）、支撑片（弹片）、锂片、石墨、电解液（六氟磷酸锂的有机溶液）、PVDF（聚偏氟乙烯）、NMP（N－甲基吡咯烷酮）。

四、实验步骤与方法

（1）将 18g H_2O 与 15.37g H_3PO_4 置于夹套反应器中混合，在搅拌的条件下，将 9.2g

拟薄水铝石逐渐加入，然后将上述混合物与10g水充分混合，搅拌7h；将10.3g正硅酸乙酯与模板剂混合，将此混合物加入磷酸与拟薄水铝石的混合物中，继续搅拌7h。

(2)将上述物料置于150mL Teflon衬里的不锈钢反应釜中，在200℃下晶化24h，用去离子水洗涤3~4次，在100℃下干燥1h，最后在550℃下焙烧5h，即得产品。

(3)小心将样品管安装到炉子中，保证不漏气。两端卡套要小心用手上紧，不能使用扳手等工具，以免将石英管损坏。石英管安装完后，样品应该正好处于炉子中央，控温热电偶也正好处于样品中央的位置，测温热电偶也正好处于样品顶端。

(4)开机准备：检查各电源已接通，伴热带工作正常；检查载气压力正常；检查设备无漏气；检查氨气干燥剂，如失效则要更换新的碱石灰；检查载气干燥剂，如失效则要更换新的变色硅胶或3－4A分子筛。

(5)打开载气，减压阀控制在0.3MPa左右。将载气阀打开，氨气阀关闭，用皂泡流量计检查TCD的测试和参比两气路有载气气体流过(最好流量相等)。

(6)色谱准备。将色谱电源打开，将柱箱温度设为100℃，TCD检测器设为120℃，电流设为60~90mA，基线稳定后方可测试样品。

(7)样品的预处理。预处理阶段主要是为了清除样品吸附的杂质。预处理条件一般采用550℃、30min，也可按照相关文献进行。预处理在氮气保护下或者在空气气氛下进行。气体气速一般与测试条件相同，保持30mL/min，通过流量控制器控制，显示流量一般在30~33mL/min范围内。炉温从室温升至550℃，并保持30min，然后自然降温30min至室温。

(8)氨吸附。开氨气瓶顶阀，调整减压阀至0.1MPa左右，切换控制阀门。调整转子流量计旋钮使氨气保持一个合适的流量。一般通氨气5~10min后关闭氨气顶阀，直至压力表降为0MPa。

(9)吹扫60min后将三通阀切换到TCD状态，继续吹扫60min，此时可以使用皂泡流量计仔细调节参比气体和TCD气路的气速均达到30mL/min。

(10)TPD阶段。吹扫完成后，此时TCD基线也处于稳定状态。按色谱调零按钮将色谱调零，打开色谱工作站，登录"TCD"页面，观察基线位置并点击"调零"使基线回零；观察工作站界面左下角基线漂移和噪声值，若漂移值小于15μV，噪声值小于10μV，且基线为直线则可以进行TPD操作。点击样品名称，编写样品批号，点击实验方法，选择"某方法"；点击"停止时间"，输入程序升温过程的时间如"60min"。

如需滴定，则事先将配好并精确标定浓度的HCl溶液精确转移至锥形瓶中，并将TCD出口的气体吸收管插入锥形瓶液面下，气泡均匀鼓出。此时基线会发生轻微变化，等基线快速稳定后(一般在2min以内)，再次点击"调零"按钮，使基线回零。

(11)TPD结束。待到程序升温结束后，色谱工作站会按照"停止时间"的设定自动停止，并自动记录实验曲线。

五、注意事项

(1)禁止用手触摸加热炉，防止烫伤。

(2)禁止在试验过程中把热电偶检测器从加热炉内拔出。

(3)色谱开机前，首先打开载气，禁止无载气开机。

六、实验报告要求及思考题

(1)何为分子筛？分子筛有什么特点？

(2)SAPO 系列分子筛由哪些元素构成？

(3)SAPO 分子筛的主要表征技术有哪些？

(4)如何调变 SAPO 分子筛的性能？

实验7 材料现代分析测试综合设计实验

一、实验目的

(1)综合运用所学金相分析、X射线分析、电子显微分析、材料物理性能分析等相关专业课程，解决工业生产和科学研究中的典型材料分析测试问题。

(2)熟悉各种分析测试方法的特点和综合应用。

二、实验材料

分析测试样品应密切联系实际，选择典型的材料分析测试问题，以材料的显微组织分析、化学成分分析和晶体结构分析为重点。

推荐在以下材料(根据各专业特点来选择)中选择一种进行综合分析测试：

(1)钢铁或铝、镁、铜基合金。

(2)金属、半导体或氧化物薄膜，如 TiO_2、SiC、ITO、PZT 等的薄膜。

(3)金属、氧化物的粉末等。

三、实验要求

(1)对于金属材料的分析测试，要求制备金相和透射电镜样品，测试材料的显微组织形貌、晶体结构、化学成分，重点对第二相和晶体缺陷进行分析测试。

(2)对于陶瓷材料的分析测试，要求制备金相及透射电镜样品，分析测试材料的组织形貌、测定陶瓷中的组成相和各相的含量以及化学成分等，重点对结晶相的结构进行定性和定量分析。

(3)对于薄膜材料的分析测试，要求测试薄膜平面和截面的显微形貌、薄膜以及薄/基界面的结构、薄膜的厚度和成分等。

(4)对于粉末样品的分析测试，要求测试粉末的组成相、颗粒显微形貌、粒径、化学成分等。

四、实验设备

提供的分析测试仪器设备包括 GX－71 光学金相显微镜、JSM－6700F 场发射扫描电子显微镜、JEM－3010 高分辨透射电子显微镜、XRD－7000 型 X 射线衍射仪、OXFORDX 射线能谱仪等，以及样品制备设备等。各组根据所测试样品和要求选择仪器设备。

五、实验步骤

(1)本综合实验以小组为单位进行，每组5～6名学生，每组完成一种典型的材料分析试验课题。

(2)每组安排有经验的指导教师组织和指导学生完成实验测试方案设计、上机实验测试以及实验结果的分析。

(3)本综合实验包含查阅资料、方案设计、实验测定、数据处理、结果分析、撰写实验报告等环节。学生接受分析测试课题后，通过查阅资料、集中讨论、个别答疑等方式，对测试任务设计出一套详细的分析测试方案，经讨论确认后进行实验测试。

(4)结合实验室仪器设备具体情况，选择有条件的分析测试项目进行实验测定，分析处理实验结果，得出结论，完成分析测试报告。

六、实验报告要求及思考题

(1)本综合实验报告内容应包括分析测试实验方案、分析测试实验结果、分析讨论、测试结论等内容。

(2)采用的分析测试仪器应涉及材料的显微组织分析、化学成分分析和晶体结构分析的主要手段，如光学金相显微镜、电子显微镜、X 射线衍射仪、能谱仪或电子探针等。

附录 A　常用的金相组织化学浸蚀剂

序号	浸蚀剂名称	成　分	适用范围	使用要点
1	硝酸酒精溶液	硝酸 1～5mL 酒精 100mL	显示碳钢及低合金钢的组织	硝酸含量按材料选择，浸蚀数秒钟
2	苦味酸酒精溶液	苦味酸 2～10g 酒精 100mL	显示钢铁材料的细密组织	浸蚀时间从数秒钟至数分钟
3	苦味酸盐酸酒精溶液	苦味酸 1～5g 盐酸 5mL 酒精 100mL	显示淬火及淬火回火后钢的晶粒和组织	浸蚀时间较苦味酸酒精溶液稍快些，约数秒钟至 1min
4	苛性钠苦味酸水溶液	苛性钠 25g 苦味酸 2g 水 100g	将钢中的渗碳体染成暗黑色	加热煮沸浸蚀 5～30min
5	氯化铁盐酸水溶液	氯化铁 5g 盐酸 50g 水 100g	显示不锈钢、奥氏体高镍钢、铜及铜合金组织	浸蚀至显现组织
6	王水甘油溶液	硝酸 10mL 盐酸 20～30mL 甘油 30mL	显示奥氏体镍铬合金等组织	先用盐酸与甘油充分混合，然后加入硝酸，试样浸蚀前先用热水预热
7	氨水双氧水溶液	氨水(饱和)50mL 3% 双氧水溶液 50mL	显示铜及铜合金组织	配好后马上使用，用棉花蘸擦
8	氯化铜氨水溶液	氯化铜 8g 氨水(饱和)100mL	显示铜及铜合金组织	浸蚀 30～50s
9	混合酸	氢氟酸(浓)1mL 盐酸 1. 5mL 硝酸 2. 5mL 水 95mL	显示硬铝组织	浸蚀 10～20s 或用棉花蘸擦
10	氢氟酸水溶液	氢氟酸(浓)0. 5mL 水 99. 5mL	显示一般铝合金组织	用棉花蘸擦
11	苛性钠水溶液	苛性钠 1g 水 90mL	显示铝及铝合金组织	浸蚀数秒钟

附录 B　常用的力学性能指标及其含义

<table>
<tr><th rowspan="3">力学性能</th><th colspan="3">性能指标</th><th rowspan="3">说　明</th></tr>
<tr><th colspan="2">符号</th><th rowspan="2">名称</th></tr>
<tr><th>新标准</th><th>旧标准</th></tr>
<tr><td rowspan="4">强度</td><td>R_m</td><td>σ_b</td><td>抗拉强度/MPa</td><td>相应最大力(F_m)的应力</td></tr>
<tr><td>R_{eH}</td><td>σ_{sU}</td><td>上屈服强度/MPa</td><td rowspan="2">当金属材料呈现屈服现象时，在实验期间达到塑性变形发生而力不增加的应力点。试样发生屈服而首次下降前的最高应力称为上屈服强度；屈服期间不计初始瞬时效应时的最低应力称为下屈服强度</td></tr>
<tr><td>R_{eL}</td><td>σ_{sL}</td><td>下屈服强度/MPa</td></tr>
<tr><td>R_p
$R_{p0.2}$</td><td>σ_p
$\sigma_{p0.2}$</td><td>规定非比例延伸强度/MPa</td><td>非比例延伸达到规定的引伸计标距百分率时的应力。使用的符号应附以下脚注说明所规定的百分率，例如 $R_{p0.2}$ 表示规定非比例延伸率为 0.2% 时的应力</td></tr>
<tr><td rowspan="2">塑性</td><td>A</td><td>δ_5</td><td>断后伸长率/%</td><td>断后标距的残余伸长($L_u - L_0$)与原始标距(L_0)之比的百分率</td></tr>
<tr><td>Z</td><td>Ψ</td><td>断面收缩率/%</td><td>断后试样横截面积的最大缩减量($S_0 - S_u$)与原始横截面积(S_0)之比的百分率</td></tr>
<tr><td rowspan="3">硬度</td><td>HBW</td><td>HBS
HBW</td><td>布氏硬度</td><td>用一定直径的硬质合金球施加试验力压入试样的表面形成压痕，用试验力除以压痕面积得到的硬度值</td></tr>
<tr><td>HRC
HRB
HRA</td><td>HRC
HRB
HRA</td><td>洛氏硬度</td><td>根据压痕深浅来测量硬度值，硬度数可直接从洛氏硬度计表盘上读出。HRC、HRB、HRA 分别表示用不同的压头和载荷测得的硬度值，也适用于不同场合</td></tr>
<tr><td>HV</td><td>HV</td><td>维氏硬度/MPa</td><td>用正四棱锥形压痕单位面积上所受到的平均压力数值表示，可测硬而薄的表面层硬度</td></tr>
<tr><td>冲击韧性</td><td>KV_2
KU_2
KV_8
KU_8</td><td>A_K</td><td>冲击吸收能量/MPa</td><td>用规定高度的摆锤对处于简支梁状态的缺口(分 V 型、U 型两种)试样进行一次打击，试样折断时的冲击吸收功。其中 KV_2 是 V 型缺口试样、KU_2 是 U 型缺口试样在 2mm 摆锤锤刃下的冲击吸收能量；KV_8 是 V 型缺口试样、KU_8 是 U 型缺口试样在 8mm 摆锤锤刃下的冲击吸收能量</td></tr>
<tr><td>抗疲劳性能</td><td>σ_{-1}</td><td>σ_{-1}</td><td>疲劳极限/MPa</td><td>材料的抗疲劳性能是通过实验测定的，通常是在材料的标准试样上加上循环特性为 $r = \sigma_{min}/\sigma_{max} = -1$ 的对称循环变应力或者 $r = 0$ 的脉动循环(又称零循环)的等幅变应力，并以循环的最大应力 σ_{max} 表征材料的疲劳极限</td></tr>
</table>

附录 C　实验室常用的摩擦副形式及其应用范围

名　称	接触及运动形式	可测数据	摩擦系数计算表达式	应用范围
四球摩擦副	点接触 滑动摩擦 旋转运动	在不同载荷与速度下测量球的磨损、磨斑直径、摩擦系数等	$\mu = \frac{T}{\sqrt{3} \times \frac{P}{\sqrt{6}} r} = 0.223 \frac{T}{P}$ （r 为球半径，6.35mm）	适合评定润滑油、脂、膏的润滑性及抗磨性
球盘摩擦副	点接触 滚动摩擦 旋转	在不同载荷与速度下测定材料的摩擦系数和耐磨性	$\mu = \frac{T}{Pr} = 0.0431 \frac{T}{P}$ （r 为大试环与试样销接触点轨迹半径，46.38/2mm）	固体材料和固体膜
销盘摩擦副	面接触 滑动摩擦 旋转	在不同载荷与速度下测定材料的摩擦系数和耐磨性	$\mu = \frac{T}{PR} = 0.04333 \frac{T}{P}$ （R 为大试环与试样销接触点轨迹半径，46.155/2mm）	固体材料和固体膜
止推圈摩擦副	面接触 滑动摩擦 旋转	在不同载荷与速度下测定材料的摩擦系数和耐磨性	$\mu_1 = \frac{\frac{T}{Rl}}{P} = 0.0448 \frac{T}{P}$ [R_1 为止推圈大试盘平均半径，$R_1 = (D_1 + D_2)/4 = 22.3$mm]	固体材料和固体膜

注：T—摩擦力矩（N · mm）；P—试验力（N）。

附录 D 常见钢铁材料线热膨胀系数

材料名称	线热膨胀系数/$10^{-6}℃^{-1}$					
	20～100℃	20～200℃	20～300℃	20～400℃	20～600℃	20～700℃
碳钢	10.6～12.2	11.3～13.0	12.0～13.5	12.9～13.9	13.5～14.3	14.7～15.0
高速钢	—	—	10.4～12.6	—	—	—
铬钢	11.2	11.8	12.4	13.0	13.6	—
3Cr13	10.2	11.1	11.6	11.9	12.3	12.8
06Cr18Ni11Ti	16.6	17.0	17.2	17.5	17.9	18.6
铸铁	8.7～11.1	8.5～11.6	10.1～12.2	11.5～12.7	11.5～12.7	12.9～13.2

参考文献

[1]潘清林，孙建林．材料科学与工程实验教程(金属材料分册)[M]．北京：冶金工业出版社，2011.

[2]葛利玲．材料科学与工程基础实验教程[M]．北京：机械工业出版社，2008.

[3]胡赓祥，蔡珣，戎咏华．材料科学基础[M]．上海：上海交通大学出版社，2011.

[4]乔英杰．材料合成与制备[M]．北京：国防工业出版社，2011.

[5]钱苗根，姚寿山，张少宗．现代表面技术[M]．北京：机械工业出版社，2012.

[6]崔忠圻．金属学及热处理[M]．北京：冶金工业出版社，2011.

[7]周小平．金属材料及热处理实验教程[M]．武汉：华中科技大学出版社，2006.

[8]马南钢．材料物理性能综合实验[M]．北京：机械工业出版社，2010.

[9]仁怀亮．金相实验技术[M]．北京：冶金工业出版社，2004.

[10]张庆钧．材料现代分析测试实验[M]．北京：化学工业出版社，2006.